Mathematik

Lehrbuch für die Klasse 6
Berlin · Brandenburg

DUDEN PAETEC Schulbuchverlag

Berlin · Frankfurt a. M.

Autoren
Martina Hanelt
Ines Holubek
Dr. Angelika Möller
Ramona Schmidt
Sabine Schmidt
Dr. Irina Schultheiß
Dr. Reinhard Stamm

Beratung:
Dr. Angelika Möller

1. Auflage
1 7 6 5 4 3 | 2013 2012 2011 2010 2009
Alle Drucke dieser Auflage können im Unterricht nebeneinander benutzt werden.
Die letzte Zahl bezeichnet das Jahr des Druckes.

Internet www.duden.de

Redaktion Dr. Reinhard Stamm
Umschlag Britta Scharffenberg
Layout Birgit Kintzel
Grafik Wolfgang Beyer, Wiebke Drenckhan, Christiane Gottschlich, Birgit Kintzel, Sybille Storch
Titelbilder Ernst Schwabe, PHOTO DISC ROYALTY FREE, Fotoarchiv Panorama
Druck und Bindung DZA Druckerei zu Altenburg GmbH, Altenburg

ISBN 978-3-89818-222-5

20. Preiskampf bei den Telefonanbietern:
- „Ringeling" bietet die Minute für 0,9 Cent an.
- „DingDong" kassiert pro Minute 1,1 Cent; ab der fünften Minute jedoch nur noch 0,5 Cent.
- „Schrilly" berechnet für alle angefangenen zehn Minuten 8,4 Cent.

Berechne die Kosten bei den einzelnen Anbietern, wenn jeweils fünf, elf, 19 Minuten bzw. eine Stunde telefoniert wird.

21. Durch welchen Bruch muss man $\frac{5}{6}$ dividieren, um $\frac{20}{21}$ zu erhalten?

22. Schreibe die Glieder der Zahlenfolgen jeweils als periodische Dezimalbrüche. Findest du die Regel?
a) $\frac{1}{9}; \frac{1}{99}; \frac{1}{999}; \frac{1}{9999}; \ldots$ b) $\frac{1}{11}; \frac{1}{101}; \frac{1}{1001}; \frac{1}{10001}; \ldots$

23. Setze die Zahlenfolgen durch Angabe von drei weiteren Gliedern fort.
a) 3; 7,4; 11,8; 16,2; 20,6 b) 11,1; 10,2; 9,3; 8,4; 7,5
c) 0,01; 0,02; 0,04; 0,08; 0,16 d) 81,92; 40,96; 20,48; 10,24; 5,12
e) 2; 2,2; 2,42; 2,662; 2,9282 f) 31,25; 12,5; 5; 2; 0,8

24. Das 5-Cent-Stück der europäischen Gemeinschaftswährung hat einen Durchmesser von 21,25 mm, eine Dicke von 1,67 mm und ein Gewicht (eine Masse) von 3,92 g.
a) Wie schwer und wie hoch (bzw. lang) ist eine Rolle aus fünfzig 5-Cent-Stücken?

Gesonderte Abschnitte **„Gemischte Aufgaben"** dienen dem vielfältigen Anwenden.
Im gesamten Buch sind Aufgaben mit höherem Schwierigkeitsgrad durch rote Nummerierung hervorgehoben.
Den besonderen Charakter einiger Aufgaben kannst du auch an Symbolen erkennen. Insbesondere kennzeichnen:

 fachübergreifende Inhalte

 die Verbindung zu anderen Themenfeldern (Kapiteln)

 eine mögliche Nutzung des Internets

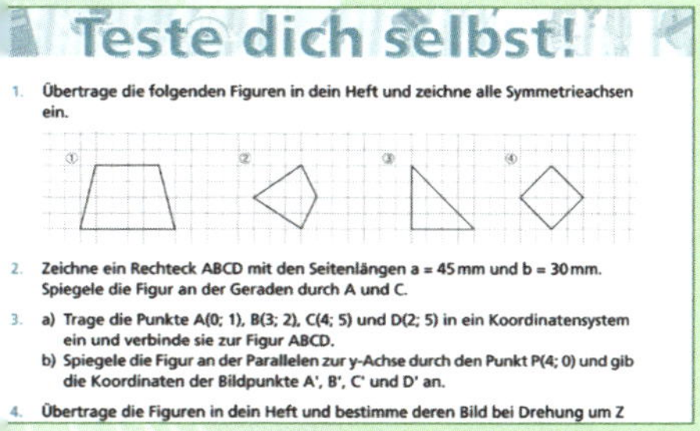
Teste dich selbst!

1. Übertrage die folgenden Figuren in dein Heft und zeichne alle Symmetrieachsen ein.
2. Zeichne ein Rechteck ABCD mit den Seitenlängen a = 45 mm und b = 30 mm. Spiegele die Figur an der Geraden durch A und C.
3. a) Trage die Punkte A(0; 1), B(3; 2), C(4; 5) und D(2; 5) in ein Koordinatensystem ein und verbinde sie zur Figur ABCD.
b) Spiegele die Figur an der Parallelen zur y-Achse durch den Punkt P(4; 0) und gib die Koordinaten der Bildpunkte A', B', C' und D' an.
4. Übertrage die Figuren in dein Heft und bestimme deren Bild bei Drehung um Z

Der Kontrolle grundlegenden Wissens und Könnens dienen die auf den Seiten **„Teste dich selbst!"** angegebenen Aufgaben.
Zu diesen Aufgaben findest du im Anhang des Buches auch die Lösungen.

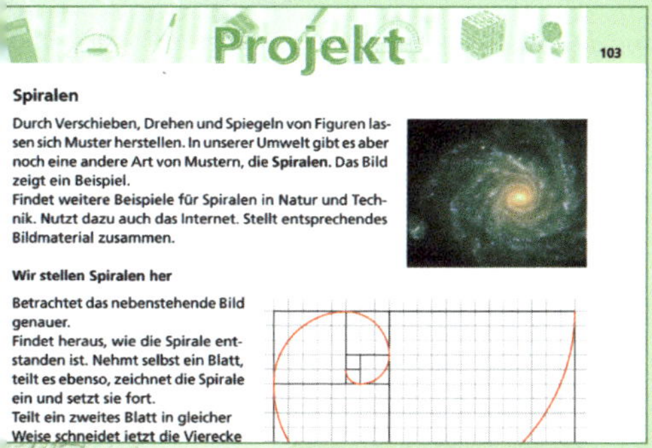
Projekt

Spiralen

Durch Verschieben, Drehen und Spiegeln von Figuren lassen sich Muster herstellen. In unserer Umwelt gibt es aber noch eine andere Art von Mustern, die **Spiralen.** Das Bild zeigt ein Beispiel.
Findet weitere Beispiele für Spiralen in Natur und Technik. Nutzt dazu auch das Internet. Stellt entsprechendes Bildmaterial zusammen.

Wir stellen Spiralen her

Betrachtet das nebenstehende Bild genauer.
Findet heraus, wie die Spirale entstanden ist. Nehmt selbst ein Blatt, teilt es ebenso, zeichnet die Spirale ein und setzt sie fort.
Teilt ein zweites Blatt in gleicher Weise schneidet jetzt die Vierecke

Die zu den einzelnen Kapiteln vorgeschlagenen **Projekte** eignen sich besonders für eine Arbeit in Gruppen.
Interessante praxisorientierte Themen mit unterschiedlichen Lösungsvarianten geben euch Impulse für entdeckendes Lernen.

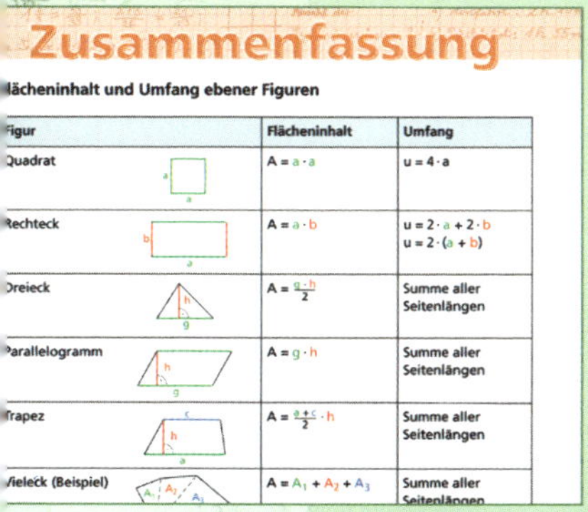
Zusammenfassung

lächeninhalt und Umfang ebener Figuren

Figur	Flächeninhalt	Umfang
Quadrat	$A = a \cdot a$	$u = 4 \cdot a$
Rechteck	$A = a \cdot b$	$u = 2 \cdot a + 2 \cdot b$ $u = 2 \cdot (a + b)$
Dreieck	$A = \frac{g \cdot h}{2}$	Summe aller Seitenlängen
Parallelogramm	$A = g \cdot h$	Summe aller Seitenlängen
Trapez	$A = \frac{a + c}{2} \cdot h$	Summe aller Seitenlängen
Vieleck (Beispiel)	$A = A_1 + A_2 + A_3$	Summe aller Seitenlängen

Zusammenfassungen schließen die einzelnen Kapitel ab. In einer knappen Darstellung findest du hier nochmals die wichtigsten Begriffe, Formeln und Lösungsverfahren.

Das Kapitel **„Mathematik verstehen und anwenden"** weicht von der Struktur der anderen Kapitel ab.
Hier findest du Aufgaben, die bezüglich der einzelnen Themenfelder das zu erreichende Abschlussniveau kennzeichnen.

Anfang und das **Register** am Ende des Buches nutzen.

Inhaltsverzeichnis

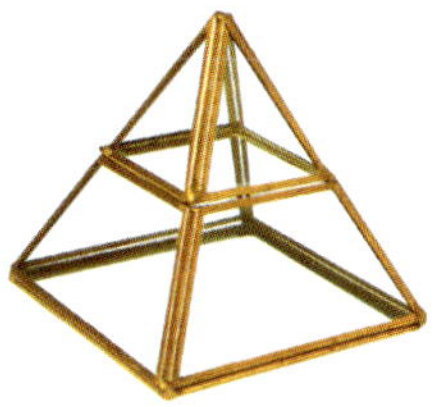

Inhaltsverzeichnis

1 Daten und Zufall

Daten, Daten, Daten …

Täglich strömt auf uns eine Flut von Daten ein. Es ist notwendig, diese effektiv zu erfassen, darzustellen und auszuwerten. Eine Form des Erfassens von Daten ist der Fragebogen, der auch bei Tests eingesetzt wird. Überlege dir, wie die Fragen formuliert werden müssen, um die Antworten möglichst schnell auswerten zu können.

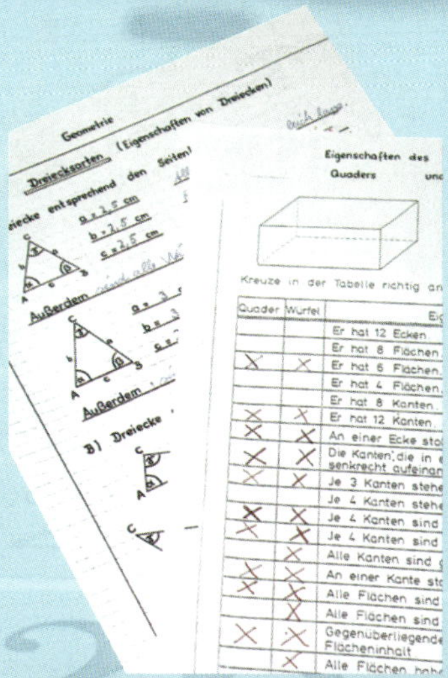

Wer neben wem?

Anja, Ben, Chris und Doreen haben Karten für das Mega-Filmereignis des Jahres erstanden. Wie gewünscht liegen die vier Plätze nebeneinander. Da sich die Kinder nicht über eine Sitzordnung einigen können, werden die Karten ausgelost. Wie viele Möglichkeiten der Platzierung gibt es?

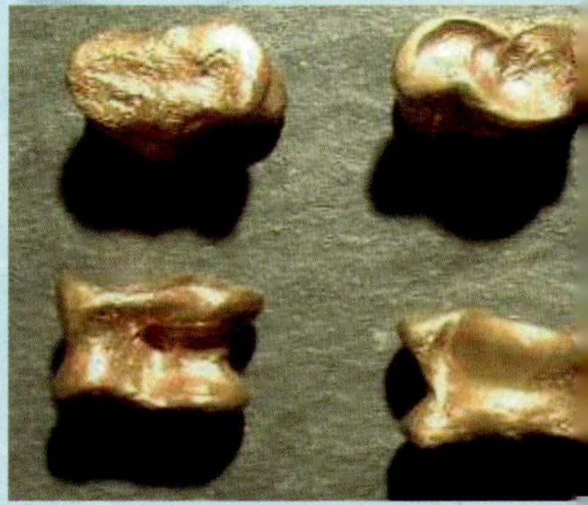

Glücksspiele – eine Erfindung der Neuzeit?

Im Gegenteil. Die ältesten „Würfelgeräte“ wurden in Gräbern aus der Zeit 30 000 bis 20 000 v.Chr. gefunden. Auch im antiken Griechenland und im alten China wurde gewürfelt. Dazu benutzte man so genannte Astragali, die aus Knochen von Tieren gefeilt wurden. Hier siehst du eine Nachbildung aus Bronzeguss. Für welche Seite des „Würfels“ würdest du dich entscheiden, um zu gewinnen?

Erfassen und Auswerten von Daten

In vielen Bereichen des täglichen Lebens, bei Messvorgängen und bei zufälligen Vorgängen treten **Daten** auf.

Beispiele für Daten sind unter anderem:

- die an einem bestimmten Tag zu einer bestimmten Zeit gemessene Temperatur
- die Lebensdauer von Glühlampen
- die in einer Kaufhalle an einem Tag verkauften Waren
- die Anzahl der Stimmen für die einzelnen Parteien bei einer Wahl

Das Erfassen und Ordnen von Daten kann z.B. durch **Urlisten, Strichlisten** und **Häufigkeitstabellen** geschehen, was am folgenden Beispiel demonstriert wird.

B Mit einem Spielwürfel ist 100-mal gewürfelt worden. Nach jedem Wurf wurde die geworfene Augenzahl notiert.

3; 5; 1; 1; 5; 5; 2; 3; 5; 3; 4; 4; 4; 6; 4; 5;
5; 1; 3; 4; 3; 6; 5; 3; 6; 2; 6; 6; 1; 1; 2; 6;
6; 5; 6; 3; 1; 1; 6; 4; 3; 2; 4; 1; 6; 3; 5; 1;
5; 4; 6; 5; 1; 4; 4; 6; 2; 5; 1; 4; 3; 2; 1; 6;
3; 6; 6; 3; 3; 4; 6; 4; 3; 3; 6; 2; 4; 2; 4; 5;
3; 5; 6; 2; 4; 5; 3; 3; 5; 2; 3; 5; 4; 5; 4; 3;
5; 2; 2; 1

Urliste

1: ~~||||~~ ~~||||~~ |||
2: ~~||||~~ ~~||||~~ ||
3: ~~||||~~ ~~||||~~ ~~||||~~ ~~||||~~
4: ~~||||~~ ~~||||~~ ~~||||~~ |||
5: ~~||||~~ ~~||||~~ ~~||||~~ ||||
6: ~~||||~~ ~~||||~~ ~~||||~~ |||

Strichliste

Im Gegensatz zur Urliste sind die Daten in einer Strichliste bereits geordnet. Anhand einer Strichliste kann eine Häufigkeitstabelle erstellt werden.
Für unser Beispiel sieht diese wie folgt aus:

Augenzahl	1	2	3	4	5	6
Anzahl (Häufigkeit)	13	12	20	18	19	18

Eine Veranschaulichung kann durch **Diagramme** erfolgen, wobei sich Häufigkeiten besonders gut mithilfe von Strecken- bzw. Streifendiagrammen darstellen lassen.
Nebenstehend ist ein **Streifendiagramm** für das Beispiel des 100-maligen Würfelns abgebildet.

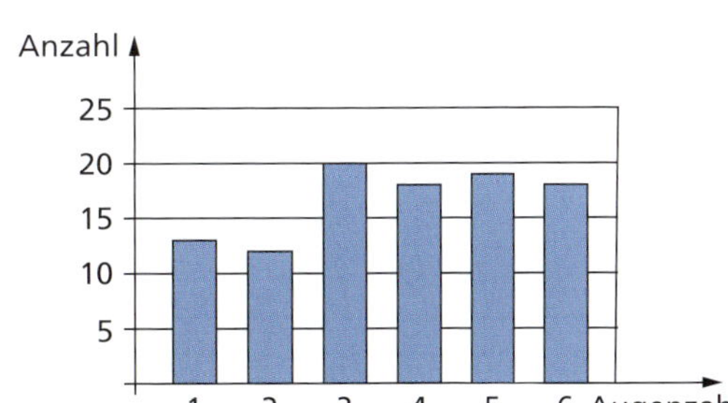

Eine weitere Darstellungsart ist das **Liniendiagramm.** Bei diesem werden die Daten (Anzahlen) als Punkte in ein Koordinatensystem eingetragen und durch eine Linie verbunden. Solche Diagramme sind besonders dann günstig, wenn der zeitliche Verlauf von Größen (etwa der Temperatur) dargestellt werden soll.

Bei der Auswertung von Daten wird oft der **Durchschnitt** (der **Mittelwert**) angegeben. Dieser wird berechnet, indem die Summe der einzelnen Werte durch deren Anzahl dividiert wird.

Hinweis: Es lässt sich der Durchschnitt sowohl von Zahlen(werten) als auch von Größen berechnen. Bei Größen ist allerdings darauf zu achten, dass alle Werte die gleiche Maßeinheit haben.

B Es ist jeweils der Durchschnitt der gegebenen Werte zu bestimmen.

4,5; 9,3; 8,8; 7,2; 4,5; 4,5; 3,1; 8,0; 6,9; 7,5

$m = \frac{64,3}{10} = 6,43$

34 kg; 51 kg; 44 kg; 38 kg; 33 kg; 42 kg; 39 kg; 40 kg

$m = \frac{321 \text{ kg}}{8} = 40,125 \text{ kg} \approx 40 \text{ kg}$

Zufällige Vorgänge

Unter einem **zufälligen Vorgang** wird ein Vorgang mit mehreren möglichen Ergebnissen verstanden. Dabei ist nicht vorhersehbar, welches Ergebnis eintreten wird.
Um solche Vorgänge zu untersuchen, werden sie unter gleichen Bedingungen möglichst oft durchgeführt. Man spricht deshalb auch von einem **Zufallsversuch** (bzw. **Zufallsexperiment**). Vor der Versuchsdurchführung ist festzulegen, welches Merkmal beobachtet werden soll.

Ein Beispiel für einen zufälligen Vorgang ist das oben betrachtete Werfen eines Würfels. Bei diesem Vorgang gibt es mehrere mögliche Ergebnisse: die obere Seite des Würfels zeigt eine der Augenzahlen 1, 2, 3, 4, 5, oder 6. Vor dem Würfeln weiß man nicht, welches dieser Ergebnisse eintreten wird. Die Ergebnisse sind also zufällig.

Alle möglichen Ergebnisse eines zufälligen Vorgangs bilden seine **Ergebnismenge**.

Vorgang	Zu beobachtendes Merkmal	Ergebnismenge
Werfen eines Spielwürfels	gewürfelte Augenzahl	{1; 2; 3; 4; 5; 6}
Werfen einer Münze	oben liegende Seite	{Wappen (W); Zahl (Z)}
Ziehung der Lottozahlen	Anzahl der „Richtigen"	{0; 1; 2; 3; 4; 5; 6}
Geburt von Drillingen	Anzahl der Mädchen	{0; 1; 2; 3}

Werden mehrere Ergebnisse eines zufälligen Vorgangs zusammengefasst, so spricht man von einem **Ereignis.**

Mögliche Ereignisse beim Werfen eines Spielwürfels sind die folgenden:

- *Die Augenzahl ist gerade.*
  (Zu diesem Ereignis gehören die Ergebnisse 2; 4 und 6.)
- *Die Augenzahl ist eine durch 5 teilbare Zahl.*
  (Zu diesem Ereignis gehört nur das Ergebnis 5.)
- *Die Augenzahl ist kleiner als 10.*
  (Zu diesem Ereignis gehören alle Ergebnisse, das Ereignis tritt immer ein.)
- *Die Augenzahl ist durch 9 teilbar.*
  (Keines der möglichen Ergebnisse ist durch 9 teilbar, das Ereignis tritt nie ein.)

Ein Ereignis, das bei jeder Versuchsdurchführung eintritt, wird **sicheres Ereignis** genannt; ein Ereignis, das nie eintritt, heißt **unmögliches Ereignis.**

Aufgaben

Erfassen und Auswerten von Daten

1. Wirf selbst einen Spielwürfel 100-mal und notiere nach jedem Wurf die geworfene Augenzahl.
   Fertige eine Strichliste, eine Häufigkeitstabelle sowie ein Streifendiagramm an.
   Vergleiche die von dir ermittelten Häufigkeiten der Augenzahlen 1, 2, 3, 4, 5 und 6 mit denen im Beispiel auf Seite 9.

2. Das nebenstehende Diagramm gibt die mittlere Lebenserwartung (in Jahren) für sechs Tierarten an:
   Katze; Papagei; Pferd; Storch; Riesenschildkröte und Wal.
   Ordne der jeweiligen Tierart den entsprechenden Wert zu.
   Nutze dabei gegebenenfalls das Internet.

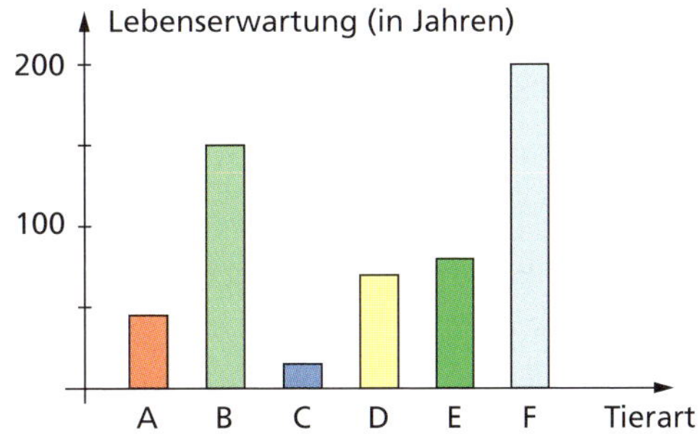

3. An den ersten acht Tagen des Jahres 2005 wurden in Potsdam die folgenden Höchsttemperaturen gemessen:
   5,8 °C; 5,8 °C; 5,6 °C; 8,1 °C; 6,3 °C; 7,9 °C; 10,2 °C; 12,0 °C
   Trage die Messwerte in ein Koordinatensystem ein und verbinde sie zu einem Liniendiagramm.

4. Berechne jeweils den Durchschnitt (den Mittelwert) der gegebenen Zahlen.
   a) 44; 30; 27; 10; 47; 55; 48; 39; 22; 26
   b) 444; 222; 444; 222; 444; 222; 444; 222
   c) 1,2; 4,5; 3,0; 5,6; 6,8; 12,4; 5,5; 0,6; 5,8; 8,4

5. Eine Größe y wurde insgesamt sechsmal gemessen und deren Mittelwert m bestimmt.
In nebenstehendem Liniendiagramm sind die ersten fünf Messpunkte sowie der Mittelwert eingetragen.
Ermittle den y-Wert des sechsten Punktes F.

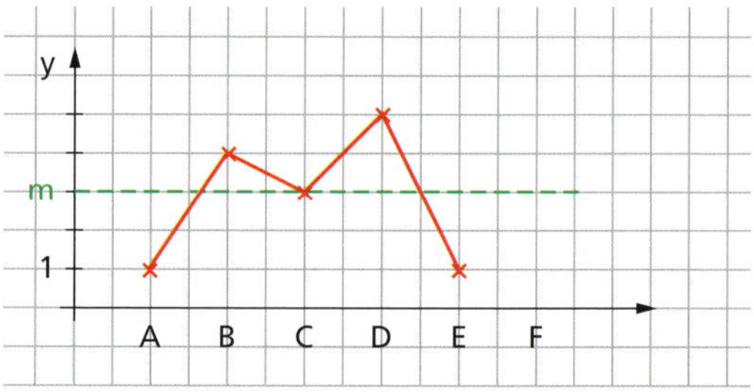

6. Berechne jeweils den Durchschnitt der gegebenen Größen (Messwerte). Gib diesen mit sinnvoller Genauigkeit an.
a) 3,84 m; 4,05 m; 3,67 m; 6,12 m; 4,65 m
b) 10 dm; 1 m; 1000 mm; 100 cm; 0,001 km
c) 45,4 kg; 9 800 g; 0,0145 t; 0,452 dt; 67,3 kg

7. Es wurde die Körpergröße (in cm) von 25 Kindern ermittelt und in einem so genannten Stängel-Blatt-Diagramm dargestellt (siehe nebenstehendes Bild).

Stängel	Blätter
16	0 3 1 3
15	7 8 3 3 9 4 2 0 1 4
14	2 8 4 5 0 2 2 7 8
13	9 7

a) Übernimm das Diagramm in dein Heft, ordne aber dabei die Blätter der Größe nach.
b) Welches ist der größte, welches ist der kleinste gemessene Wert?
c) Welcher Wert tritt am häufigsten auf?
d) Ermittle den Durchschnitt der gemessenen Körpergrößen.

Zufällige Vorgänge

8. Nenne zufällige Vorgänge (Vorgänge mit zufälligem Ergebnis). Gib möglichst auch die zugehörige Ergebnismenge an.

9. Wirf zwei nicht unterscheidbare Würfel gleichzeitig 100-mal und notiere nach jedem Wurf die Summe der geworfenen Augenzahlen.
a) Gib die Ergebnismenge dieses Zufallsversuchs an.
b) Fertige eine Strichliste, eine Häufigkeitstabelle sowie ein Streifendiagramm an.

10. Es wird mit einem Oktaeder (Achtflächner) gewürfelt und beobachtet, welche Augenzahl fällt.
a) Gib die Ergebnismenge an.
b) Nenne drei verschiedene Ereignisse, die beim Würfeln mit diesem Würfel betrachtet werden können, und gib jeweils die zugehörigen Ergebnisse an.
c) Gib für diesen Zufallsversuch ein sicheres Ereignis sowie ein unmögliches Ereignis an.

1.1 Anordnungen und Anzahlen (Zählstrategien)

Tina, Max und Melinda haben sich bereit erklärt, während des Urlaubs ihrer Nachbarn deren Haustiere zu betreuen. Hierbei handelt es sich um ein Meerschweinchen, eine Katze und einen Hund.
Jedes Kind möchte sich um genau eines der Tiere kümmern. Welche und wie viele Möglichkeiten gibt es dafür?

Es bietet sich an, eine Tabelle anzulegen und die Namen der Kinder sowie die von ihnen ausgewählten Tiere einzutragen.
Dabei sollte man systematisch vorgehen. Wählt z. B. Tina als Erste ein Tier aus, dann hat sie drei Möglichkeiten. Nachdem sie sich für ein Tier entschieden hat, kann Max noch zwischen zwei Tieren wählen und für Melinda bleibt dann genau ein Tier übrig.
Somit gibt es also $3 \cdot 2 \cdot 1 = 6$ verschiedene Möglichkeiten.

Tina	**Max**	**Melinda**
Meerschweinchen	Katze	Hund
Meerschweinchen	Hund	Katze
Katze	Meerschweinchen	Hund
Katze	Hund	Meerschweinchen
Hund	Meerschweinchen	Katze
Hund	Katze	Meerschweinchen

Durch ähnliche Überlegungen lässt sich nun auch das Problem der Sitzverteilung von Seite 6 lösen.

Für die Kinder Anja (A), Ben (B), Chris (C) und Doreen (D) gibt es $4 \cdot 3 \cdot 2 \cdot 1 = 24$ verschiedene Möglichkeiten, sich nebeneinander zu platzieren.
Dieses Ergebnis kannst du auch relativ schnell durch rationelles Aufschreiben aller Möglichkeiten erhalten.

ABCD	*BACD*	*CABD*	*DABC*
ABDC	*BADC*	*CADB*	*DACB*
ACBD	*BCAD*	*CBAD*	*DBAC*
ACDB	*BCDA*	*CBDA*	*DBCA*
ADBC	*BDAC*	*CDAB*	*DCAB*
ADCB	*BDCA*	*CDBA*	*DCBA*

In den obigen Beispielen wurden *alle* Elemente einer gegebenen Menge angeordnet. Wir wollen nun auch Beispiele betrachten, bei denen eine Auswahl erfolgt bzw. Elemente mehrfach auftreten.

Die Nachbarn von Tina, Max und Melinda haben außer dem Meerschweinchen, dem Hund und der Katze zusätzlich noch einen Wellensittich und eine Schildkröte. Von diesen fünf Tieren nimmt jedes Kind eines in persönliche Pflege. (Die übrig bleibenden Tiere werden durch die Eltern versorgt.)
Wie viele Möglichkeiten gibt es?

Beginnt wiederum Tina, so hat sie diesmal fünf Möglichkeiten, sich ein Tier auszuwählen. Max kann dann noch zwischen vier und Melinda zwischen drei Tieren wählen. Es gibt also $5 \cdot 4 \cdot 3 = 60$ verschiedene Möglichkeiten.

Auch für dieses Beispiel könnten alle Möglichkeiten in einer Tabelle zusammengestellt werden. Diese hätte dann aber immerhin drei Spalten und 60 Zeilen.

Tina, Max und Melinda möchten gern ein eigenes Tier besitzen. Das Tierheim bietet der Familie drei Meerschweinchen, drei Hunde, drei Katzen, drei Wellensittiche und drei Schildkröten an.
Wie viele Möglichkeiten der Verteilung der Tierarten unter den drei Kindern gibt es?

Jedes Kind kann zwischen fünf Tierarten auswählen. Insgesamt gibt es demnach $5 \cdot 5 \cdot 5 = 125$ Möglichkeiten.

Hinweis: Bei der Auswahl können Tierarten doppelt oder auch dreifach vorkommen, d.h., es ist zum Beispiel möglich, dass sich jedes Kind eine Katze aussucht.

Es wird gleichzeitig mit einem roten und einem gelben Würfel gewürfelt. Beobachtet wird, welche Augenzahl auf jedem dieser Würfel fällt.
Wie viele verschiedene Ergebnisse sind möglich?

Da auf jedem Würfel eine der Augenzahlen von 1 bis 6 fallen kann und die Würfel unterschieden werden können, gibt es $6 \cdot 6 = 36$ mögliche Ergebnisse.

Nun wird mit zwei äußerlich gleichen Würfeln gewürfelt. Beobachtet wird wiederum, welche Augenzahlen fallen.

Könnten die Würfel unterschieden werden, so gäbe es $6 \cdot 6 = 36$ mögliche Ergebnisse. Da dies aber nicht der Fall ist, reduziert sich die Anzahl.

Einen Überblick über die möglichen Ergebnisse erhält man relativ schnell, wenn man sie als Paare schreibt und in einer Tabelle darstellt.
Zu beachten ist, dass es nicht auf die Reihenfolge der Elemente ankommt.
Die Anzahl der möglichen Ergebnisse beträgt also $6 + 5 + 4 + 3 + 2 + 1 = 21$.

(1; 1)	(1; 2)	(1; 3)	(1; 4)	(1; 5)	(1; 6)
	(2; 2)	(2; 3)	(2; 4)	(2; 5)	(2; 6)
		(3; 3)	(3; 4)	(3; 5)	(3; 6)
			(4; 4)	(4; 5)	(4; 6)
				(5; 5)	(5; 6)
					(6; 6)

B In einem Wandergebiet sollen neue Wege durch zwei farbige Parallelstreifen gekennzeichnet werden.

Wie viele Wege kann man mit den Farben Rot, Grün, Blau und Gelb kennzeichnen, wenn jede Farbe innerhalb einer Kennzeichnung nur höchstens einmal vorkommen darf?
Wie viele Möglichkeiten der unterschiedlichen Markierung gäbe es, wenn eine Kennzeichnung auch aus zwei gleichfarbigen Streifen bestehen darf?

Für den ersten Streifen hat man vier Farben, für den zweiten Streifen drei Farben zur Auswahl. Somit können insgesamt $4 \cdot 3 = 12$ Wege damit markiert werden. Im zweiten Fall stehen für beide Streifen vier Farben zur Auswahl. Es ließen sich dann sogar 16 Wege markieren.

Aufgaben

1. Lilos kleiner Bruder Lucas geht in die 1. Klasse. Zum Schuljahresende soll er alle Grundaufgaben der Addition, die sich aus den Zahlen 0 bis 9 bilden lassen, können.
   a) Wie viele Grundaufgaben sind das?
   b) Wie viele dieser Grundaufgaben muss er tatsächlich lernen, wenn er weiß, dass Summanden vertauscht werden können?

2. Für das Ankleiden einer Schaufensterpuppe stehen vier verschiedene Hemden, drei verschiedene Krawatten und drei verschiedene Jacken zur Verfügung.
   Wie viele unterschiedliche Möglichkeiten des Ankleidens gibt es?

3. Wie viele Diagonalen hat ein regelmäßiges Viereck (Sechseck; Achteck)?

4. Ein Tetraeder (Vierflächner) mit den Augenzahlen 1, 2, 3 und 4, eine Münze mit den Seiten Wappen (W) und Zahl (Z) sowie ein Würfel mit den Augenzahlen 1, 2, 3, 4, 5 und 6 werden nacheinander geworfen.
   Ermittle jeweils die Anzahl der möglichen Ergebnisse.

5. In einer Lostrommel befinden sich 100 Lose mit den Nummern von 1 bis 100. Gib jeweils die Anzahl der möglichen Ergebnisse an, wenn Bernd
   a) ein Los; b) zwei Lose kauft.

6. Anton und Kilian tragen einen Tischtenniswettkampf aus. Sie vereinbaren, so lange zu spielen, bis einer drei Sätze gewonnen hat. Nach jedem Satz notieren sie, wer diesen für sich entschieden hat: eine 1 für Anton bzw. eine 2 für Kilian.
   a) Wie viele Sätze werden mindestens, wie viele Sätze höchstens gespielt?
   b) Beschreibe alle möglichen Spielausgänge durch Folgen aus den Zahlen 1 und 2.

1.2 Häufigkeit und Wahrscheinlichkeit

Absolute und relative Häufigkeit

Sowohl bei statistischen Untersuchungen als auch bei zufälligen Vorgängen interessiert die **Häufigkeit,** mit der Daten bzw. Ereignisse auftreten.
Die Häufigkeit kann als **Anzahl** angegeben werden. Diese lässt sich relativ leicht aus Urlisten, Strichlisten oder auch Stängel-Blatt-Diagrammen entnehmen.

M Die **absolute Häufigkeit** gibt an, wie oft ein bestimmter Wert unter den beobachteten Daten vorkommt bzw. wie oft ein bestimmtes Ereignis bei n Wiederholungen eines Zufallsversuchs eingetreten ist.

Anstelle der Anzahl kann auch der **Anteil** des jeweiligen Ergebnisses am Gesamtumfang der Untersuchungen bzw. der Versuchsdurchführungen betrachtet werden. Dadurch ist es möglich, auch statistische Untersuchungen unterschiedlichen Umfangs miteinander zu vergleichen.

M Die **relative Häufigkeit** ist gleich dem Quotienten aus der absoluten Häufigkeit und der Anzahl der erfassten Daten bzw. der Wiederholungen eines Zufallsversuchs.

Die relative Häufigkeit nimmt nur Werte von 0 bis 1 an. Sie kann als echter Bruch bzw. Dezimalbruch oder auch in Prozent angegeben werden.

B Erteilte Zensuren in einer Klassenarbeit

Zensur	1	2	3	4	5	6
Absolute Häufigkeit (Anzahl)	4	9	6	2	3	1
Relative Häufigkeit (Anteil)	$\frac{4}{25}$	$\frac{9}{25}$	$\frac{6}{25}$	$\frac{2}{25}$	$\frac{3}{25}$	$\frac{1}{25}$
	0,16	0,36	0,24	0,08	0,12	0,04

B Erzielte Augenzahlen nach 40-maligem Würfeln

Augenzahl	1	2	3	4	5	6
Absolute Häufigkeit (Anzahl)	7	3	7	6	8	9
Relative Häufigkeit (Anteil)	$\frac{7}{40}$	$\frac{3}{40}$	$\frac{7}{40}$	$\frac{6}{40}$	$\frac{8}{40}$	$\frac{9}{40}$
	0,175	0,075	0,175	0,15	0,2	0,225

Relative Häufigkeiten lassen sich als Anteile in Diagrammen veranschaulichen. Im Folgenden siehst du Kreisdiagramme für die oben betrachteten Beispiele.

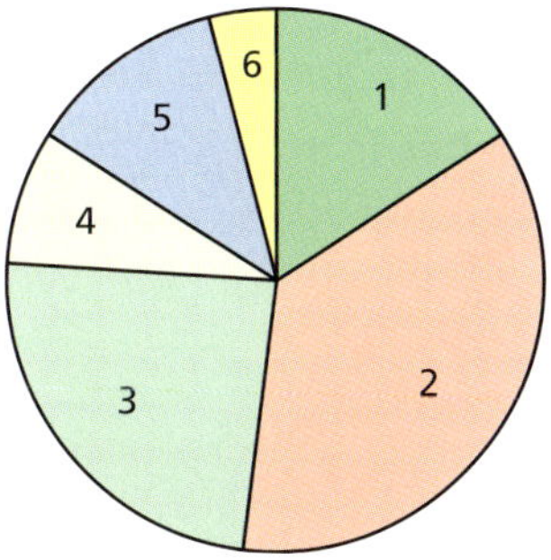

Verteilung der Zensuren

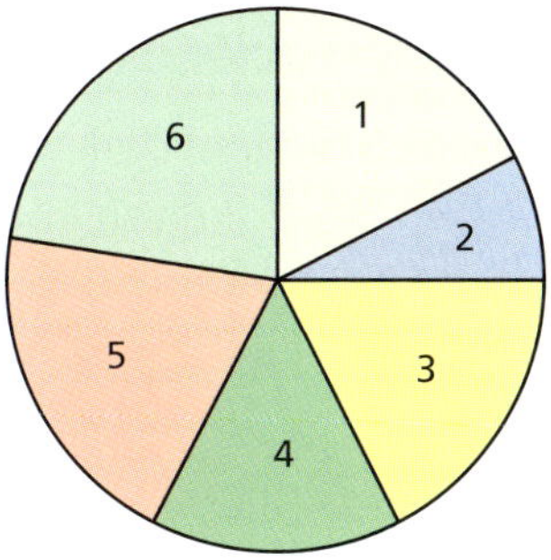

Verteilung der Augenzahlen

M Die Summe der relativen Häufigkeiten ergibt 1 (bzw. 100 %).

Häufigkeit von Ereignissen bei Zufallsversuchen

Bob und seine Schwester Jana erproben ein neues Spiel. Jana will und will das Einsetzen nicht gelingen. Sie würfelt alle möglichen Augenzahlen, nur eine Sechs ist nicht dabei. „Warum darf man zum Beispiel nicht bei einer Eins oder einer Fünf einsetzen?", fragt sie verzweifelt. Daraufhin belehrt sie Bob: „Bei einem guten Spielwürfel und korrektem Würfeln haben alle Augenzahlen die gleichen Chancen. Die Chance, eine Sechs zu würfeln, ist genauso groß wie das Erreichen jeder anderen Zahl – nämlich $\frac{1}{6}$." – „Wenn ich zwölfmal würfele, sind dann also zwei Sechsen dabei?" fragt Jana etwas ungläubig. „Probieren wir's doch einfach aus", meint Bob. „Lass uns also möglichst oft würfeln."

Ihre Ergebnisse haben die Kinder in den folgenden Tabellen zusammengestellt.

12 Würfe:

Augenzahl	1	2	3	4	5	6
Absolute Häufigkeit	2	1	3	2	4	0
Relative Häufigkeit	0,167	0,083	0,25	0,167	0,333	0

100 Würfe:

Augenzahl	1	2	3	4	5	6
Absolute Häufigkeit	13	12	20	18	19	18
Relative Häufigkeit	0,13	0,12	0,2	0,18	0,19	0,18

Nach 100 Wiederholungen des Vorgangs schwanken zwar die absoluten Häufigkeiten für die einzelnen Augenzahlen (zwischen 12 und 20) und die relativen Häufigkeiten (zwischen 0,12 und 0,2) noch relativ stark, sie liegen aber bereits in der Nähe des von Bob angegebenen Wertes $\frac{1}{6}$.

Würde nun die Anzahl der Würfe immer weiter erhöht, so könnte man feststellen, dass die relativen Häufigkeiten immer weniger um $\frac{1}{6}$ schwanken, dass sie sich stabilisieren. Ein solches **Stabilisieren der relativen Häufigkeiten** kann man nicht nur beim Würfeln, sondern auch bei anderen Zufallsversuchen beobachten.

M Für jedes Ereignis, das bei einem Zufallsversuch eintreten kann, stabilisiert sich bei sehr vielen Versuchsdurchführungen die relative Häufigkeit bei einem festen Wert.
Diesen Wert nennt man die **Wahrscheinlichkeit** des Ereignisses.

Die Wahrscheinlichkeit, mit einem Würfel eine Sechs zu würfeln, beträgt also $\frac{1}{6}$ bzw. etwa 0,167.

Aufgaben

1. a) Ermittle aus der Urliste für das 100-malige Würfeln auf Seite 7 die absolute und relative Häufigkeit der einzelnen Augenzahlen nach 20, 60 und 80 Versuchen.
b) Würfele selbst 100-mal, erfasse die Ergebnisse in einer Strichliste und gib eine Häufigkeitsverteilung an.
c) Würfelt in Gruppenarbeit 1000-mal und ermittelt die relativen Häufigkeiten für die Augenzahlen.

2. Clara und Clemens haben einen Kronkorken 100-mal geworfen.
Zeigte nach dem Wurf die offene Seite nach oben, notierten sie eine Null; zeigte die geschlossene Seite nach oben, eine Eins.
Im Folgenden ist ihre Urliste wiedergegeben.

0010110000	0000011100	0100000111	0000010000	0100101010
1000000010	0000110100	0100011000	0100110010	1101110011

a) Stelle die Häufigkeitsverteilung in einem Streifendiagramm dar.
b) Welchen Schluss ziehst du aus dieser Häufigkeitsverteilung?
Würdest du als Kapitän einer Fußballmannschaft zustimmen, dass die Entscheidung über Anstoß und Seitenwahl durch das Werfen eines Kronkorkens statt einer Münze getroffen wird?
c) Führe den Versuch selbst 100-mal durch und stelle eine Häufigkeitsverteilung auf.

3. Lehrer Kühlewind hat die Mathematikarbeit der 6a korrigiert und notierte dabei die folgenden Zensuren:

3	1	5	2	1	3	3	4	2	3	2	1	6	1
4	2	3	2	2	5	3	3	2	3	1	3	4	3

a) Ermittle die absolute und relative Häufigkeit der einzelnen Zensuren.
b) Stelle die Häufigkeitsverteilung in einem Streifendiagramm dar.
c) Ermittle den Zensurendurchschnitt. Runde diesen auf zwei Dezimalstellen.

4. Befrage die Mitschüler deiner Klasse, an welchem Wochentag sie geboren wurden und stelle das Ergebnis der Umfrage in einer Häufigkeitstabelle sowie in einem Häufigkeitsdiagramm dar.
Führt (in Gruppenarbeit) diese Untersuchung für alle Schülerinnen und Schüler der 6. Klassen eurer Schule durch.

5. In den Hauptbahnhöfen Hamburg und Leipzig fand innerhalb der gleichen Zeitspanne eine Befragung von Reisenden nach ihren Fahrtzielen statt.
Dabei wurde nach folgenden Merkmalen unterschieden:
(A) Nahverkehr (S-Bahn o.Ä.)
(B) Regionalverkehr (bis 100 km)
(C) Fernverkehr (über 100 km)
Die Ergebnisse sind in nebenstehender Tabelle angegeben.

	(A)	(B)	(C)
Hamburg Hbf	4 023	3 198	1 954
Leipzig Hbf	2 467	2 543	1 275

a) Wie viele Reisende wurden jeweils in Hamburg bzw. Leipzig befragt?
b) Ermittle für beide Bahnhöfe die relative Häufigkeit der einzelnen Fahrziele und stelle die Verteilung jeweils in einem geeigneten Diagramm dar.

6. a) Wie oft kommen in folgendem Zungenbrecher die Vokale a, e, i, o und u vor?

Zehn zahme Ziegen zogen zehn Zentner Zucker zum Zoo.

b) Stelle die entsprechenden relativen Häufigkeiten in einem Diagramm dar.
c) Wähle aus einer deutschsprachigen Zeitschrift o.Ä. einen beliebigen Abschnitt von etwa zehn Zeilen aus und ermittle die Häufigkeit der einzelnen Vokale.

7. Bei einer Radarkontrolle wurden 1863 Pkw, 295 Lkw und 76 Motorräder erfasst. Mit einer überhöhten Geschwindigkeit fuhren 81 Pkw, 25 Lkw und 18 Motorräder.
a) Ermittle den Anteil der einzelnen Fahrzeugarten am gesamten Verkehrsaufkommen sowie an den „Verkehrssündern".
b) Stelle die Anteile jeweils in einem geeigneten Diagramm dar.
c) In welcher Fahrzeugart ist der Anteil der „Raser" am größten, in welcher am geringsten?

1.3 Berechnen von Wahrscheinlichkeiten

Beim Würfeln mit einem normalen, nicht gezinkten Spielwürfel treten alle Ergebnisse (Augenzahlen) mit der gleichen Wahrscheinlichkeit auf.
Man sagt, sie sind **gleich wahrscheinlich.**

Zufallsversuche, bei denen alle Ergebnisse gleich wahrscheinlich sind, werden auch **LAPLACE-Versuche** genannt. Der Name geht auf den französischen Mathematiker PIERRE SIMON LAPLACE (1749 bis 1829, s. Bild) zurück.
Hat ein solcher Zufallsversuch m mögliche Ergebnisse, so hat jedes dieser Ergebnisse die Wahrscheinlichkeit $\frac{1}{m}$.

Zufallsversuch	Ergebnismenge/ Anzahl der möglichen Ergebnisse	Wahrscheinlichkeit für jedes Ergebnis
Werfen eines Würfels	{1; 2; 3; 4; 5; 6} m = 6	$\frac{1}{6}$
Werfen einer Münze	{Wappen (W); Zahl (Z)} m = 2	$\frac{1}{2}$

Für LAPLACE-Versuche kann nicht nur die Wahrscheinlichkeit für jedes Ergebnis, sondern auch die Wahrscheinlichkeit für (aus den Ergebnissen zusammengesetzte) Ereignisse angegeben werden.

M Sind alle Ergebnisse eines zufälligen Vorgangs gleich wahrscheinlich, so gilt für die **Wahrscheinlichkeit eines Ereignisses** A:

$$P(A) = \frac{\text{Anzahl der für A günstigen Ergebnisse}}{\text{Anzahl der möglichen Ergebnisse}} = \frac{g}{m}$$

Mit P(A) wird die Wahrscheinlichkeit des Ereignisses A bezeichnet. Das P wurde wegen des lateinischen Wortes für Wahrscheinlichkeit (prohabilitas) gewählt.

B Wie groß ist die Wahrscheinlichkeit, mit einem normalen Spielwürfel eine ungerade Augenzahl zu würfeln?

Es wird folgendes Ereignis betrachtet:
A – *Es wird eine ungerade Zahl gewürfelt.*
Das Ereignis A tritt ein, wenn eine der Augenzahlen 1, 3 oder 5 gewürfelt wird, es gibt also unter den sechs möglichen Ergebnissen (m = 6) genau drei günstige Ergebnisse (g = 3).
Somit gilt:
$P(A) = \frac{3}{6} = \frac{1}{2} = 0{,}5$

Aufgaben

1. Entscheide, ob bei den folgenden Zufallsversuchen alle möglichen Ergebnisse gleich wahrscheinlich sind.
   Gib jeweils die Ergebnismenge an.
   a) Es wird eine Münze geworfen. Beobachtet wird, ob „Wappen" oder „Zahl" fällt.
   b) Es wird eine Streichholzschachtel geworfen. Beobachtet wird, auf welcher der sechs Seiten sie landet.
   c) Es wird eine Reißzwecke geworfen. Beobachtet wird, ob sie auf dem Kopf oder der Spitze landet.
   d) Aus einem Gefäß mit vier roten und acht blauen Kugeln (s. Bild) wird zufällig eine Kugel gezogen. Beobachtet wird, welche Farbe die Kugel hat.

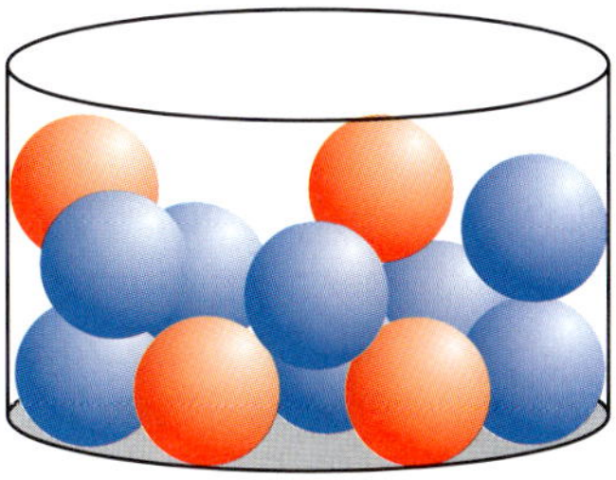

2. Es wird mit einem normalen Spielwürfel gewürfelt.
   Berechne jeweils die Wahrscheinlichkeit der folgenden Ereignisse:
   A – *Es wird eine durch zwei teilbare Zahl geworfen.*
   B – *Es wird ein Vielfaches von 3 geworfen.*
   C – *Es wird eine Primzahl geworfen.*
   D – *Es wird keine 4 geworfen.*
   E – *Es wird eine Augenzahl kleiner als 7 geworfen.*

3. Im Folgenden siehst du vier Glücksräder mit rot markierten Gewinnfeldern.
   Gib jeweils die Wahrscheinlichkeit für einen Gewinn an.

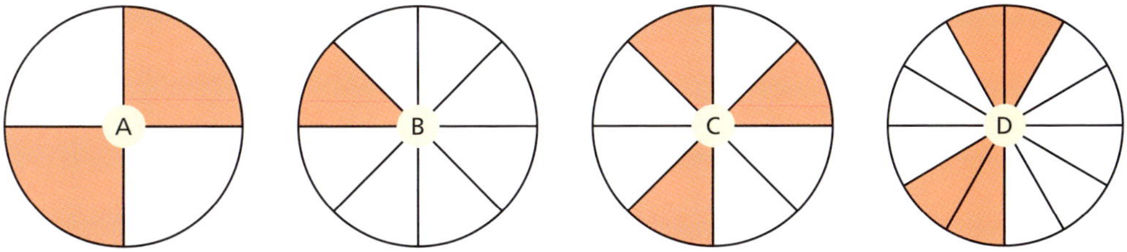

4. Die Abbildung zeigt die Netze dreier Spielwürfel, deren Seitenflächen grün, rot oder weiß gefärbt sind.

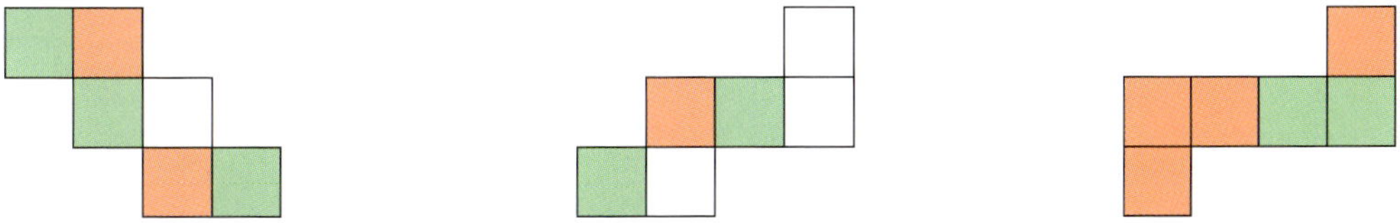

   Gib für jeden der drei Würfel die Wahrscheinlichkeit dafür an, dass „grün" („rot" bzw. „weiß") gewürfelt wird.

5. Mareen hat schon zwei Sechsen nacheinander gewürfelt. Nun würfelt sie noch einmal. Wie groß ist die Wahrscheinlichkeit, dass sie dabei wieder eine Sechs erzielt?

1.4 Gemischte Aufgaben

1. Bäcker Schmitz hat sich zum Fasching etwas Besonderes ausgedacht: Einige der Pfannkuchen sind mit Senf gefüllt worden.
   Frau Lustig kauft nun zwölf Pfannkuchen mit Pflaumenmus, drei mit Eierlikör, sechs mit Nougat und drei mit Senf. Von außen sehen sie alle gleich aus.
   a) Peter darf sich als Erster einen Pfannkuchen nehmen. Wie groß ist die Wahrscheinlichkeit, dass er einen mit Senf erwischt? Berechne auch für jede der anderen Sorten die Wahrscheinlichkeit, beim ersten Zugriff einen solchen Pfannkuchen zu bekommen.
   b) Peter möchte unbedingt einen Pfannkuchen mit Pflaumenmus haben. Wie viele Pfannkuchen müsste er mindestens nehmen, um sicher zu sein, dass ein mit Pflaumenmus gefüllter dabei ist?
   c) Es sind bereits sechs Pfannkuchen genommen worden, die alle keinen Senf enthielten. Wie groß ist nun die Wahrscheinlichkeit, einen mit Senf zu erwischen?

2. Laura veranstaltet zu ihrem Geburtstag ein Lotto „3 aus 5“, d.h., von fünf Zahlen können drei angekreuzt werden.
   Wie viele Tipps müsste ihre Freundin Maureen abgeben, um mit Sicherheit einen Dreier zu haben?

3. Zeichne sechs Würfelnetze in dein Heft. Beschrifte sie jeweils so mit den Zahlen 1, 2, 3, 4, 5 bzw. 6, dass die Wahrscheinlichkeit, eine Primzahl zu werfen, den angegebenen Wert hat.
   Hinweis: Du darfst Zahlen auch doppelt verwenden oder weglassen.
   a) 1 b) $\frac{1}{2}$ c) 0 d) $\frac{1}{6}$ e) $\frac{2}{3}$ f) $\frac{1}{3}$

4. In der Tabelle sind für die zehn Länder mit den längsten Schuljahren, d.h. mit der größten Anzahl von Schultagen pro Jahr, die entsprechenden Anteile (relativen Häufigkeiten) angegeben. Berechne jeweils die Anzahl der Schultage für die einzelnen Länder und stelle sie in einem Diagramm dar.

Land	China	Japan	Nordkorea	Israel	Deutschland
Anteil	$\frac{251}{365}$	$\frac{243}{365}$	$\frac{44}{73}$	$\frac{43}{73}$	$\frac{42}{73}$
Land	Russland	Schweiz	Niederlande	Schottland	Thailand
Anteil	$\frac{42}{73}$	$\frac{207}{365}$	$\frac{40}{73}$	$\frac{40}{73}$	$\frac{40}{73}$

5. An der von einem bekannten Fernsehsender mittels TED durchgeführten Umfrage „Wer ist unser Superstar?“ beteiligten sich rund 100 000 Zuschauer.
Nebenstehendes Diagramm gibt das Ergebnis wieder.
Wie viele Stimmen entfielen etwa auf die einzelnen Kandidaten?

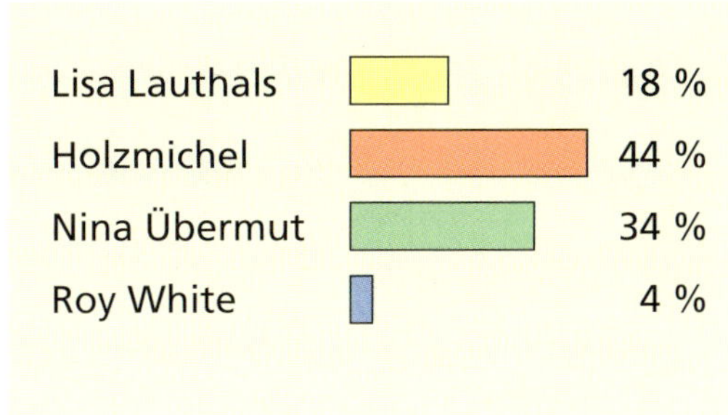

6. Die Panzerknacker möchten gern an Dagobert Ducks enorme Geldvorräte gelangen. Das Tresorschloss öffnet sich jedoch nur, wenn man die drei mit den Ziffern 1 bis 9 beschrifteten Kreisscheiben auf eine bestimmt Zahl einstellt.

a) Die Panzerknacker wissen, dass sie nur eine Stunde Zeit haben. Schaffen sie es, alle Einstellungen durchzuprobieren, wenn sie für jede Einstellung vier Sekunden benötigen?

b) Wie groß ist die Wahrscheinlichkeit, dass sie die richtige Zahlenkombination beim ersten Versuch treffen?

c) Durch Zufall haben sie erfahren, dass die erste und die letzte Ziffer je eine Primzahl sind.
Wie viele mögliche Zahlenkombinationen ergeben sich jetzt?

7. Auf einem Jahrmarkt steht ein Glücksrad, dessen Scheibe in 100 gleich große Segmente eingeteilt ist und die mit den Zahlen von 1 bis 100 beschriftet wurden. Nach dem Drehen bleibt der Zeiger bei einer der Zahlen stehen.
Wie groß ist die Wahrscheinlichkeit, dass eines der folgenden Ereignisse eintritt. Gib diese sowohl als Bruch als auch in Prozent an.

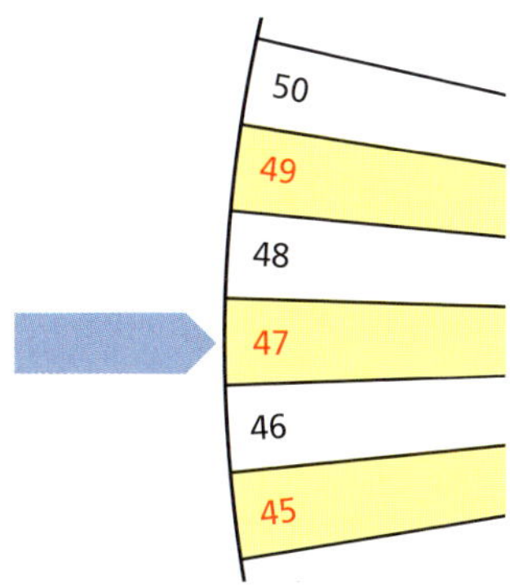

A – *Der Zeiger zeigt auf die Zahl 47.*
B – *Der Zeiger zeigt auf die Zahl 100.*
C – *Der Zeiger zeigt auf eine durch 25 teilbare Zahl.*
D – *Der Zeiger zeigt auf eine Primzahl.*
E – *Der Zeiger zeigt auf eine Zahl, die 7 als Ziffer enthält.*

8. Max darf im Training fünf Elfmeter schießen.
Erzielt er ein Tor, notiert der Trainer eine 1, erzielt er kein Tor eine 0.
Gib alle möglichen Ergebnisse als Folge der Zahlen 0 und 1 an.
Kannst du die Anzahl der möglichen Ergebnisse ermitteln, ohne eine Tabelle aufzustellen?

9. In der folgenden Tabelle sind die Bevölkerungszahlen einiger Länder um 1900 sowie Ende 2001 angegeben.

Land	Bevölkerungszahl um 1900	Bevölkerungszahl 2001
China	30 242 000	1 302 190 000
Indien	289 187 000	1 027 015 000
Russland	129 211 000	145 491 000
USA	62 981 000	281 422 000
Deutschland	52 245 000	82 164 000
Österreich	41 345 000	8 149 000
Japan	40 072 000	126 919 000
Großbritannien	39 825 000	59 287 000
Türkei	39 500 000	66 668 000
Frankreich	38 518 000	59 411 000

Stelle diese Angaben jeweils in einem Säulendiagramm (bzw. Streifendiagramm) dar.

Hinweis: Überlege zuvor, wie vielen Menschen 1 mm im Diagramm entsprechen soll. Runde die Angaben zweckmäßig.

10. Ein Skatspiel (französisches Blatt) besteht aus insgesamt 32 Karten (je acht Karten der Farben Karo, Herz, Pik und Kreuz).
Aus dem gut gemischten Stapel wird zufällig eine Karte gezogen.
Gib die Wahrscheinlichkeit für die folgenden Ereignisse an.

A – *Die gezogene Karte ist das Karo-Ass.*
B – *Es wird eine Herz-Karte gezogen.*
C – *Es wird eine schwarze Karte (Pik oder Kreuz) gezogen.*
D – *Die gezogene Karte ist eine Sieben.*
E – *Die gezogene Karte ist eine Zwei.*
F – *Es wird eine rote oder eine schwarze Karte gezogen.*

11. Im Erzgebirge sollen 15 neue Wanderwege mithilfe von zwei farbigen Parallelstreifen gekennzeichnet werden.
Wie viele Farben werden benötigt, wenn
a) jede Farbe innerhalb einer Kennzeichnung höchstens einmal vorkommen darf;
b) eine Kennzeichnung auch aus zwei gleichen Farbstreifen bestehen darf?

12. In einem Behälter befinden sich rote, blaue, grüne und weiße Kugeln, insgesamt sind es nicht mehr als 50. Es sind die folgenden Angaben bekannt:

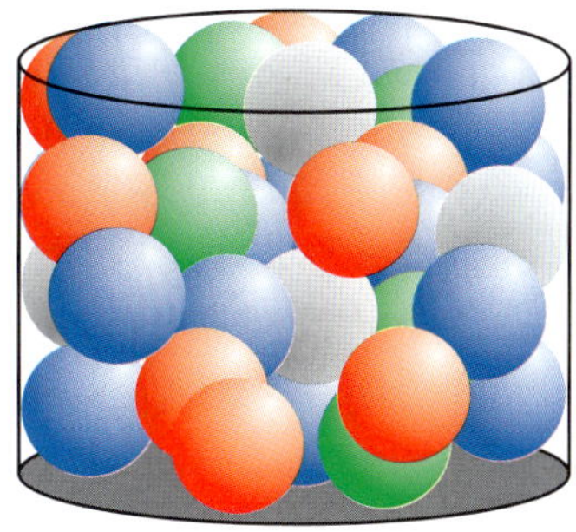

- Die Wahrscheinlichkeit, eine rote Kugel zu ziehen, beträgt $\frac{3}{16}$.
- Die Wahrscheinlichkeit, eine blaue Kugel zu ziehen, beträgt $\frac{3}{8}$.
- Für das Ziehen einer grünen Kugel wird die Wahrscheinlichkeit mit $\frac{7}{24}$ angegeben.

Wie viele Kugeln befinden sich insgesamt im Gefäß? Wie viele davon sind weiß?

13. Jonas und Marvin verfolgen die Ziehung der Lottozahlen in der Spielart „6 aus 49". Sie interessieren sich besonders für folgende Ereignisse:
(1) Die zuerst gezogene Zahl enthält die Ziffer 3.
(2) Die zuerst gezogene Zahl ist durch 3 teilbar.
(3) Die zuerst gezogene Zahl ist eine ungerade Zahl und eine Primzahl.
(4) Die zuerst gezogene Zahl ist durch 4 aber nicht durch 8 teilbar.
(5) Die zuerst gezogene Zahl ist kleiner als 40 und durch 6 teilbar.
Jeder von ihnen soll sich ein Ereignis aussuchen. Tritt es ein, so bekommt der Gewinner 10 Cent.
a) Welche Ereignisse müssen sie wählen, damit es ein faires Spiel ist?
b) Jonas wählt das Ereignis (3). Welches muss Marvin wählen, damit er eine höhere Gewinnwahrscheinlichkeit hat?

14. Aus den Buchstaben E, I und S sollen „dreibuchstabige" Wörter gebildet werden. Wie viele verschiedene Möglichkeiten gibt es, wenn
a) jeder Buchstabe genau einmal auftreten soll;
b) Buchstaben mehrfach auftreten können.

15. In einer Reihe von Ländern der Welt herrscht in den Klassenzimmern der Grundschulen dichtes Gedränge (die Zahl hinter dem Land gibt jeweils die durchschnittliche Anzahl der Schülerinnen und Schüler pro Klasse an):

Zentralafrikanische Republik: 77 Demokratische Republik Kongo: 77
Mali: 70 Bangladesch: 63 Tschad: 67 Senegal: 58

a) Stelle die Angaben in einem Säulendiagramm (bzw. Streifendiagramm) dar.
b) Berechne die durchschnittliche Klassenstärke für deine Schule und stelle auch diesen Wert in dem Diagramm dar.

16. Luca und Melinda haben sich das folgende Spiel überlegt:
Es wird mit einem regelmäßigen Zwölfflächner (Dodekaeder) gewürfelt. Luca erhält einen Punkt, wenn die Augenzahl eine Primzahl ist. Ist die Augenzahl eine durch 2 teilbare Zahl, so erhält Melinda einen Punkt.
Ist das Spiel fair? Begründe.

Teste dich selbst!

1. Entscheide, ob die folgenden Ereignisse sicher, möglich oder unmöglich sind.
a) Mit einem normalen Spielwürfel wird eine einstellige Zahl gewürfelt.
b) Mit einem normalen Spielwürfel wird eine Zahl größer als 6 gewürfelt.
c) Mit einem normalen Spielwürfel wird eine Zahl zwischen 2 und 10 gewürfelt.
d) Das Fußballspiel zwischen „SV Abseits“ und „FC Trifft nie“ wird 0 : 10 enden.

2. Wie viele dreistellige Zahlen, lassen sich aus den Ziffern 2, 5 und 8 bilden, wenn
a) jede Ziffer nur genau einmal vorkommen soll;
b) eine Ziffer mehrfach vorkommen kann?

3. Die Schülerinnen und Schüler der sechsten Klassen wurden befragt, wie viele Geschwister sie haben. Das Ergebnis dieser Umfrage ist in folgender Tabelle notiert.

Geschwister	0	1	2	3
Anzahl der Schülerinnen bzw. Schüler	𝍸 𝍸 𝍸 𝍸 𝍸 𝍸 𝍸 /	𝍸 𝍸 𝍸 𝍸 𝍸 𝍸 𝍸 𝍸 𝍸	𝍸 𝍸 𝍸 ///	𝍸 ////

a) Stelle die absoluten Häufigkeiten in einem Streifendiagramm dar.
b) Ermittle auch die relativen Häufigkeiten und stelle sie in einem Kreisdiagramm dar.

4. Die folgende Abbildung zeigt die Netze von drei Würfeln. Wie groß ist jeweils die Wahrscheinlichkeit, mit dem zugehörigen Würfel eine Primzahl zu würfeln?

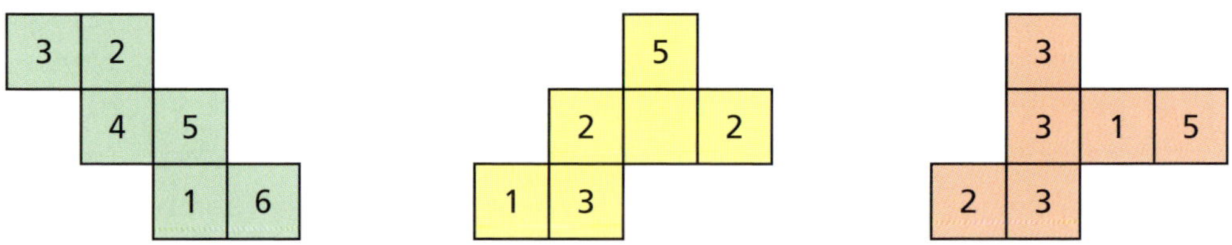

5. In einem Beutel befinden sich blaue und weiße Tischtennisbälle, insgesamt 24. Wie groß ist jeweils die Wahrscheinlichkeit, beim zufälligen Hineingreifen einen blauen Ball zu „erwischen“, wenn der Beutel
a) 21 blaue Bälle enthält;
b) genauso viele blaue wie weiße Bälle enthält;
c) nur weiße Bälle enthält;
d) doppelt so viele weiße wie blaue Bälle enthält?

6. Ein 2-Cent- und eine 50-Cent-Münze werden gleichzeitig geworfen. Es wird beobachtet, ob auf den jeweiligen Münzen das Wappen (W) oder die Zahl (Z) fällt.
a) Wie viele verschiedene Ergebnisse sind möglich?
b) Wie hoch ist die Wahrscheinlichkeit, dass bei beiden Münzen das Wappen oben liegt?

Über Sonntagskinder, beliebte Vornamen und mehr

„Kein Wunder, dass du wieder mal Glück hast, du bist ja auch ein Sonntagskind."
„Im Februar kommen wir aus dem Feiern gar nicht mehr heraus", stöhnt Frau Sauer. – „Reg dich nicht auf", erwidert ihr Mann, „dafür haben wir im Mai Ruhe."
„Na, wie war der erste Tag in der neuen Schule?", wird Lisa gefragt – „Eigentlich ganz gut. Aber stell dir vor, noch drei Mädchen in der Klasse heißen so wie ich."

Die Projektidee

Ausgehend von obigen Aussagen solltet ihr die folgenden Fragen untersuchen:

- Werden an bestimmten Wochentagen mehr Kinder geboren als an anderen?
- Gibt es Monate mit einer Häufung von Geburten?
- Sind bestimmte Vornamen beliebter als andere und werden deshalb von den Eltern häufiger gewählt? Ändert sich das im Laufe der Jahre?

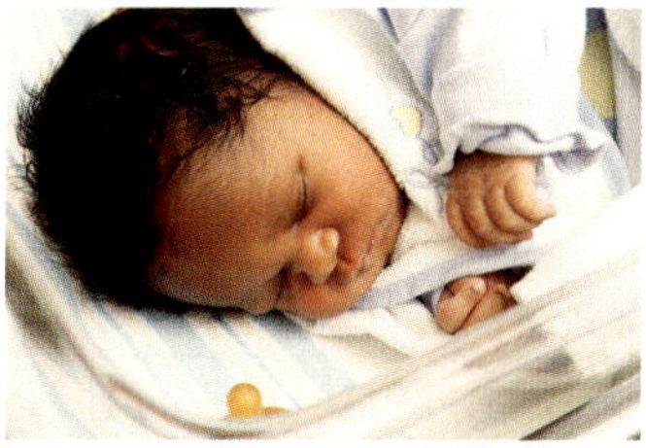

Erfassen und Auswerten der Daten

Plant eine **Umfrage** in eurer Klasse (bzw. Schule), in der ihr etwa Folgendes erfasst:

- Vorname (Rufname) des Schülers bzw. der Schülerin
- Wochentag der Geburt und Geburtsmonat

Überlegt, wie ihr in Gruppen zusammenarbeiten und die Arbeit aufteilen könnt. Formuliert passende Fragestellungen. Vielleicht interessieren euch auch noch andere Dinge wie etwa Haustiere, Anzahl der Geschwister, Hobbys.
Plant, wie ihr die Daten günstig erfassen und den Fragestellungen zuordnen könnt. Überlegt euch eine geeignete und übersichtliche **Darstellung** der Daten (z. B. nach Klassenstufen geordnet, für die ganze Schule; in Tabellenform, in Diagrammen usw.)

Erweiterung des Projekts

1. Erkundigt euch ggf. auch im örtlichen Krankenhaus nach analogen Daten (Häufigkeit von Geburten an bestimmten Tagen bzw. in bestimmten Monaten; Häufigkeit von Mädchen- und Jungengeburten; Häufigkeit der Vornamen).
   Fragt auch bei der Gemeinde- oder Stadtverwaltung nach.
2. Erkundet im Internet die beliebtesten Vornamen in Deutschland. Wie haben sich diese in den letzten Jahren verändert?
   Welches sind die beliebtesten Vornamen in anderen Ländern?

Zusammenfassung

Erfassen und Auswerten von Daten

Insbesondere bei **statistischen Untersuchungen** und bei der **Durchführung von Zufallsversuchen** wird mit einem meist umfangreichen Datenmaterial gearbeitet. Daten erhält man im Ergebnis von Umfragen, von Messreihen o.Ä.
Um die in einer **Urliste** erfassten Daten auswerten zu können, werden diese geordnet. Möglichkeiten dafür sind z.B. **Strichlisten.**

B Es wurde 60-mal gewürfelt.

24354	13665	53233	16651
35241	34346	56526	16364
32153	14631	21234	44221

1: 卌 卌	4: 卌 ////
2: 卌 ////	5: 卌 ///
3: 卌 卌 ///	6: 卌 卌 /

In einer **Häufigkeitstabelle** können sowohl die **absolute Häufigkeit** (Anzahl) der einzelnen Daten bzw. Ergebnisse als auch deren **relative Häufigkeit** (Anteil) angegeben werden. Für das obige Beispiel hätte eine solche Tabelle das folgende Aussehen.

Augenzahl	1	2	3	4	5	6	Summe
Absolute Häufigkeit	10	9	13	9	8	11	60
Relative Häufigkeit	$\frac{1}{6}$	$\frac{3}{20}$	$\frac{13}{60}$	$\frac{3}{20}$	$\frac{2}{15}$	$\frac{11}{60}$	1
	16,7 %	15 %	21,7 %	15 %	13,3 %	18,3 %	100 %

Häufigkeitsverteilungen lassen sich mithilfe von Diagrammen veranschaulichen. Relative Häufigkeiten können dabei als Anteile von Rechtecken (Streifen) bzw. Kreisen dargestellt werden.
Die Abbildung zeigt das Kreisdiagramm für das obige Beispiel (1 % entspricht ein Winkel von 3,6°).

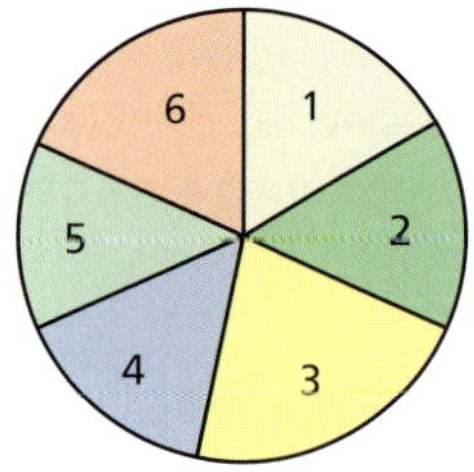

Wahrscheinlichkeit von Ereignissen

Sind bei einem zufälligen Vorgang alle Ergebnisse gleich wahrscheinlich, so spricht man von einem LAPLACE-Versuch.
Für die Wahrscheinlichkeit eines Ereignisses A bei einem LAPLACE-Versuch gilt:

$$P(A) = \frac{\text{Anzahl der für A günstigen Ergebnisse}}{\text{Anzahl der möglichen Ergebnisse}} = \frac{g}{m}$$

B Beim Werfen einer Münze ist die Wahrscheinlichkeit dafür, dass Wappen oder Zahl fällt, genauso groß. Sie beträgt 0,5 bzw. 50 %.

B Beim Würfeln wird das Ereignis A „Es wird keine Sechs gewürfelt" betrachtet.
Für die Wahrscheinlichkeit dieses Ereignisses gilt $P(A) = \frac{5}{6} \approx 0{,}833 = 83{,}3\ \%$.

2 Geometrische Formen

Fast alles Vierecke und doch verschieden

An Fachwerkbauten lassen sich verschiedene geometrische Figuren erkennen, zum Beispiel Dreiecke und Vierecke. Wie viele und was für Vierecke kannst du im nebenstehenden Bild entdecken? Nenne Gemeinsamkeiten und Unterschiede.

Nur mit Zirkel und Lineal?

Eine schon in der Antike untersuchte Frage war, welche regelmäßigen Vielecke sich nur mit Zirkel und Lineal konstruieren lassen. Nicht alle …

Aber relativ einfach lässt sich das regelmäßige Sechseck konstruieren. Informiere dich, wie das geht.

Und CARL FRIEDRICH GAUSS gelang 1796 sogar die Konstruktion des regelmäßigen 17-Ecks.

Was haben die Kreise gemein?

Wellen breiten sich kreisförmig aus. Das kannst du zum Beispiel beobachten, wenn du einen Stein ins Wasser wirfst.

Es entstehen Kreise mit …
– Ja, womit denn?
Etwa mit gleichem Radius?
Oder mit gleichem Umfang?
Oder mit gleichem …?

Gegenseitige Lage zweier Geraden

Zwei (verschiedene) Geraden g und h einer Ebene sind entweder **zueinander parallel** (Schreibweise: $g \parallel h$, Bild ①) oder sie **schneiden einander** in einem Punkt (Bild ②).

Schneiden sich die Geraden g und h unter einem rechten Winkel, so nennt man g und h **zueinander senkrecht** (bzw. **zueinander orthogonal**) und schreibt dafür $g \perp h$ (siehe nebenstehendes Bild).

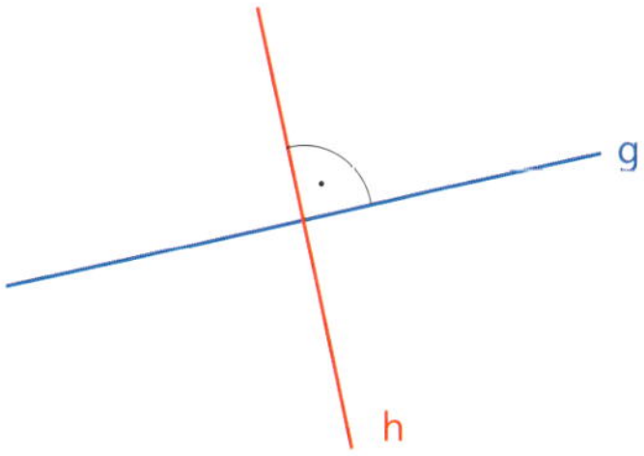

Der Kreis

Der **Kreis** ist eine spezielle ebene Figur.
Alle Punkte eines Kreises (der Kreislinie) haben den gleichen Abstand von einem festen Punkt, dem Mittelpunkt M des Kreises. Dieser Abstand wird als **Radius** r bezeichnet. Die Strecke d heißt **Durchmesser,** und es gilt:
$d = 2 \cdot r$
Alle Durchmesser eines Kreises gehen durch seinen Mittelpunkt.

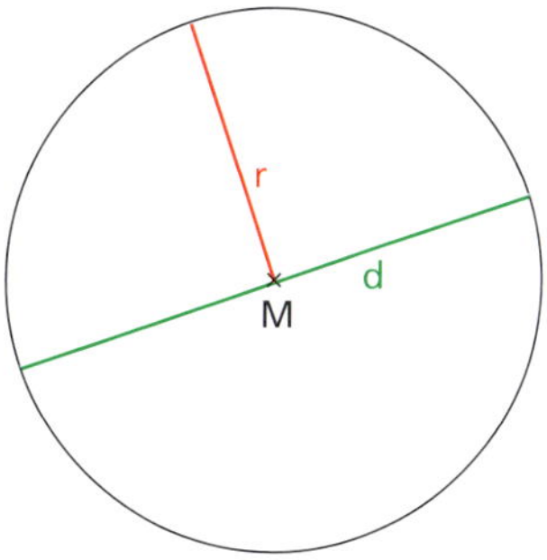

Kreise können mit unterschiedlichen Hilfsmitteln konstruiert bzw. gezeichnet werden.
Am besten eignen sich dafür ein Zirkel (linkes Bild) oder Schablonen (mittleres Bild). Auch die Konstruktion mit einem Faden ist sowohl auf Papier als auch im Freien möglich (rechtes Bild).

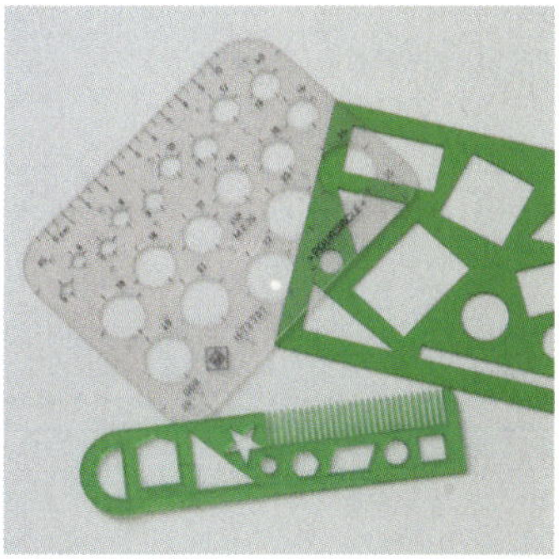

Winkel

Ein **Winkel** wird durch zwei Strahlen p und q (die Schenkel) mit einem gemeinsamen Anfangspunkt S (dem Scheitelpunkt) gebildet.
Die **Größe eines Winkels** wird in Grad gemessen.
Winkel bzw. Winkelgrößen werden mit kleinen griechischen Buchstaben (α, β, γ, …) bezeichnet.

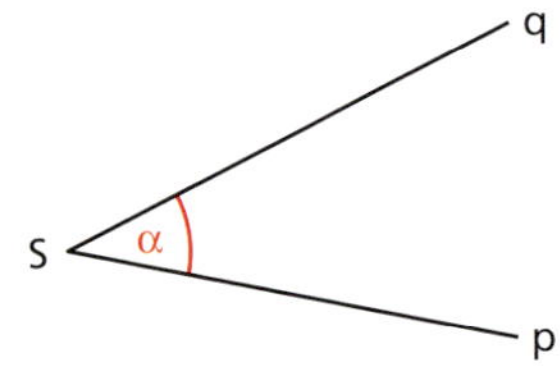

Eine Einteilung der Winkel ist nach ihrer Größe möglich.

Nullwinkel	spitzer Winkel	rechter Winkel	stumpfer Winkel	gestreckter Winkel	überstumpfer Winkel	Vollwinkel
	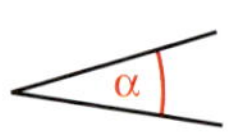	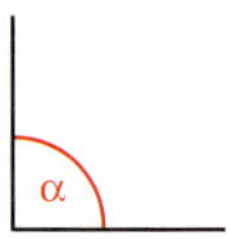	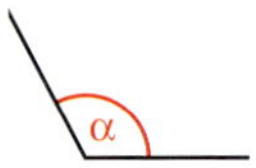	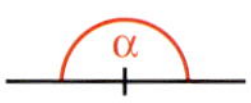	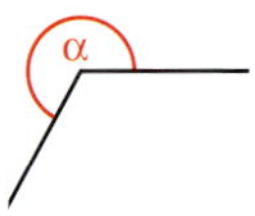	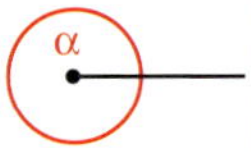
$\alpha = 0°$	$0° < \alpha < 90°$	$\alpha = 90°$	$90° < \alpha < 180°$	$\alpha = 180°$	$180° < \alpha < 360°$	$\alpha = 360°$

Messen und Zeichnen von Winkeln

Die Größe eines Winkels lässt sich folgendermaßen bestimmen (*Beispiel:* $\alpha = 40°$):

(1) Lege die Nulllinie des Geodreiecks so auf einen Schenkel des Winkels, dass der Nullpunkt genau auf dem Scheitelpunkt des Winkels liegt.
(2) Überlege, welche der beiden vorhandenen Skalen mit der Null auf dem Schenkel beginnt (im Beispiel die äußere Skala).
(3) Lies auf dieser Skala den genauen Wert des Winkels ab.

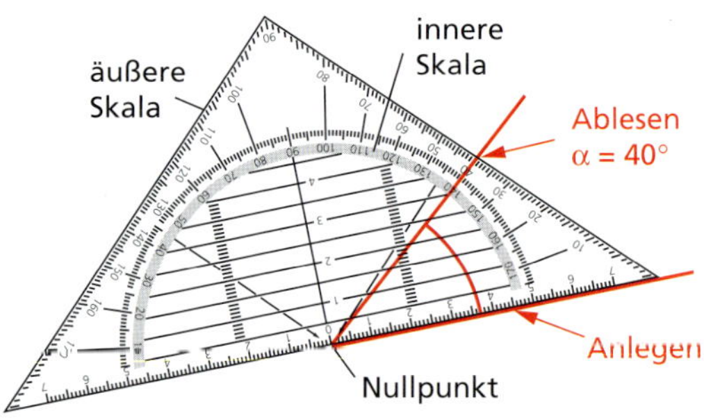

Ein Winkel vorgegebener Größe kann wie folgt gezeichnet werden (*Beispiel:* $\alpha = 65°$):

(1) Zeichne einen Schenkel des Winkels. Markiere den Scheitelpunkt. Lege das Geodreieck so an, dass der Nullpunkt auf dem Scheitelpunkt und die Nulllinie auf dem Schenkel liegt.
(2) Überprüfe, zu welcher Skala die Nulllinie gehört.
(3) Markiere an dieser Skala den vorgegebenen Wert.
(4) Verbinde diesen Punkt mit dem Scheitelpunkt.

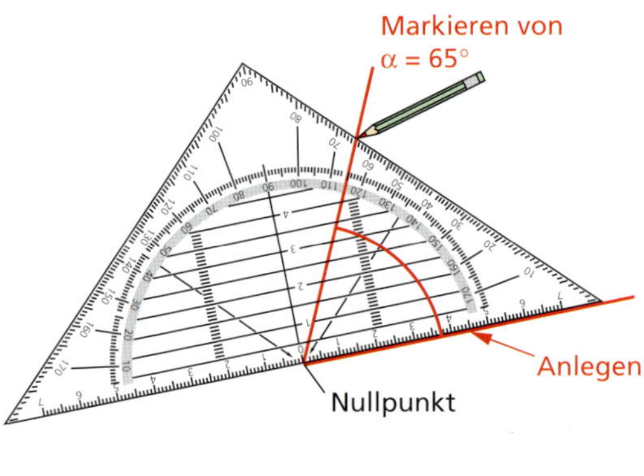

Koordinatensysteme

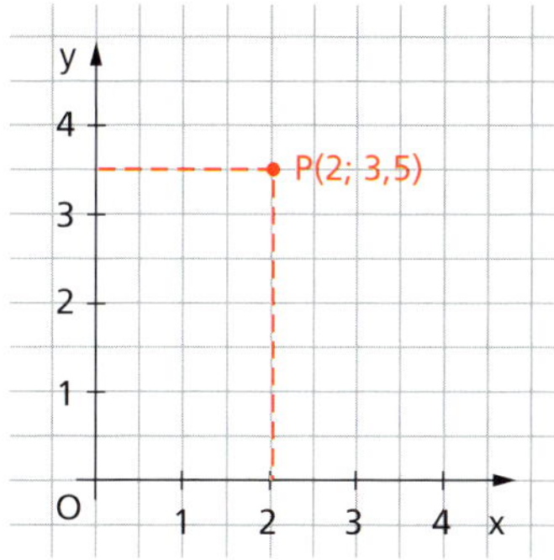

Mithilfe von Koordinatensystemen kann die Lage von Punkten in einer Ebene genau beschrieben werden.
Ein (ebenes) **Koordinatensystem** besteht aus dem Koordinatenursprung O sowie zwei Koordinatenachsen, der x-Achse (Abszissenachse) und der y-Achse (Ordinatenachse). Diese Achsen sind zueinander senkrechte Zahlenstrahlen mit dem gemeinsamen Anfangspunkt O.
Die Lage eines Punktes P wird durch seine **Koordinaten** x und y beschrieben und in der Form eines geordneten Zahlenpaares (x; y) angegeben.

Hinweis: Mitunter wird für (x; y) auch die Schreibweise (x | y) verwendet.

Aufgaben

Gegenseitige Lage zweier Geraden

1. Zeichne zwei zueinander parallele Geraden g und h. Diese Geraden bilden einen Streifen. Zeichne einen weiteren Streifen, der den ersten Streifen schneidet. Was für Schnittfiguren können entstehen?

2. Zeichne eine Gerade g. Markiere auf beiden Seiten der Geraden jeweils zwei Punkte. Welchen Abstand haben diese Punkte von der Geraden?
Hinweis: Zeichne die Abstände ein und miss sie.

3. **Optische Täuschungen**
Sind die Linien im linken Bild zueinander parallel? Ist die Figur im rechten Bild ein Quadrat?

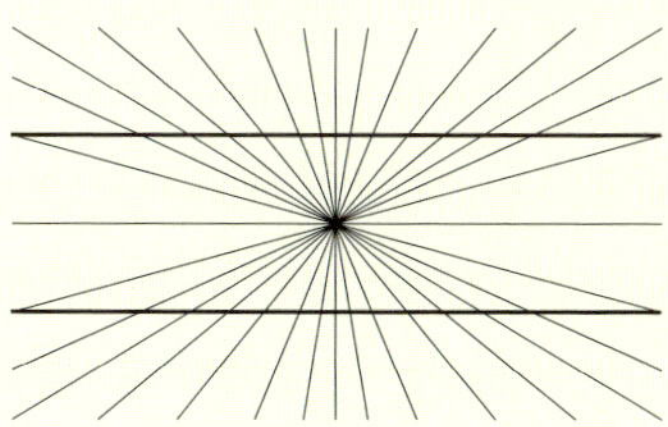

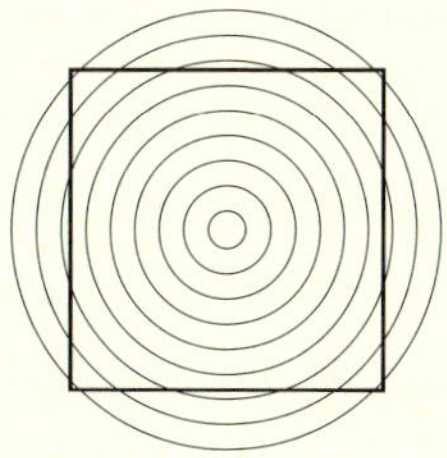

4. In der nebenstehenden Abbildung erkennst die vier Geraden g, h, i und k.
   a) Untersuche die Lage von je zwei dieser Geraden zueinander.
   Wie viele Lagebeziehungen sind zu untersuchen?
   b) Beschreibe die Figur ABCD.
   Kennst du auch ihren Namen?

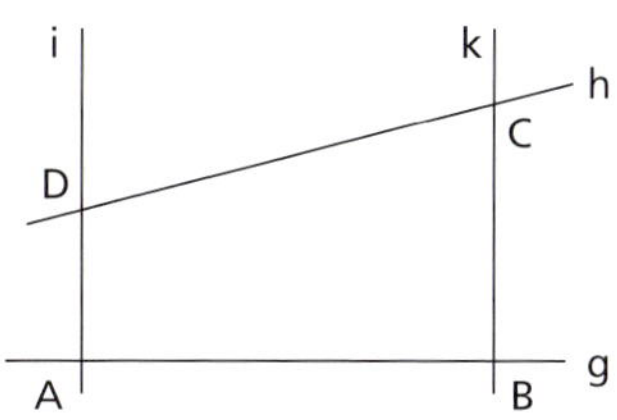

Der Kreis

5. Welche Durchmesser haben die Euro-Münzen?
   a) Zeichne zuerst mit einem Zirkel die Umrisse der einzelnen Münzen (1 Cent; 2 Cent; 5 Cent; 10 Cent; 20 Cent, 50 Cent; 1 Euro; 2 Euro), ohne dir diese nochmals anzusehen. Überprüfe dann, ob die Münzen in diese Umrisse passen.
   b) Versuche (z.B. mithilfe des Internets), die genauen Durchmesser der Münzen zu ermitteln. Vergleiche diese mit deinen gemessenen Werten.
   c) Stelle die Durchmesser und die Radien aller Münzen in einer Tabelle zusammen.

6. a) Zeichne die abgebildeten Muster in einem geeigneten Maßstab nach. Verwende dazu einen Zirkel.

①

②
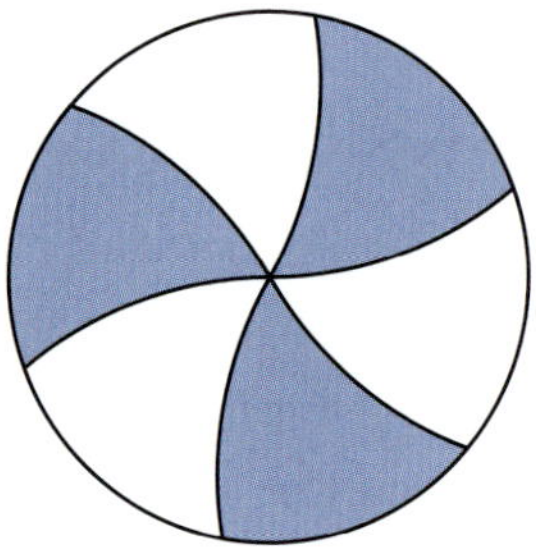

   b) Untersuche beide Figuren auf Symmetrie.
   c) Denke dir selbst ein aus Kreisbögen bestehendes bzw. zusammengesetztes Muster aus.

7. Jonas hat das nebenstehend abgebildete „Tier" im Prinzip nur mit Zirkel bzw. Schablone gezeichnet.
   a) Zeichne es nach.
   b) Entwirf selbst derartige Fantasiefiguren und zeichne sie mit Zirkel oder Schablone.

8. a) Zeichne ein Quadrat mit der Seitenlänge a = 70 mm.
   b) Zeichne den größtmöglichen Kreis, der im Innern des Quadrates liegt (auch Inkreis genannt).
   c) Zeichne den Kreis, der durch die Eckpunkte des Quadrates geht (auch Umkreis genannt).
   d) Bestimme Durchmesser und Radius des Inkreises und des Umkreises durch Rechnen bzw. Messen.

9. a) In der Abbildung siehst du drei Kreise und sechs Punkte. Welche Punkte sind Mittelpunkte eines der drei Kreise?
   b) Miss den Durchmesser jedes der Kreise. Gib ihn in Millimeter an. Wie groß ist jeweils der Radius?

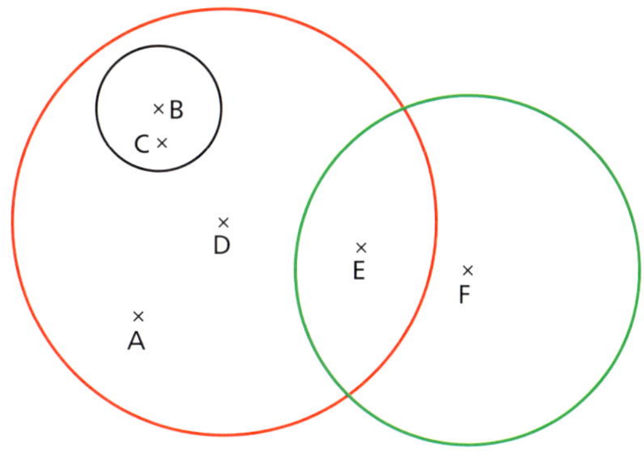

Winkel

10. Zeichne ein beliebiges Dreieck ABC mit einem rechten Winkel. Miss die Größe der anderen beiden Winkel. Was stellst du fest?

11. Es sind g und h zueinander parallele Geraden und i ist eine Senkrechte zu g.
   a) Gib jeweils die Art der eingezeichneten Winkel an.
   b) Welche Winkelarten treten in der betrachteten Figur nicht auf?

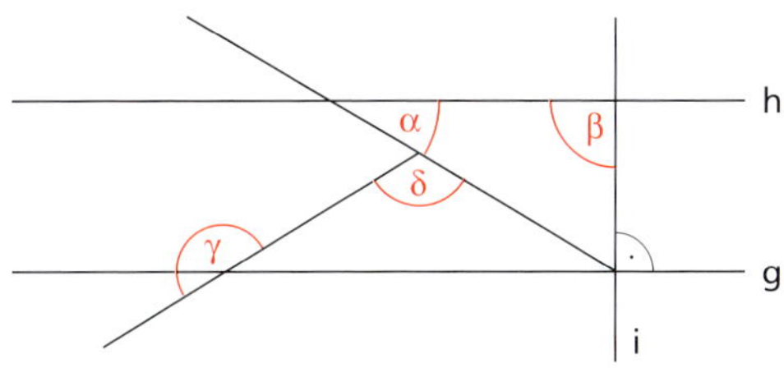

12. Zeichne ein beliebiges Dreieck ABC mit einem stumpfen Winkel bei B.
   a) Was lässt sich über die anderen beiden Innenwinkel aussagen?
   b) Miss die Größe aller Innenwinkel und addiere diese Winkelgrößen. Was stellst du fest?

Koordinatensysteme

13. a) Zeichne ein ebenes Koordinatensystem (Einheit: 1 cm) und trage die Punkte A(1,5; 1) und B(5,5; 1) ein.
   b) Trage zwei weitere Punkte C und D so ein, dass die Figur ABCD ein Quadrat ist. Gib die Koordinaten von C und D an.
   c) Welchen Umfang und Flächeninhalt hat das Quadrat ABCD?

14. Die Punkte A(0; 2), B(5; 0) und C(7; 1) sind Eckpunkte eines Parallelogramms ABCD. Welche Koordinaten hat der Punkt D?

15. a) Trage die folgenden Punkte in ein Koordinatensystem ein:
   A(8; 5), B(7; 5), C(6; 4); D(3; 4), E(2; 5); F(2; 3), G(6; 3); H(7; 2), I(9; 2), J(10; 3), K(10; 4), L(9; 5); M(9; 4), N(9; 3), P(8; 3), Q(8; 6), R(6; 6), S(10; 6)
   Verbinde diese 18 Punkte in alphabetischer Reihenfolge sowie die Punkte K und M.
   b) Überlege dir selbst Figuren im Koordinatensystem. Gib die Koordinaten deiner Figur einer Mitschülerin bzw. einem Mitschüler zum Nachzeichnen.
   Wer findet die schönste Figur?

2.1 Winkelbeziehungen

Winkel an einander schneidenden Geraden

Schneiden zwei Geraden g und h einander, so entstehen vier Winkel mit dem gemeinsamen Scheitelpunkt S. Gegenüberliegende Winkel werden **Scheitelwinkel**, nebeneinander liegende Winkel werden **Nebenwinkel** genannt.

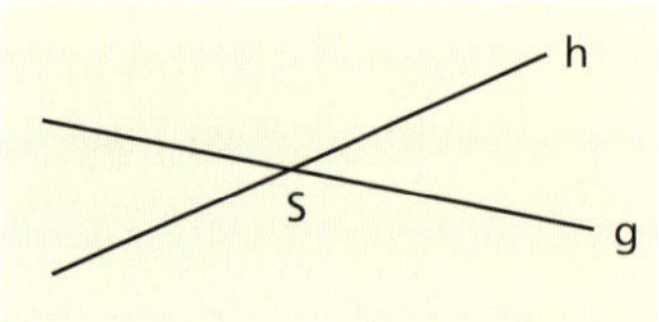

Es gelten die in der folgenden Tabelle zusammengestellten Beziehungen für die Größe dieser Winkel.

Scheitelwinkel	**Nebenwinkel**
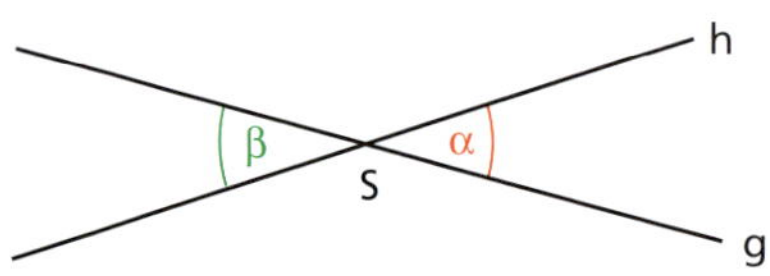	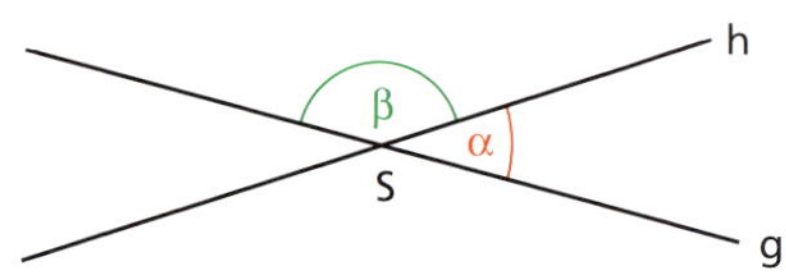
Scheitelwinkel haben einen gemeinsamen Scheitelpunkt. Ihre Schenkel bilden zwei Geraden. Wird der Winkel α um 180° um den Punkt S gedreht, so ist sein Bild der Winkel β.	Nebenwinkel haben einen gemeinsamen Scheitelpunkt und einen gemeinsamen Schenkel. Die beiden anderen Schenkel dieser Winkel bilden eine Gerade (bzw. einen gestreckten Winkel.)
Für die Winkelgrößen α und β gilt: $\alpha = \beta$	Für die Winkelgrößen α und β gilt: $\alpha + \beta = 180°$

M **Scheitelwinkel** sind gleich groß.

Die Summe der Größen von **Nebenwinkeln** beträgt 180°.

Hinweis: Zwei Winkel, die sich zu 180° ergänzen, werden auch Supplementwinkel genannt.

Winkel an geschnittenen Parallelen

Werden zwei parallele Geraden g und h durch eine Gerade s geschnitten, so entstehen insgesamt acht Winkel. Außer den Beziehungen zwischen Scheitel- und Nebenwinkeln gibt es auch Beziehungen zwischen Winkelpaaren, die keinen gemeinsamen Scheitelpunkt haben, den so genannten **Stufenwinkeln** und **Wechselwinkeln.**

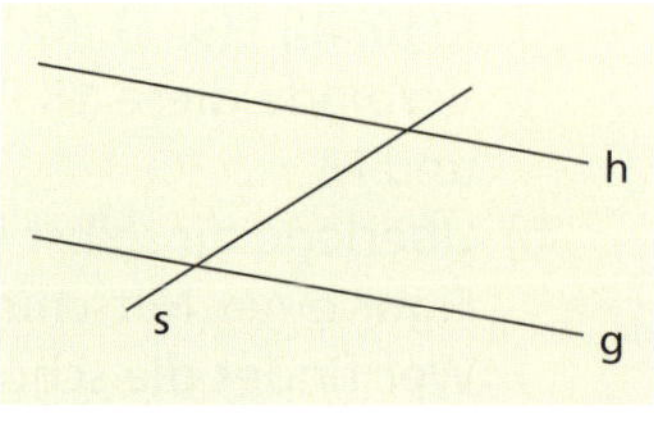

Stufenwinkel	**Wechselwinkel**
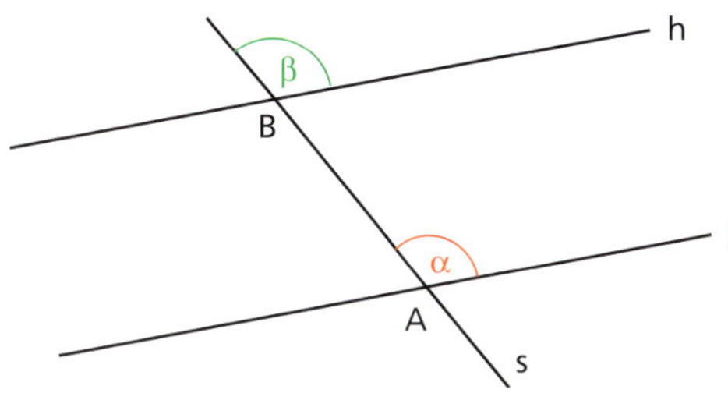	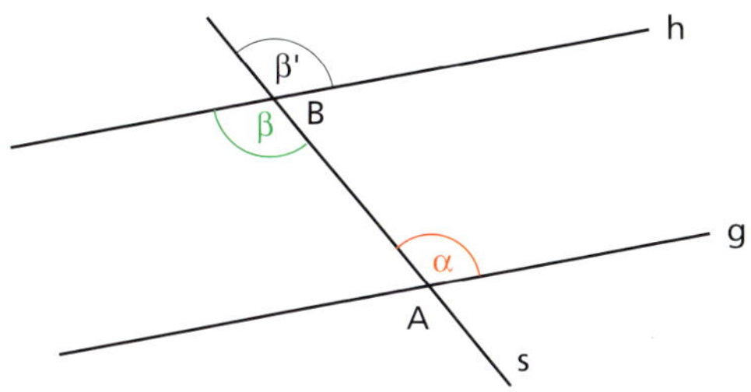
Stufenwinkel liegen auf der *gleichen* Seite der schneidenden Geraden s und ihre Schenkel auf s haben die *gleiche* Richtung.	Wechselwinkel liegen auf *verschiedenen* Seiten der schneidenden Geraden s und ihre Schenkel auf s haben *unterschiedliche* Richtungen.
Für die Winkelgrößen α und β gilt: $\alpha = \beta$ *Begründung:* Durch Verschiebung des Winkels α um die Strecke $\overline{AB}$ längs der Geraden s erhält man den Winkel β.	Für die Winkelgrößen α und β gilt: $\alpha = \beta$ *Begründung:* Durch Verschiebung des Winkels α um die Strecke $\overline{AB}$ längs der Geraden s erhält man den Winkel β'. Es gilt $\beta' = \beta$ (Scheitelwinkel).

M

Stufenwinkel an geschnittenen Parallelen sind gleich groß. **(Stufenwinkelsatz)**

Wechselwinkel an geschnittenen Parallelen sind gleich groß. **(Wechselwinkelsatz)**

Auch beim Schnitt zweier nicht paralleler Geraden g und h durch eine dritte Gerade s treten Paare von Stufen- und Wechselwinkeln auf.

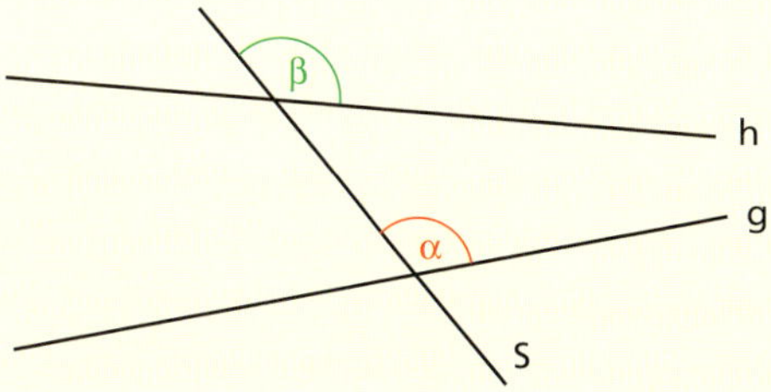

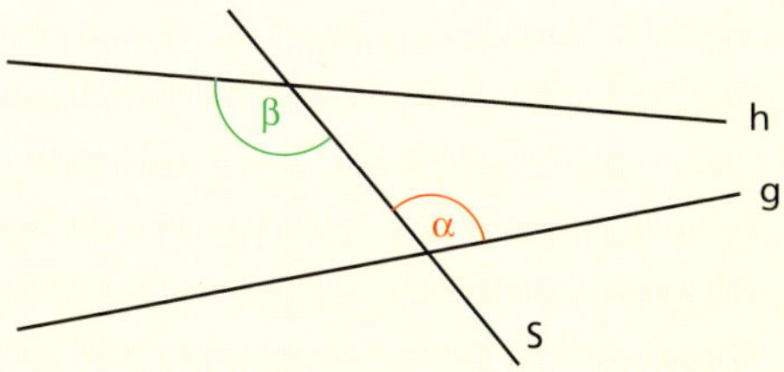

Es gelten folgende **Umkehrungen des Stufenwinkel- bzw. des Wechselwinkelsatzes**:

- Sind zwei Winkel Stufenwinkel an geschnittenen Geraden und sind diese Winkel gleich groß, so sind die Geraden zueinander parallel.
- Sind zwei Winkel Wechselwinkel an geschnittenen Geraden und sind diese Winkel gleich groß, so sind die Geraden zueinander parallel.

Aufgaben

Winkel an einander schneidenden Geraden

1. Zeichne zwei einander schneidende Geraden, die nicht zueinander senkrecht sind, und bezeichne die vier auftretenden Winkel mit α, β, γ und δ.
   a) Gib alle Paare von Scheitelwinkeln an.
   b) Gib alle Paare von Nebenwinkeln an.

2. Begründe, warum die eingezeichneten Winkel α und β jeweils kein Paar von Scheitelwinkeln bilden.

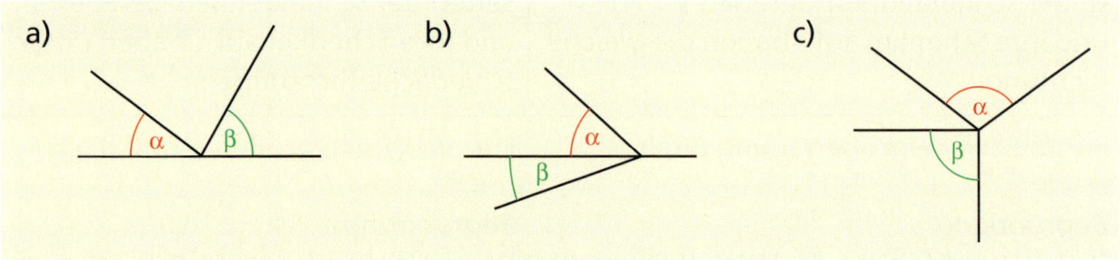

3. Zeichne Scheitelwinkelpaare der angegebenen Größe. Wie groß sind jeweils die beiden anderen Winkel?
   a) 45° b) 90° c) 120° d) 60° e) 150°

4. Begründe, warum die Winkel α und β jeweils keine Nebenwinkel sind.

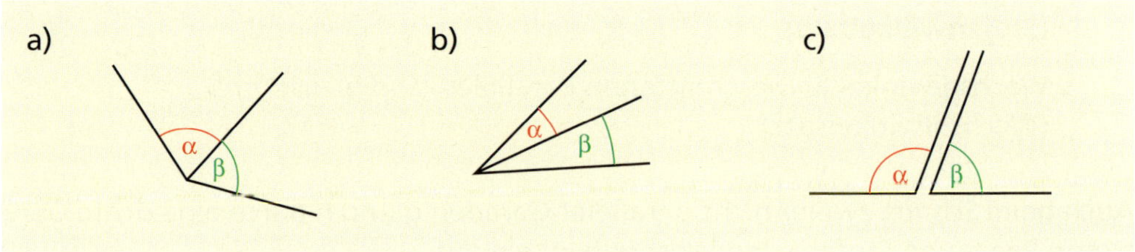

5. Zeichne ein Nebenwinkelpaar, von dem die Größe des einen Winkels gegeben ist. Wie groß ist jeweils der zweite Winkel?
   a) 50° b) 90° c) 110° d) 13° e) 180°

6. Die Winkel α, β, γ und δ sind Winkel an einander schneidenden Geraden (siehe Skizze).
   Berechne aus der gegebenen Winkelgröße jeweils die Größen der anderen Winkel.
   a) $\alpha = 50°$ b) $\delta = 110°$
   c) $\beta = 92°$ d) $\delta = 154°$

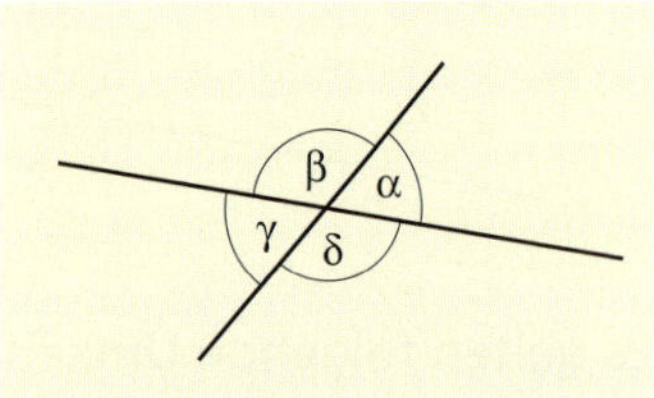

7. Die Winkel α, β, γ und δ sind Winkel an einander schneidenden Geraden (siehe Skizze zu Aufgabe 6).
   Gib die Größe aller Winkel an, wenn $\alpha = 3 \cdot \beta$ gilt.

8. Zwei Geraden werden von einer weiteren Geraden geschnitten und es entstehen die in der nebenstehenden Abbildung gekennzeichneten Winkel. Schreibe je drei Paare von Nebenwinkeln und von Scheitelwinkeln auf.

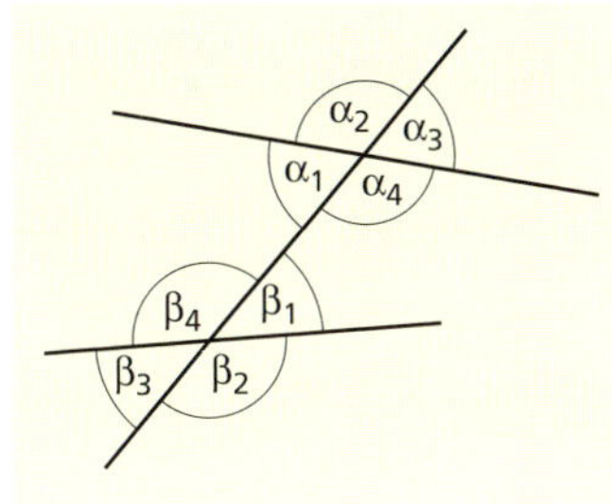

9. Ein Winkel eines Nebenwinkelpaares ist ein spitzer (rechter; stumpfer) Winkel.
Zu welcher Winkelart gehört der andere Winkel?

10. Gib die Größe aller in der nebenstehenden Abbildung gekennzeichneten Winkel an.

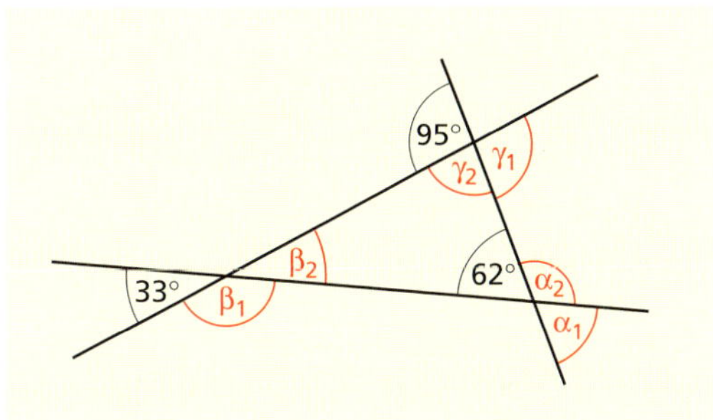

11. Die Winkel α und β sind zueinander gehörige Nebenwinkel.
a) Beschreibe, wie sich die Größe des Winkels β in Abhängigkeit von der Größe des Winkels α verändert.
b) Stelle in einer Tabelle mindestens fünf derartige Wertepaare dar.

12. Berechne jeweils die Größe aller gekennzeichneten Winkel.

a)

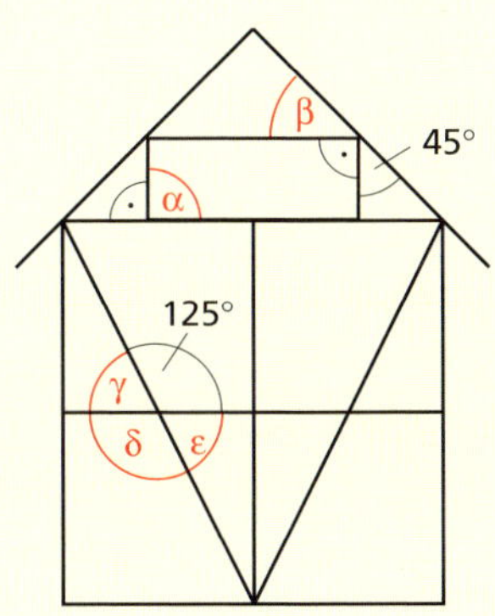

b)

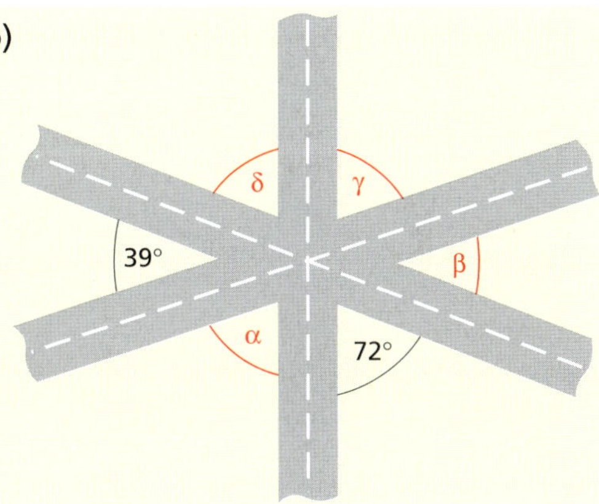

Winkel an geschnittenen Parallelen

13. Suche an Gegenständen bzw. Objekten deiner Umgebung nach Paaren von Stufen- bzw. Wechselwinkeln.

14. Schreibe alle in der Abbildung zu Aufgabe 8 (siehe oben) auftretenden Paare von Stufen- bzw. Wechselwinkeln auf.

15. Zeichne zwei zueinander parallele Geraden g und h im Abstand von 3 cm sowie eine Gerade s, die g und h schneidet, sodass gilt:
a) Es gibt ein Paar von Stufenwinkeln der Größe 60°.
b) Es gibt ein Paar von Wechselwinkeln der Größe 110°.

16. Welche der eingezeichneten Winkel haben die gleiche Größe wie der besonders markierte Winkel α. Begründe.

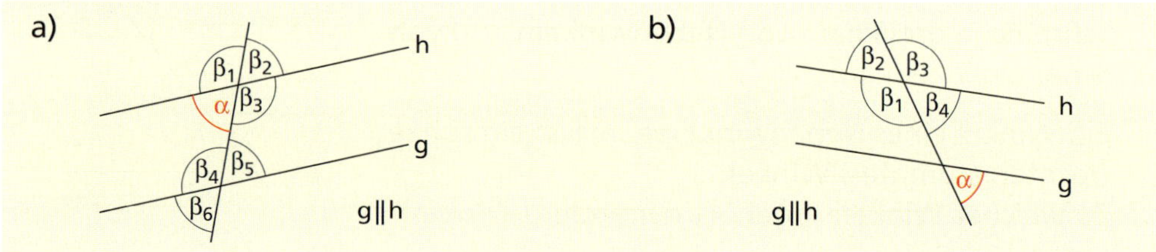

17. Die Winkel α_1, α_2, α_3, α_4, β_1, β_2, β_3 und β_4 sind Winkel an geschnittenen Parallelen (siehe Abbildung). Gib jeweils für die gegebene Winkelgröße die Größe der anderen Winkel an.

a) $\alpha_1 = 120°$ b) $\alpha_4 = 70°$
c) $\beta_3 = 80°$ d) $\beta_2 = 140°$

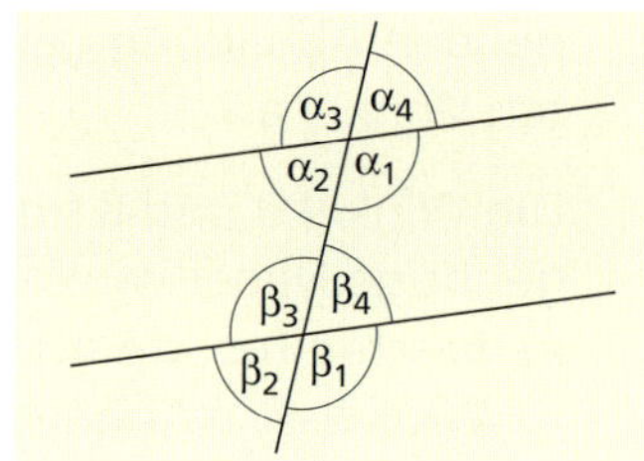

18. Berechne die Größe der gekennzeichneten Winkel.

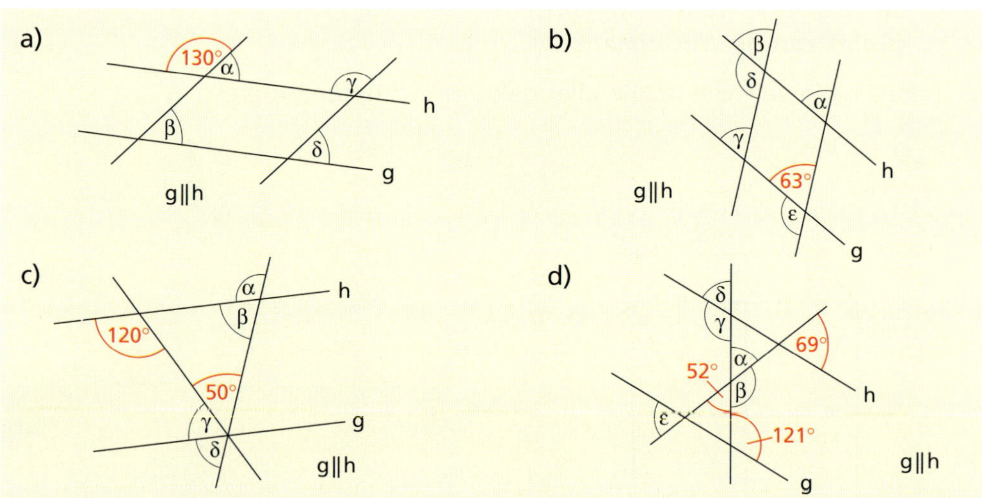

19. In der nebenstehenden Abbildung siehst du vier Geraden. Die Schnittpunkte von jeweils zwei der Geraden g, h und i bilden die Eckpunkte eines Dreiecks ABC. Die vierte Gerade k ist eine Parallele zu g durch den Punkt C.

a) Gib die Größe der Winkel α, β und γ an.
b) Bilde die Summe der Winkelgrößen α, β und γ. Was stellst du fest? (α, β und γ nennt man Innenwinkel des Dreiecks ABC.)

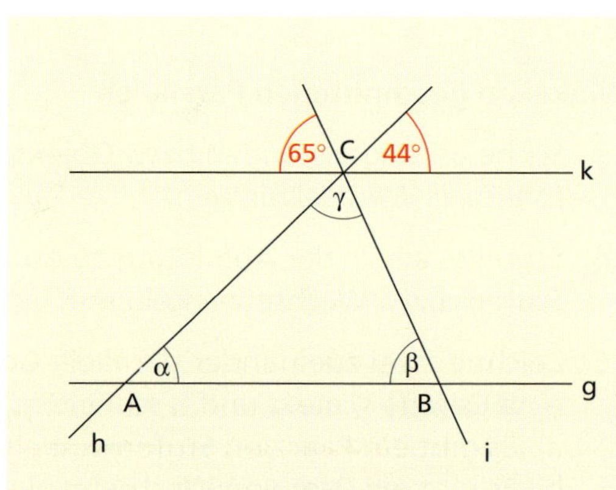

2.2 Geometrische Konstruktionen

Unter Konstruieren (lat.: *construeres* – erbauen) wurde in der Antike das Bestimmen von Punkten bzw. das Zeichnen geometrischer Figuren ausschließlich mit Zirkel und Lineal (und zwar ohne Skaleneinteilung) verstanden.
Heute gehören Lineal, Zeichendreieck und Zirkel sowie das Geodreieck zu den Hilfsmitteln einer geometrischen Konstruktion.

Konstruktionen mit Lineal und Zeichendreieck

Konstruktion der Parallelen (zu einer Geraden g durch den Punkt P)

Die folgenden Konstruktionen lassen sich allein mit einem Zeichendreieck und einem Lineal ausführen.

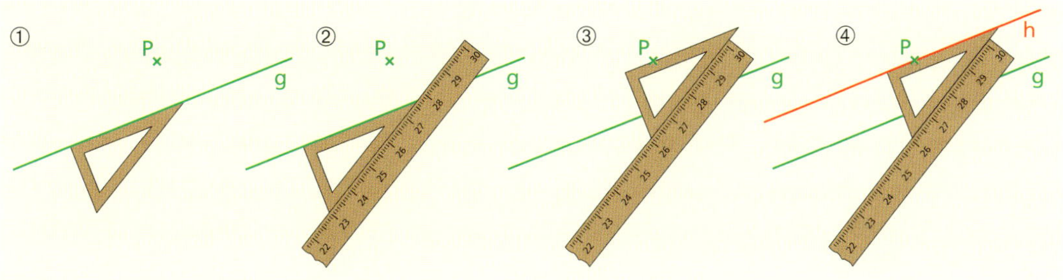

Lege das Dreieck wie in Bild ① an die Gerade g.
Lege nun das Lineal entsprechend Bild ② an das Dreieck an.
Halte das Lineal gut fest und verschiebe das Dreieck am Lineal entlang bis der zu g parallele Schenkel P berührt (Bild ③).
Zeichne nun die zu g parallele Gerade h (Bild ④).

Konstruktion der Senkrechten (zu einer Geraden g durch den Punkt P)

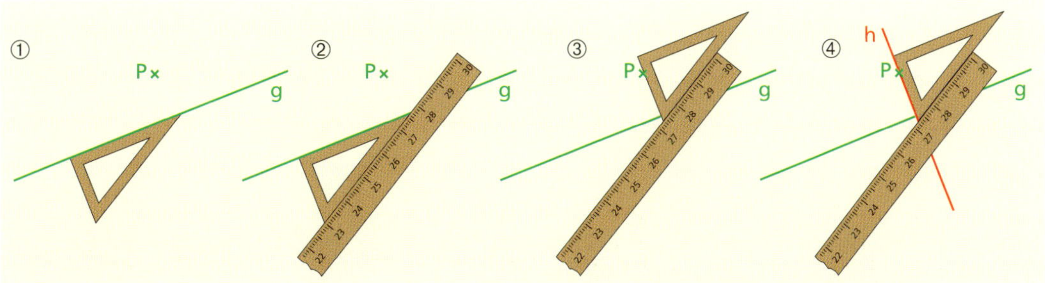

Lege das Dreieck wie in Bild ① an die Gerade g und das Lineal wie in Bild ② an das Dreieck an.
Halte das Lineal wieder gut fest und verschiebe das Dreieck gemäß Bild ③.
Zeichne nun die durch P gehende Senkrechte h ein (Bild ④).

Konstruktionen mit Zirkel und Lineal

Im Folgenden wird auf in geometrischen Figuren auftretende besondere Linien und deren mögliche Konstruktion mithilfe von Zirkel und Lineal eingegangen.

Errichten der Mittelsenkrechten

Die **Mittelsenkrechte** m einer Strecke $\overline{AB}$, ist eine Gerade, welche die Strecke $\overline{AB}$ halbiert und zu ihr senkrecht ist.

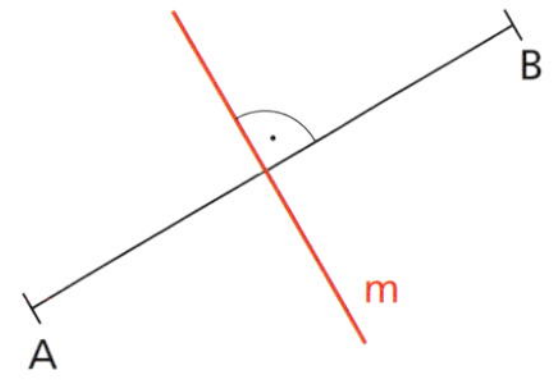

Alle Punkte der Mittelsenkrechten sind von den Punkten A und B jeweils gleich weit entfernt.

Konstruktion der Mittelsenkrechten:
1. Nimm mehr als die Hälfte der Strecke $\overline{AB}$ in die Zirkelspanne. Zeichne jeweils einen Kreisbogen mit dieser Zirkelspanne um die Punkte A und B.
2. Als Schnittpunkte der Kreisbögen erhältst du die Punkte P und Q.
3. Zeichne die Gerade durch P und Q.

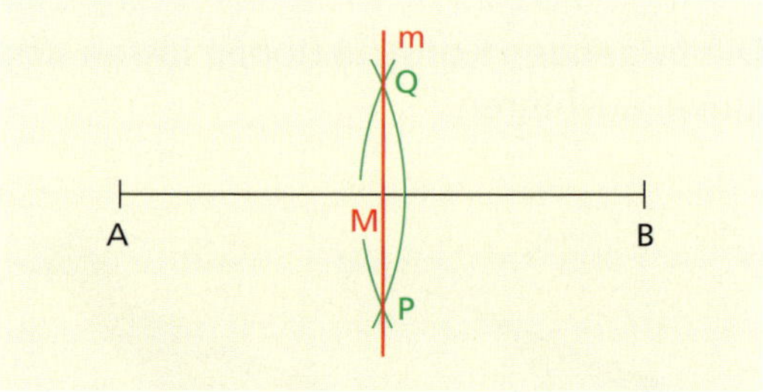

Das Errichten der Mittelsenkrechten ist eine geometrische Grundkonstruktion. Sie wird auch als **Halbieren einer Strecke** bezeichnet, da man mit ihr den Mittelpunkt M der Strecke $\overline{AB}$ erhält.
Diese Konstruktion ist Grundlage der im Folgenden beschriebenen Konstruktion.

Errichten der Senkrechten zu einer Geraden durch den Punkt P

Je nach Lage des Punktes P sind bei dieser Konstruktion zwei Fälle zu unterscheiden.

Fall 1: P liegt auf g.

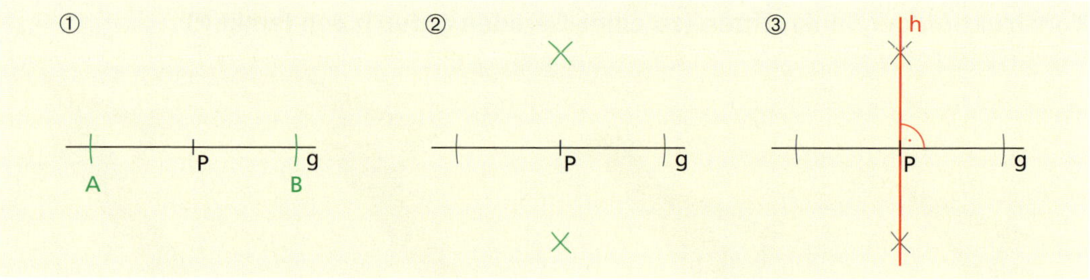

Zunächst wird um den Punkt P ein beliebiger Kreisbogen gezeichnet, der die Gerade in zwei Punkten A und B schneidet (Bild ①).
Die weiteren Konstruktionsschritte entsprechen denen der Konstruktion der Mittelsenkrechten von $\overline{AB}$ (Bilder ② und ③). Diese ist die Senkrechte zu g durch P.

Hinweis: Es genügt, einen der nicht auf g liegenden Punkte zu konstruieren und diesen dann mit P zu verbinden.

Fall 2: P liegt nicht auf g.

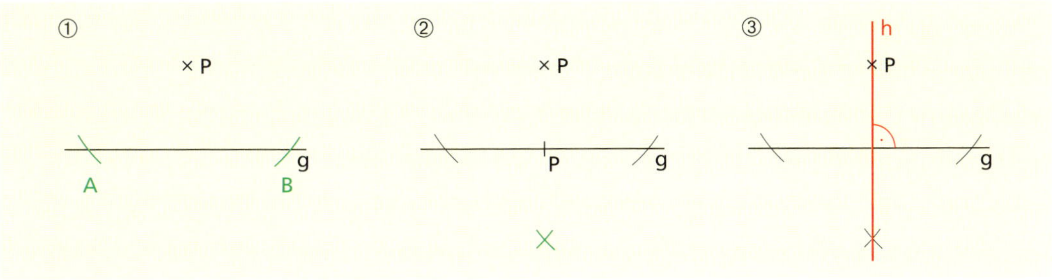

Um den Punkt P wird ein beliebiger Kreisbogen gezeichnet, der die Gerade in zwei Punkten A und B schneidet (Bild ①).
Die weiteren Konstruktionsschritte entsprechen wiederum denen der Konstruktion der Mittelsenkrechten von $\overline{AB}$ (Bilder ② und ③).
Diese Mittelsenkrechte ist die Senkrechte zu g durch P.

Die zuletzt beschriebene Konstruktion ist ebenfalls eine geometrische Grundkonstruktion. Man nennt sie auch **Fällen des Lotes** von P auf g.

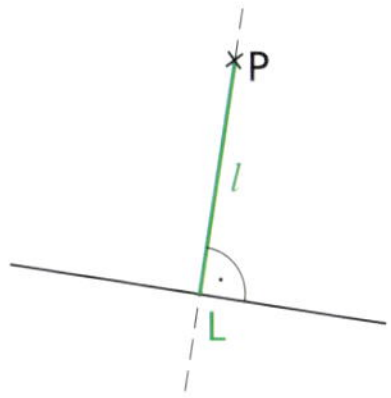

Hinweis: Als Lot *l* wird im Allgemeinen nur die Strecke $\overline{PL}$ bezeichnet.
Der Punkt L heißt Lotfußpunkt (siehe Abbildung).

Konstruieren der Winkelhalbierenden

Die **Winkelhalbierende** ist ein Strahl mit dem Anfangspunkt S (dem Scheitelpunkt des Winkels), der den Winkel halbiert, also in zwei Winkel gleicher Größe mit gemeinsamem Scheitelpunkt S teilt.

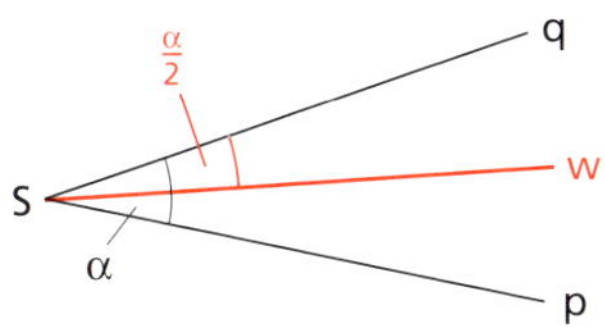

Alle Punkte der Winkelhalbierenden haben jeweils den gleichen Abstand von den Schenkeln des Winkels.

Konstruktion der Winkelhalbierenden:

1. Zeichne einen Kreisbogen um S mit beliebigem Radius, der die Schenkel des Winkels in den Punkten A und B schneidet.
2. Nimm mehr als die Hälfte der Strecke $\overline{AB}$ in die Zirkelspanne.
   Zeichne je einen Kreisbogen mit dieser Zirkelspanne um A und B.
3. Als Schnittpunkt dieser Kreisbögen erhältst du den Punkt P.
4. Zeichne den Strahl von S durch P.

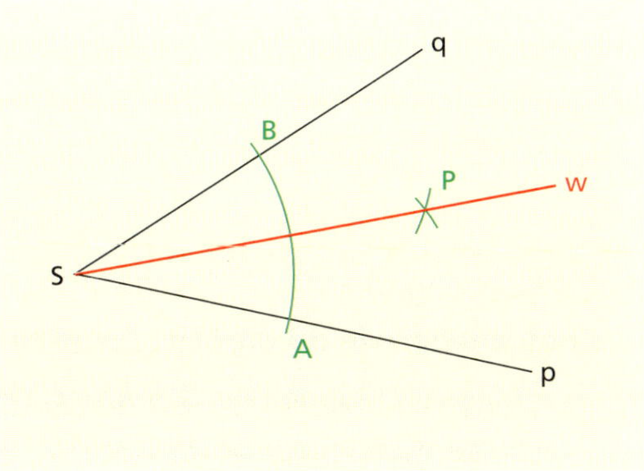

Aufgaben

Konstruktionen mit Lineal und Zeichendreieck

1. Zeichne mit Dreieck und Lineal zwei zueinander parallele Geraden. Ermittle den Abstand dieser Geraden.

2. Zeichne mit Dreieck und Lineal zwei zueinander senkrechte Geraden.

3. Zeichne eine Gerade g sowie drei Geraden a, b und c, die senkrecht zu g sind. Zeichne eine weitere Gerade h, die parallel zu g ist. Was stellst du fest? Beschreibe die Lage der Geraden zueinander.

Konstruktionen mit Zirkel und Lineal

4. In welchen der folgenden Abbildungen ist m die Mittelsenkrechte der jeweiligen Strecke, in welchen nicht. Begründe.

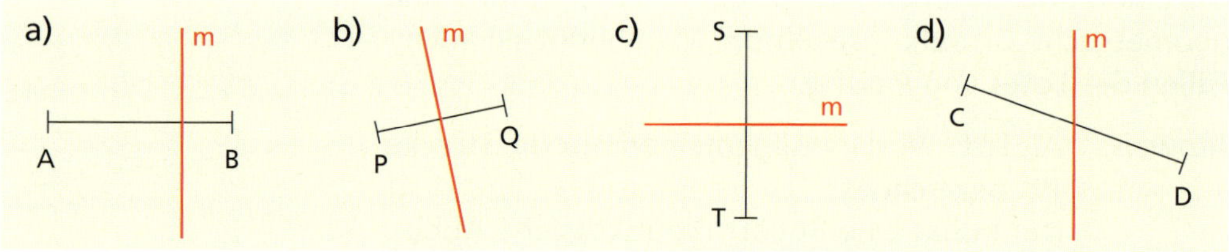

5. Zeichne mindestens drei Strecken unterschiedlicher Länge und in verschiedenen Lagen. Konstruiere jeweils die Mittelsenkrechte. Wie kannst du überprüfen, ob deine Konstruktion korrekt ist?

6. Zeichne eine Strecke der Länge 12,8 cm. Teile sie mit Zirkel und Lineal (ohne zu messen) in vier gleiche Teile. Welche Länge hat jede der vier Teilstrecken?

7. Zeichne ohne Zirkel einen nicht zu kleinen Kreis. Benutze dazu als Hilfsmittel eine Tasse, ein Glas o. Ä.
   a) Schätze, wo der Mittelpunkt des Kreises sein könnte. Markiere den entsprechenden Punkt.
   b) Zeichne wie in nebenstehender Abbildung zwei Sehnen ein, die nicht zueinander parallel sind.
   c) Konstruiere zu jeder Sehne die Mittelsenkrechte. Was fällt dir auf?

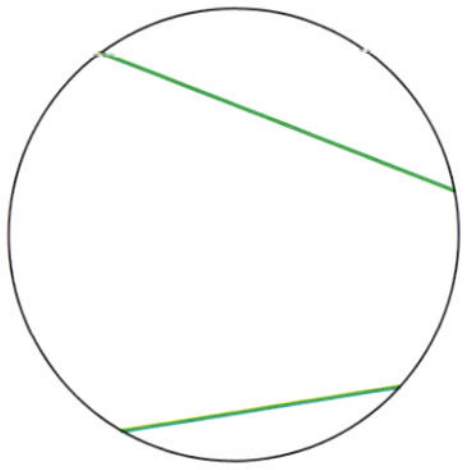

8. Zeichne eine Strecke $\overline{AB}$ mit $\overline{AB} = 6$ cm sowie verschiedene Kreise, die durch die Punkte A und B gehen. Beschreibe, wie du die Mittelpunkte dieser Kreise finden kannst.

9. a) Zeichne ein Rechteck mit den Seitenlängen 5,3 cm und 4,5 cm. Konstruiere die Mittelpunkte der Seiten.
   b) Verbinde die Mittelpunkte der Seiten. Was stellst du fest?

10. In welchen der folgenden Abbildungen ist w die Winkelhalbierende des jeweiligen Winkels, in welchen nicht. Begründe.

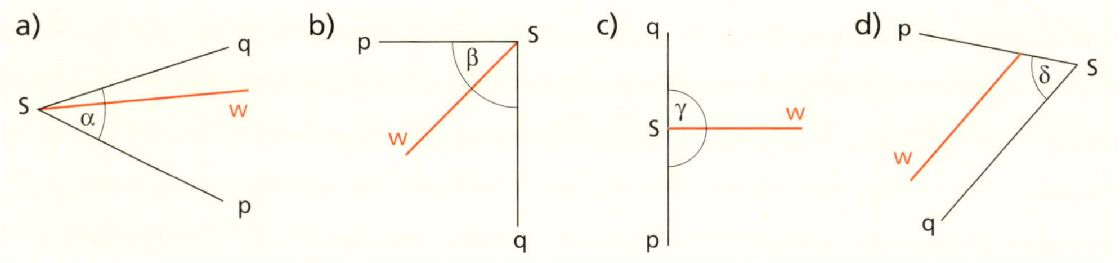

11. Zeichne mindestens drei Winkel unterschiedlicher Größe sowie in verschiedenen Lagen.
Konstruiere jeweils die Winkelhalbierende. Wie kannst du überprüfen, ob deine Konstruktion korrekt ist?

12. Zeichne ein beliebiges Paar von Nebenwinkeln.
Konstruiere für jeden dieser Winkel die Winkelhalbierende. Was stellst du fest?

13. Zeichne ein beliebiges Paar von Scheitelwinkeln.
Konstruiere für jeden dieser Winkel die Winkelhalbierende. Was stellst du fest?

14. Zeichne einen Winkel der Größe 120° in dein Heft oder an die Tafel. Teile diesen Winkel in vier gleich große Winkel. Benutze dazu nur Zirkel und Lineal.
Welche Größe hat jeder der vier entstandenen Winkel?

15. Zeichne ein Quadrat mit der Seitenlänge $a = 60$ mm und konstruiere
a) die Mittelsenkrechten aller Seiten;
b) die Winkelhalbierenden aller vier Innenwinkel.
Was stellst du jeweils fest?

16. Untersuche analog zu Aufgabe 15 anstelle des Quadrates ein Rechteck mit den Seitenlängen $a = 60$ mm und $b = 48$ mm.

17. a) Konstruiere ausschließlich mit Zirkel und Lineal einen Winkel von 135°.
b) Gib weitere Winkelgrößen an, die sich wie in a) konstruieren lassen.

18. a) Trage die Punkte A(1; 1), B(7; 1) und C(6; 5) in ein Koordinatensystem ein und verbinde sie zu einem Dreieck.
b) Konstruiere die Mittelsenkrechte der Strecke $\overline{AB}$.
c) Fälle das Lot vom Punkt C auf die Gerade durch die Punkte A und B.
d) Gib die Koordinaten eines Punktes D so an, dass das Lot von D auf die Gerade durch A und B die Mittelsenkrechte von $\overline{AB}$ ist.

19. Jeder beliebige Winkel lässt sich nur mit Zirkel und Lineal halbieren, d.h. in zwei Winkel gleicher Größe teilen.
Welche weiteren Teilungen lassen sich so noch konstruieren, welche nicht?

2.3 Dreiecke

Dreiecksarten

Dreiecke sind spezielle ebene Figuren. Ein Dreieck ergibt sich, wenn drei Punkte durch gerade Linien verbunden werden. Voraussetzung ist jedoch, dass diese Punkte nicht auf einer Geraden liegen.

An vielen Objekten unserer Umwelt lassen sich Dreiecksformen erkennen. Im Folgenden siehst du einige Beispiele.

Bezeichnung von Dreiecken

Um Dreiecke konstruieren zu können bzw. um bestimmte Größen (wie etwa Umfang und Flächeninhalt) berechnen zu können, ist es notwendig, Eckpunkte, Seiten und Winkel möglichst einheitlich zu bezeichnen.

Für die **Eckpunkte** verwendet man große Buchstaben, die üblicherweise entgegengesetzt dem Uhrzeigersinn angeordnet werden.
Sind A, B und C die Eckpunkte, so spricht man vom Dreieck ABC.

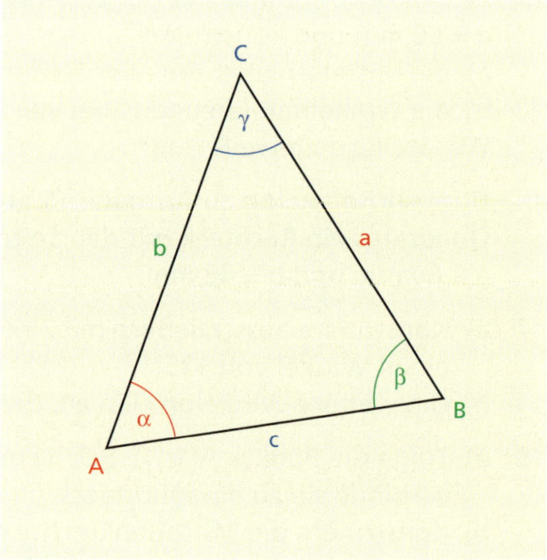

Die **Seiten** des Dreiecks ABC werden mit kleinen lateinischen Buchstaben a, b und c bezeichnet, wobei die Seite a dem Punkt A, die Seite b dem Punkt B und die Seite c dem Punkt C gegenüberliegt.

Für die **Innenwinkel** (d.h. die Winkel zwischen den Seiten) des Dreiecks ABC verwendet man üblicherweise die kleinen griechischen Buchstaben α, β und γ.
Der Winkel α liegt bei A (A ist der Scheitelpunkt von α) der Winkel β bei B und γ bei C.

Hinweis: Mit a, b, c werden sowohl die Seiten als auch deren Länge (z.B. a = 3 cm) und mit α, β, γ sowohl die Winkel als auch deren Größe (z.B. $\alpha = 60°$) bezeichnet.

Eine **Einteilung der Dreiecke** (in Dreiecksarten) kann nach unterschiedlichen Gesichtspunkten erfolgen:

(1) Einteilung nach der Länge der Seiten

Unregelmäßiges Dreieck	Gleichschenkliges Dreieck	Gleichseitiges Dreieck
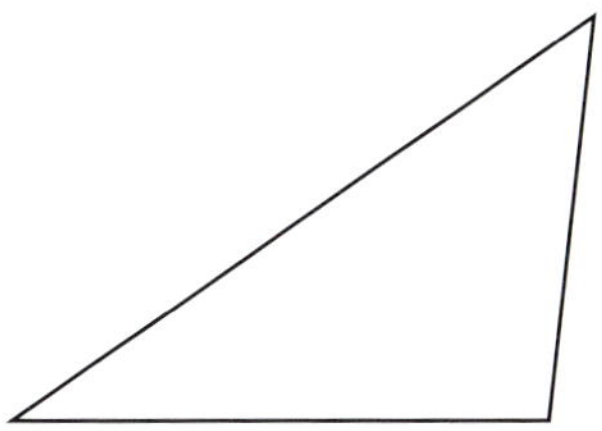	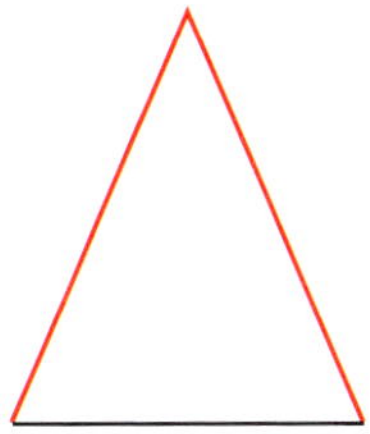	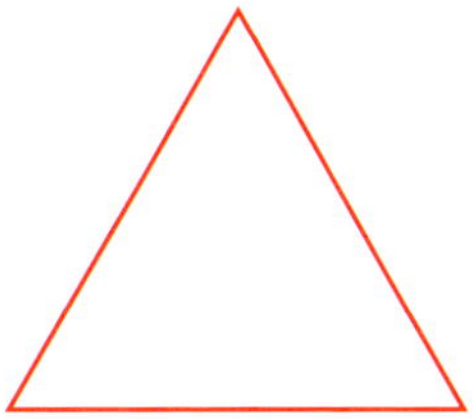
Dreieck mit drei unterschiedlich langen Seiten	Dreieck mit (mindestens) zwei gleich langen Seiten	Dreieck mit drei gleich langen Seiten

Hinweis: Jedes gleichseitige Dreieck ist auch ein gleichschenkliges Dreieck.

(2) Einteilung nach der Größe der Winkel

Spitzwinkliges Dreieck	Rechtwinkliges Dreieck	Stumpfwinkliges Dreieck
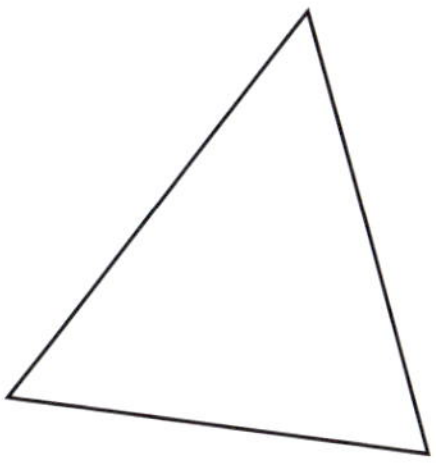	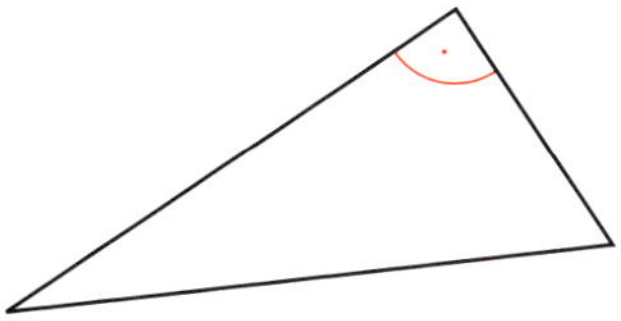	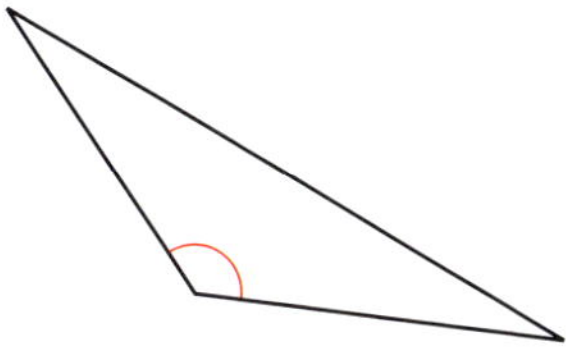
Dreieck mit drei spitzen Winkeln	Dreieck mit einem rechten Winkel	Dreieck mit (genau) einem stumpfen Winkel

Gleichschenklige Dreiecke

Bei gleichschenkligen Dreiecken (die nicht gleichseitig sind) heißen die gleich langen Seiten **Schenkel,** die dritte Seite wird **Basis** genannt.
Gleichschenklige Dreiecke sind symmetrische Figuren. Die Symmetrieachse ist jeweils die Mittelsenkrechte der Basis.
Deshalb sind die **Basiswinkel** gleich groß.

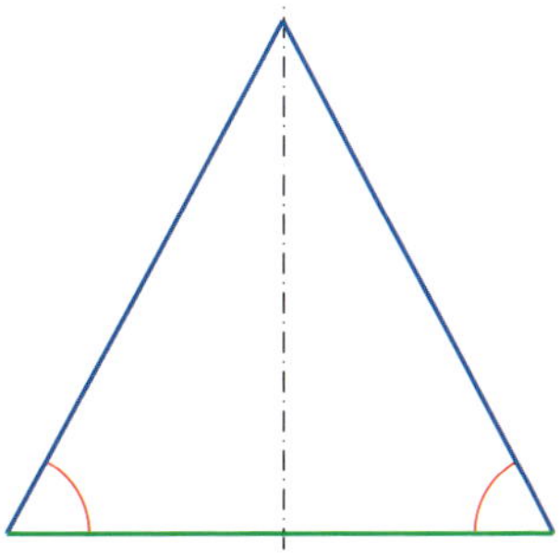

Sätze über Dreiecke

Innenwinkelsatz

Claudia, Max und Florian haben drei verschiedene Dreiecke gezeichnet und jeweils die Größe der Innenwinkel gemessen.

Claudia	(stumpfwinkliges Dreieck):	$\alpha = 50°$;	$\beta = 30°$;	$\gamma = 100°$
Max	(gleichseitiges Dreieck):	$\alpha = 60°$;	$\beta = 60°$;	$\gamma = 60°$
Florian	(rechtwinkliges Dreieck):	$\alpha = 90°$;	$\beta = 30°$;	$\gamma = 60°$

Sie bilden die Summe der Größen der Innenwinkel und stellen fest, dass sich stets der Wert 180° ergibt.
Damit sind sie auf eine Beziehung gestoßen, die stets gilt, den so genannten **Innenwinkelsatz für Dreiecke:**

M Die Summe der Größen der Innenwinkel eines Dreiecks beträgt 180°, d.h., es gilt:
$\alpha + \beta + \gamma = 180°$

Wir wollen uns im Folgenden anhand eines beliebigen Dreiecks ABC eine Begründung für diesen Sachverhalt überlegen. Dazu zeichnen wir durch den Eckpunkt C die Parallele zur Seite c und wenden bekannte Sätze über Winkel an. Eine derartige Begründung wird in der Mathematik auch Beweis genannt.

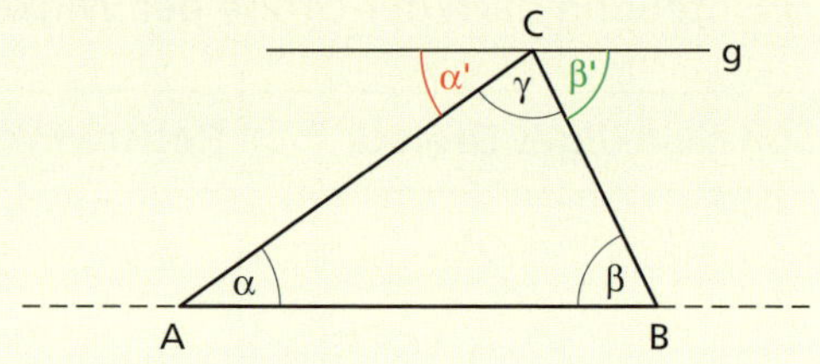

Als Erstes notieren wir uns die Voraussetzung und die Behauptung. Dann schreiben wir die einzelnen Beweisschritte auf.

Voraussetzung: α, β und γ sind Innenwinkel des Dreiecks.

Behauptung: $\alpha + \beta + \gamma = 180°$

Beweis:

(1) Es gibt eine Gerade g durch den Punkt C mit $g \parallel c$.

(2) Es gilt $\alpha' + \gamma + \beta' = 180°$, da die Winkel α', γ und β' einen gestreckten Winkel bilden.

(3) Weiter gilt $\alpha = \alpha'$ und $\beta = \beta'$, da die Winkel α und α' bzw. β und β' jeweils Wechselwinkel an geschnittenen Parallelen sind.

(4) Somit ist $\alpha + \gamma + \beta = \alpha + \beta + \gamma = 180°$.

Was zu beweisen war (w.z.b.w.)

Außenwinkelsatz

Neben den Innenwinkeln α, β und γ eines Dreiecks können auch seine **Außenwinkel** α_1, β_1 und γ_1 betrachtet werden (siehe Abbildung).
Jeder Außenwinkel ist Nebenwinkel eines Innenwinkels und ergänzt diesen zu 180°, d.h., es gilt:
$\alpha_1 + \alpha = 180°$; $\beta_1 + \beta = 180°$; $\gamma_1 + \gamma = 180°$
Da die Summe der Innenwinkel ebenfalls 180° beträgt, folgt daraus
$\alpha_1 = \beta + \gamma$; $\beta_1 = \alpha + \gamma$; $\gamma_1 = \alpha + \beta$

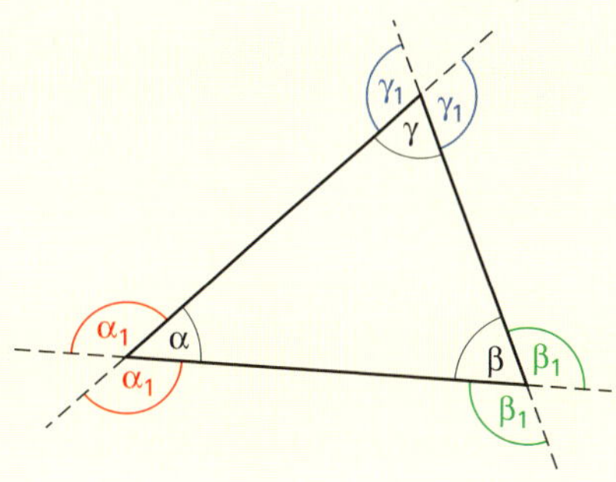

M Jeder Außenwinkel eines Dreiecks ist so groß wie die Summe der Größen der beiden nicht anliegenden Innenwinkel.
(Außenwinkelsatz)

Dreiecksungleichungen

In jedem Dreieck ABC gelten die folgenden Ungleichungen:
$a + b > c$
$b + c > a$
$a + c > b$
Diese Ungleichungen werden auch **Dreiecksungleichungen** genannt.

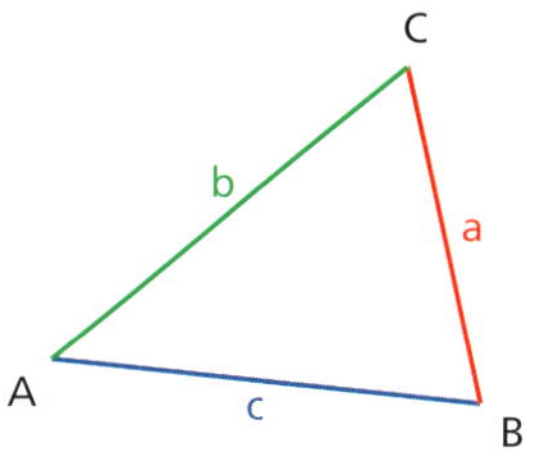

M Zwei Seiten eines Dreiecks sind zusammen stets länger als die dritte Seite.

Seiten-Winkel-Beziehung

In jedem Dreieck liegt der größeren von zwei Seiten der größere Winkel gegenüber und umgekehrt.
Für jedes Dreieck gelten die folgenden Beziehungen für zwei Seiten a und b sowie ihre gegenüberliegenden Winkel α und β:

- Aus $a > b$ folgt $\alpha > \beta$ und umgekehrt.
- Aus $a = b$ folgt $\alpha = \beta$ und umgekehrt. (gleichschenkliges Dreieck)
- Aus $a < b$ folgt $\alpha < \beta$ und umgekehrt.

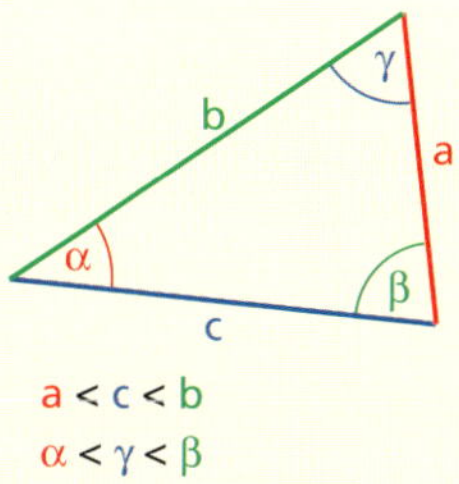

M In jedem Dreieck liegt der größeren von zwei Seiten der größere Winkel gegenüber und umgekehrt.

Besondere Linien und Punkte im Dreieck

Zu den besonderen Linien eines Dreiecks gehören neben den **Mittelsenkrechten** der Seiten sowie den **Winkelhalbierenden** der Innenwinkel noch die **Seitenhalbierenden** und die **Höhen.**

Mittelsenkrechten

Die Mittelsenkrechten der Seiten a, b und c eines Dreiecks ABC werden mit m_a, m_b bzw. m_c bezeichnet.
Die drei Mittelsenkrechten schneiden einander in genau einem Punkt M. Dieser Punkt ist der Mittelpunkt eines Kreises, der durch die Eckpunkte des Dreiecks geht und als **Umkreis** bezeichnet wird.

Hinweis: Der Punkt M kann auch außerhalb des Dreiecks oder auf einer der Seiten des Dreiecks liegen.

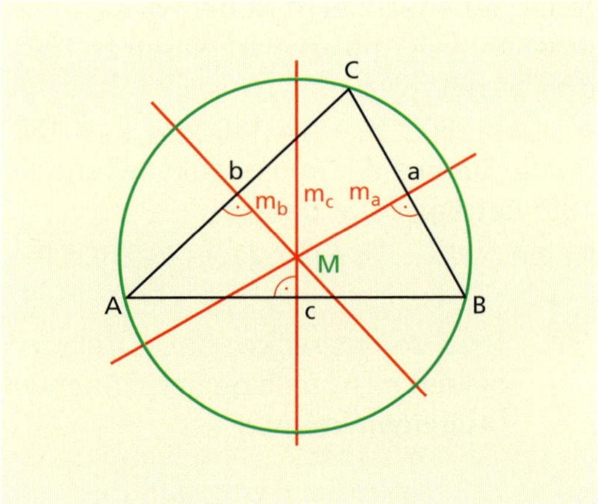

Winkelhalbierende

Die Winkelhalbierenden der Innenwinkel α, β und γ eines Dreiecks ABC werden mit w_α, w_β bzw. w_γ bezeichnet.
Auch die drei Winkelhalbierenden schneiden einander in genau einem Punkt W. Dieser Punkt ist der Mittelpunkt eines Kreises, der alle drei Seiten des Dreiecks von innen berührt und als **Inkreis** bezeichnet wird.

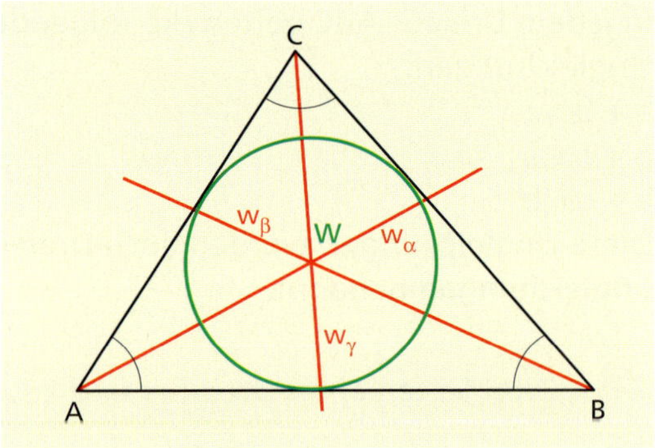

Seitenhalbierende

Die Verbindungslinien (Strecken) von den Mittelpunkten der Seiten a, b und c eines Dreiecks ABC zu den gegenüberliegenden Eckpunkten A, B bzw. C werden **Seitenhalbierende** genannt und mit s_a, s_b bzw. s_c bezeichnet.
Auch die Seitenhalbierenden eines Dreiecks schneiden einander in genau einem Punkt S.

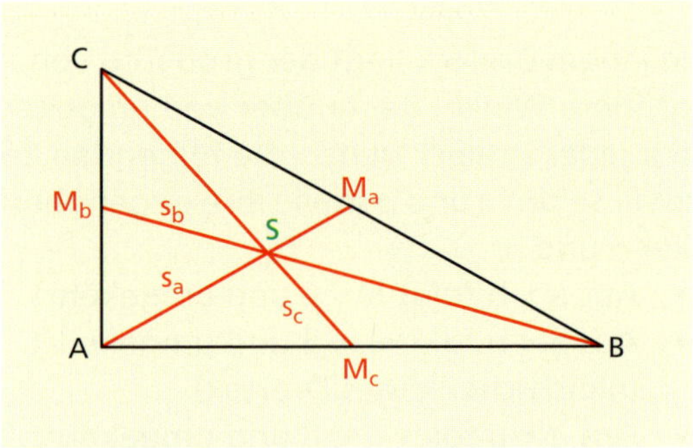

Hinweis: Dieser Punkt teilt jede der drei Seitenhalbierenden im Verhältnis 1 : 2 und heißt **Schwerpunkt** des Dreiecks.

Höhen

Die **Höhen** eines Dreieck ABC sind die Lote von einem der Eckpunkte A, B und C auf die jeweils gegenüberliegende Seite a, b bzw. c. Sie werden mit h_a, h_b bzw. h_c bezeichnet.
Auch die Höhen (bzw. die Geraden, auf denen die Höhen liegen) schneiden einander in genau einem Punkt H.

Hinweis: Je nach Dreiecksart liegt H innerhalb des Dreiecks, außerhalb des Dreiecks oder auf einer der Dreiecksseiten.

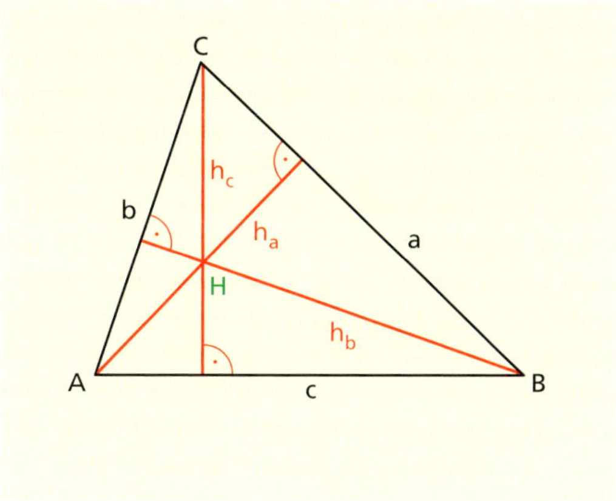

Aufgaben

Dreiecksarten

1. Beschreibe, wo du in den folgenden Bildern Dreiecke erkennen kannst. Welche Funktion haben diese jeweils?

2. Zeichne ein Dreieck mit unterschiedlich langen Seiten a, b und c in dein Heft. Beschrifte außer den Seiten auch die Eckpunkte und Innenwinkel dieses Dreiecks.

3. Nenne jeweils die Art der abgebildeten Dreiecke
   a) bei einer Einteilung nach Winkeln;
   b) bei einer Einteilung nach Seiten.

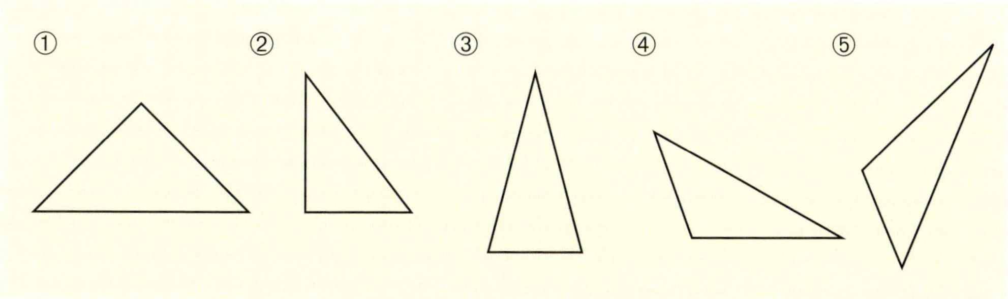

4. Lege in deinem Heft eine Tabelle nach folgendem Muster an – und zwar so, dass in den neun Leerfeldern genügend Platz zum Zeichnen eines Dreiecks ist. Zeichne, falls möglich, in jedes Feld ein Dreieck mit entsprechenden Merkmalen.

	unregelmäßig	**gleichschenklig**	**gleichseitig**
spitzwinklig			
rechtwinklig			
stumpfwinklig			

5. Veranschauliche die Einteilung der Dreiecke
a) nach Länge der Seiten; b) nach Größe der Winkel
jeweils durch ein Mengendiagramm.

6. Baue aus Teilen eines Metallbaukastens die abgebildeten Dreiecke und Vierecke nach. Ziehe die Schrauben dabei nicht ganz fest.

(1)

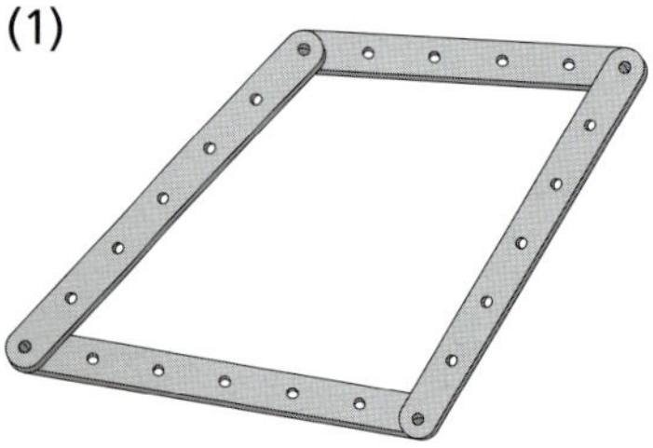

(2)

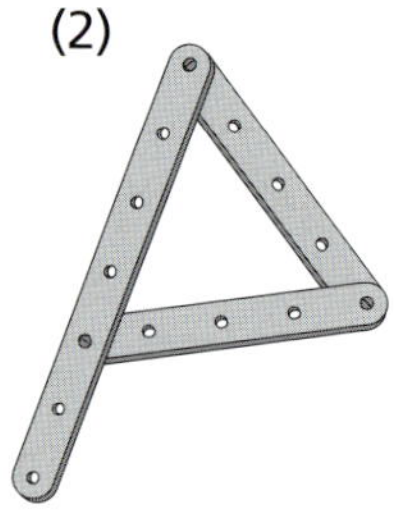

(3)

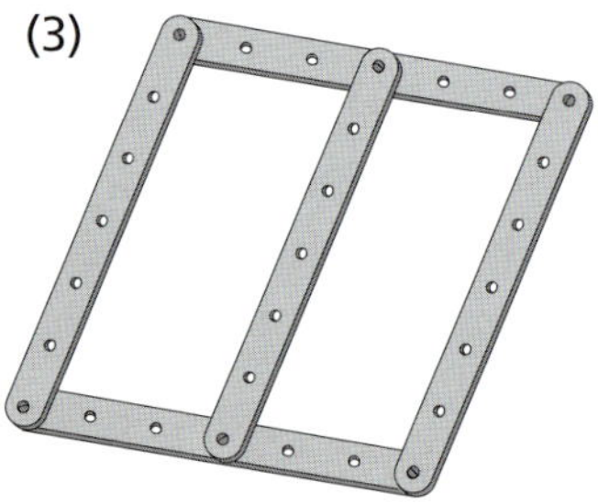

Welche der drei Formen sind beweglich? Was würdest du unternehmen, um auch bei ihnen Stabilität zu erreichen?

7. Entscheide, ob die folgenden Aussagen wahr oder falsch sind. Begründe.
a) Ein rechtwinkliges Dreieck kann nicht gleichseitig sein.
b) In einem gleichschenkligen Dreieck kann es keinen stumpfen Innenwinkel geben.
c) Es gibt Dreiecke mit zwei stumpfen Innenwinkeln.
d) Zwei Dreiecke, die in den Längen ihrer Seiten übereinstimmen, haben stets den gleichen Flächeninhalt.
e) In einem gleichseitigen Dreieck sind sowohl die Seiten gleich lang als auch die Innenwinkel gleich groß.

8. Von einem Dreieck ABC sind die Längen der Seiten bekannt.
Gib jeweils die entsprechende Dreiecksart an.
a) a = 6 cm; b = 6 cm; c = 6 cm
b) a = 48 m; b = 60 m; c = 47 m
c) a = 5 cm; b = 4 cm; c = 3 cm
d) a = 3,2 cm; b = 50 mm; c = 32 mm

9. Von einem Dreieck ABC sind die Größen der Innenwinkel bekannt.
Gib jeweils die entsprechende Dreiecksart an.
a) $\alpha = 90°$; $\beta = 30°$; $\gamma = 60°$
b) $\alpha = 50°$; $\beta = 60°$; $\gamma = 70°$
c) $\alpha = 30°$; $\beta = 120°$; $\gamma = 30°$
d) $\alpha = 45°$; $\beta = 45°$; $\gamma = 90°$

10. Wie viele Symmetrieachsen kann ein Dreieck haben?
Ordne der möglichen Anzahl von Symmetrieachsen jeweils die entsprechende Dreiecksart zu.

11. Gib für die folgenden gleichschenkligen Dreiecke jeweils die Basis, die Schenkel sowie die Basiswinkel an.

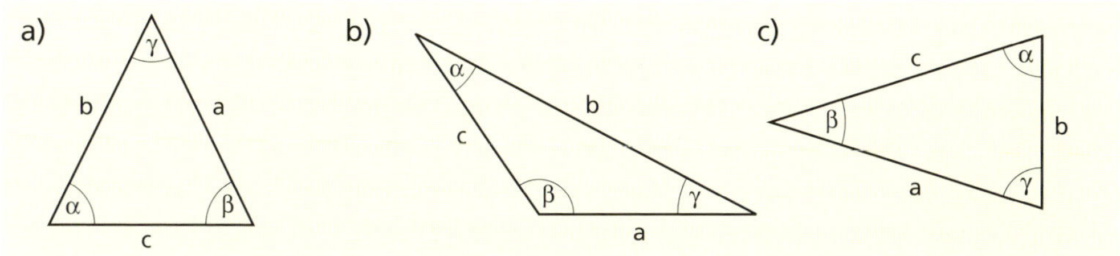

12. Zeichne die Dreiecke mit den gegebenen Eckpunkten in ein Koordinatensystem.
Gib jeweils die Dreiecksart bei Einteilung nach Seiten und Winkeln an.
a) A(4; 0), B(0; 4), C(0; 0)
b) E(0; 5), F(5; 8,5), G(0; 8)
c) P(5; 5), Q(9; 5), R(5; 8)
d) U(5; 1), V(9; 1), W(7; 2)

13. Michelle bereitet sich auf eine Klassenarbeit vor.
Dazu schreibt sie sich einen Merkzettel mit den folgenden Aussagen.
a) Jedes gleichseitige Dreieck ist auch gleichschenklig.
b) Jedes unregelmäßige Dreieck ist stumpfwinklig.
c) Ein Dreieck kann stumpfwinklig und gleichschenklig sein.
d) Ein Dreieck mit einer Symmetrieachse ist gleichschenklig.
e) Ein rechtwinkliges Dreieck kann gleichschenklig sein.
f) Ein gleichseitiges Dreieck kann rechtwinklig sein.
Was meinst du dazu?

Sätze über Dreiecke

14. Zeichne zwei verschiedene Dreiecke auf Zeichenpapier und markiere die Innenwinkel jeweils farbig (z.B. die des ersten Dreiecks rot und die des zweiten blau).
Schneide nun die Dreiecke aus, reiße jeweils die Ecken ab und lege dann die gleichfarbigen Winkel so aneinander, dass die Scheitelpunkte an der gleichen Stelle zu liegen kommen.
Was stellst du fest?

15. Berechne jeweils die Größe des fehlenden Innenwinkels.
Gib auch die Dreiecksart an.

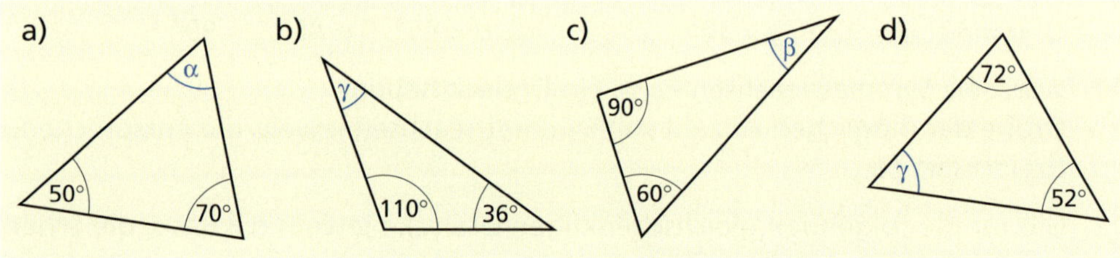

16. Die Winkel α, β und γ sollen Innenwinkel eines Dreiecks ABC sein.
Berechne jeweils die fehlenden Winkelgrößen und gib auch die Dreiecksart an.

a) $\alpha = 12°$; $\beta = 124°$
b) $\beta = 62°$; $\gamma = 78°$
c) $\beta = 42°$; $\gamma = 90°$
d) $\alpha = 115°$; $\beta = 72°$
e) $\gamma = 30{,}4°$; $\beta = 90{,}1°$;
f) $\alpha = 88{,}8°$; $\beta = \gamma$

17. In der folgenden Tabelle sind die Größen der Innenwinkel verschiedener Dreiecke angegeben.
Überprüfe, ob die Werte stimmen können. Wenn ja, gib die Dreiecksart an.

	Dreieck 1	Dreieck 2	Dreieck 3	Dreieck 4	Dreieck 5	Dreieck 6
α	60°	112°	62°	12°	23,4°	10,2°
β	60°	54°	56°	90°	45,6°	130,9°
γ	60°	60°	62°	78°	70°	38,9°

18. In einem gleichschenkligen Dreieck beträgt die Größe eines der Innenwinkel 65°.
Wie groß sind die beiden anderen Winkel, wenn dieser Winkel
a) ein Basiswinkel;
b) kein Basiswinkel ist?

19. Gib die Größe der Innenwinkel im gleichschenklig-rechtwinkligen Dreieck an.
Begründe.

20. Berechne jeweils die Größe der gekennzeichneten Winkel.
Kannst du auch Aussagen über die Längen der jeweiligen Dreiecksseiten treffen?

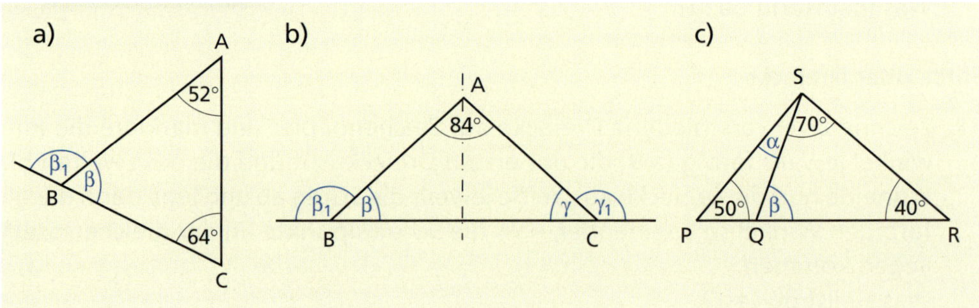

21. Berechne die Größe der Winkel α_1, β_1 und γ_1.
Was stellst du fest?

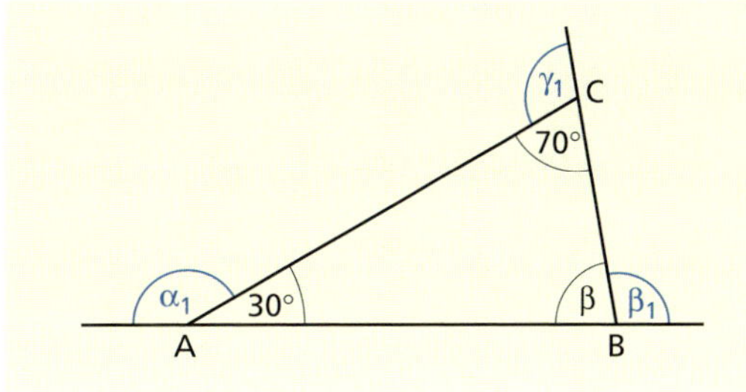

22. In einem gleichschenkligen Dreieck ist ein Innenwinkel 102° groß.
a) Berechne die Größen der beiden anderen Winkel.
b) Gib den Namen der Dreiecksart bei Einteilung nach Winkeln an.

23. Die Winkel α, β und γ sind Innenwinkel eines Dreiecks ABC, die Winkel α_1, β_1 und γ_1 sind die zugehörigen Außenwinkel.
Berechne jeweils die fehlenden Winkelgrößen und stelle deine Ergebnisse in einer Tabelle zusammen.

a) $\alpha = 60°$; $\beta = 40°$ b) $\beta = 110°$; $\gamma = 30°$ c) $\alpha = 35°$; $\beta_1 = 82°$
d) $\beta_1 = 90°$; $\gamma_1 = 126°$ e) $\beta = 72°$; $\alpha_1 = 101°$ f) $\alpha_1 = 168°$; $\beta_1 = 22°$

24. Gib jeweils die Größe der gekennzeichneten Winkel an.

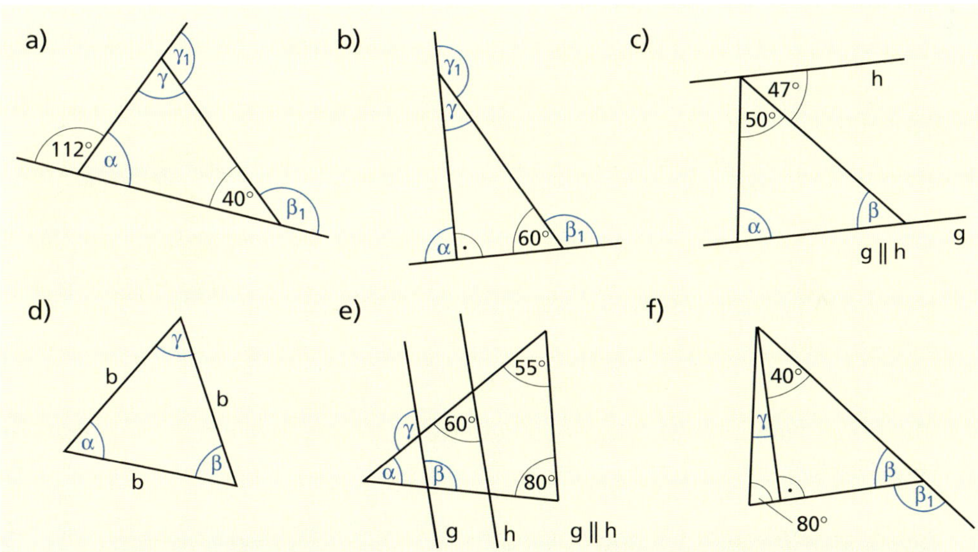

25. Zeichne ein beliebiges Dreieck ABC, das weder gleichschenklig noch gleichseitig ist.
a) Miss die Längen der Seiten und die Größen der Innenwinkel.
b) Ordne die Seitenlängen und die Winkelgrößen der Größe nach.
Beginne jeweils mit dem kleinsten Wert. Was stellst du fest?

26. Von einem Dreieck sind die Längen zweier Seiten gegeben.
Was lässt sich jeweils über die Beziehung zwischen den Winkeln aussagen, die diesen Seiten gegenüberliegen?

a) a = 6 cm; b = 3 cm b) b = 15 cm; c = 25 cm
c) a = 45 mm; b = 6,8 cm d) a = 12 cm; c = 1,2 dm

27. Von einem Dreieck ABC ist die Größe zweier Innenwinkel bekannt.
Was gilt jeweils für die Längen der drei Seiten a, b und c?

a) $\alpha = 72°$; $\beta = 45°$
b) $\beta = 60°$; $\gamma = 60°$
c) $\gamma = 86°$; $\alpha = 47°$
d) $\alpha = 52°$; $\beta = 96°$

28. Vergleiche in jedem der Dreiecke die Längen der bezeichneten Seiten sowie die Größen der diesen Seiten gegenüberliegenden Winkel.
Was stellst du fest?

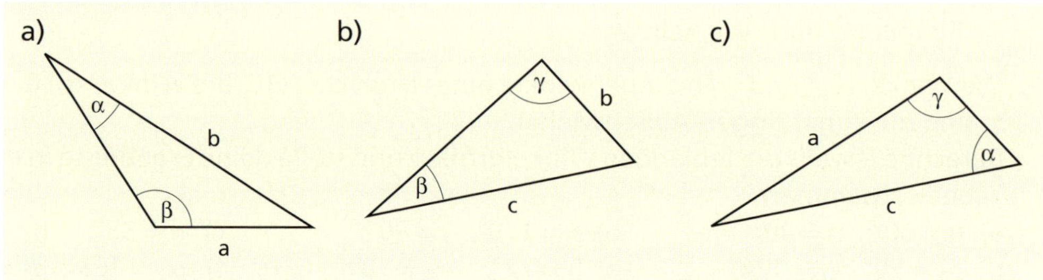

29. Gibt es Dreiecke ABC mit folgenden Seitenlängen? Begründe.

a) a = 3 cm; b = 4 cm; c = 5 cm
b) a = 7,1 cm; b = 8,9 cm; c = 1,9 cm
c) a = 54 mm; b = 32 mm; c = 5,4 cm
d) a = 4,8 cm; b = 4,8 cm; c = 96 mm

30. Kann es Dreiecke mit folgenden Stücken geben?
Begründe.

a) a = 5 cm; b = 3 cm; $\alpha = 60°$; $\beta = 80°$
b) a = 4,1 cm; b = 1,9 cm; c = 60 mm
c) $\alpha = 45°$; $\beta = 90°$; $\gamma = 45°$; c = 64 mm
d) b = 2,3 cm; c = 2,3 cm; $\beta = 90°$; $\gamma = 90°$

31. Von einem Dreieck ABC ist eine Seite 9 cm und eine weitere Seite 3 cm lang.
Was lässt sich über die Länge der dritten Seite aussagen?

32. Übertrage die folgende Tabelle in dein Heft und ergänze sie durch Ausfüllen der Leerfelder.

Größe der Winkel			längste Seite	Dreiecksart nach	
α	β	γ		Größe der Winkel	Länge der Seiten
54°	49°				
	50°	100°			
70°	60°				
90°			a		gleichschenklig
	40°		c	rechtwinklig	

2.4 Vierecke

Allgemeines Viereck

Ein **Viereck** ist eine ebene Figur, die vollständig von vier Strecken eingeschlossen wird und vier Eckpunkte besitzt.

Vierecksformen findest du an vielen ebenen und räumlichen Objekten unserer Umwelt, speziell an Bauwerken. Dabei handelt es sich nicht nur um Rechtecke und Quadrate, wie die folgenden Beispiele zeigen.

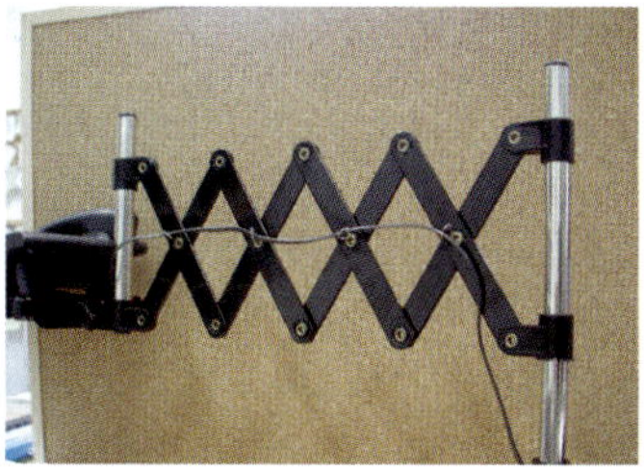

Auch die Bezeichnung der Eckpunkte, Seiten und Innenwinkel eines Vierecks wird üblicherweise entgegengesetzt dem Uhrzeigersinn vorgenommen.

Sind A, B, C und D die **Eckpunkte,** so spricht man vom Viereck ABCD.

Für die **Seiten** eines Vierecks werden kleine lateinische Buchstaben, etwa a, b, c und d, verwendet.
In nebenstehender Abbildung sind a und c sowie b und d **gegenüberliegende Seiten;** a und b, b und c, c und d sowie d und a sind **benachbarte Seiten.**
Die **Innenwinkel** werden mit kleinen griechischen Buchstaben (etwa α, β, γ und δ) bezeichnet.

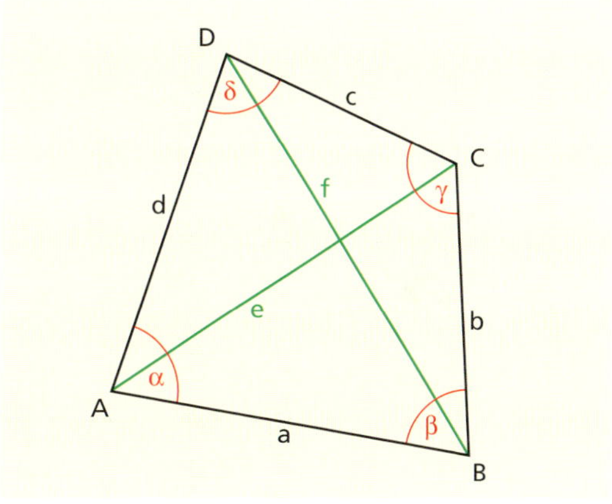

Die Verbindungsstrecken gegenüberliegender Eckpunkte heißen **Diagonalen**. Jedes Viereck ABCD besitzt genau zwei Diagonalen: $\overline{AC} = e$ und $\overline{BD} = f$.
Liegen die beiden Diagonalen im Inneren des Vierecks, so heißt das Viereck **konvex**, ansonsten **konkav**.

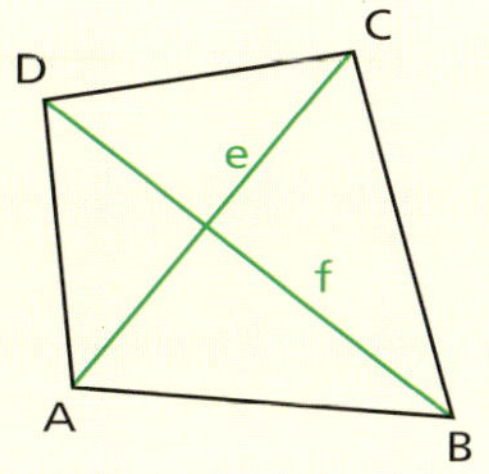

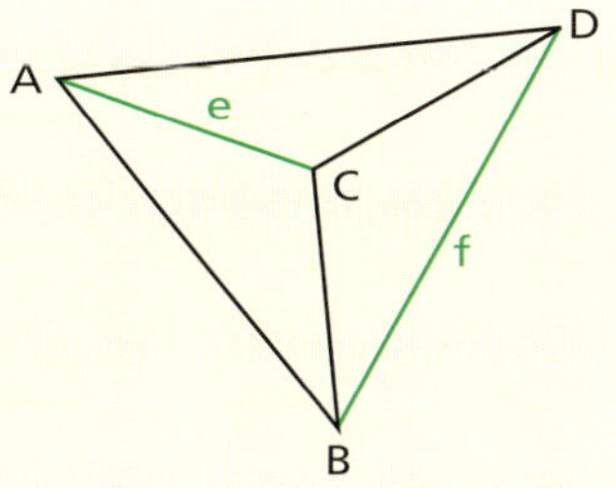

Innenwinkelsatz

Ein Viereck ABCD kann durch eine der Diagonalen stets in zwei Dreiecke zerlegt werden (siehe Abbildung).
Für die Dreiecke ABC und ACD gilt jeweils der Innenwinkelsatz:

$\alpha_1 + \beta + \gamma_1 = 180°$ (Dreieck ABC)
$\alpha_2 + \gamma_2 + \delta = 180°$ (Dreieck ACD)

Somit gilt:

$$\underbrace{\alpha_1 + \alpha_2}_{\alpha} + \beta + \underbrace{\gamma_1 + \gamma_2}_{\gamma} + \delta = 360°$$

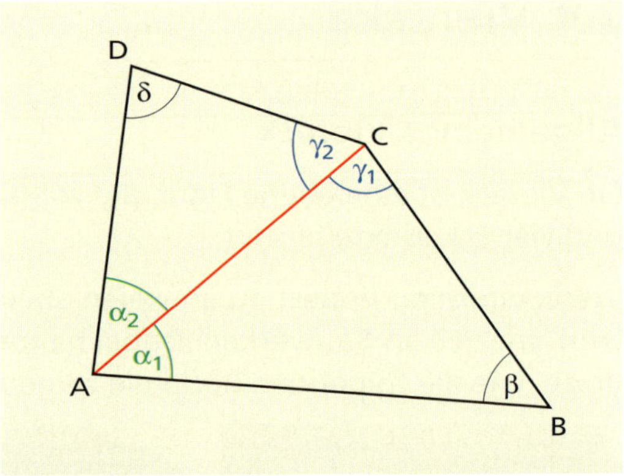

M Die Summe der Größen der Innenwinkel eines Vierecks beträgt 360°, d.h., es gilt:
$\alpha + \beta + \gamma + \delta = 360°$ **(Innenwinkelsatz für Vierecke)**

Spezielle Vierecke

In einem Viereck können Seiten zueinander parallel, zueinander senkrecht oder gleich lang sein. Auf Grundlage dieser Eigenschaften kann eine Einteilung der Vierecke in verschiedene Arten vorgenommen werden.

Trapez

Ein **Trapez** ist ein Viereck mit (mindestens) zwei zueinander parallelen Seiten.
Im abgebildeten Trapez ABCD gilt $\overline{AB} \parallel \overline{CD}$.

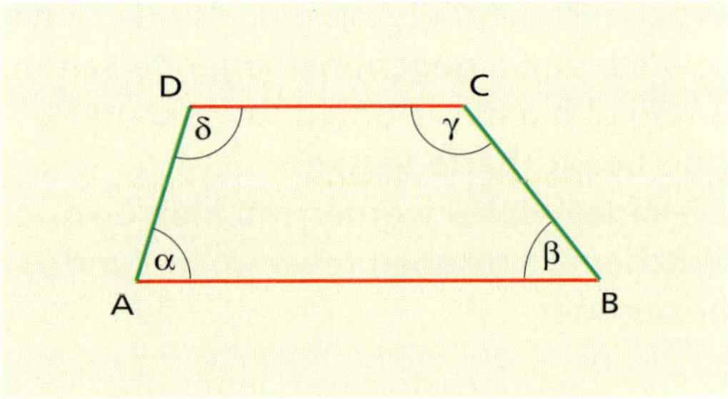

Die nicht zueinander parallelen Seiten eines Trapezes (das kein Parallelogramm ist) werden auch **Schenkel** genannt.
Für die Größe der Innenwinkel gilt wegen der Winkelbeziehungen an geschnittenen Parallelen:
$\alpha + \delta = 180°$ und $\beta + \gamma = 180°$

Sind die Schenkel gleich lang, d.h. ist $\overline{AD} = \overline{BC}$, so heißt das Trapez **gleichschenklig**.
Für die Größe der Innenwinkel gilt dann zusätzlich:
$\alpha = \beta$ und $\gamma = \delta$

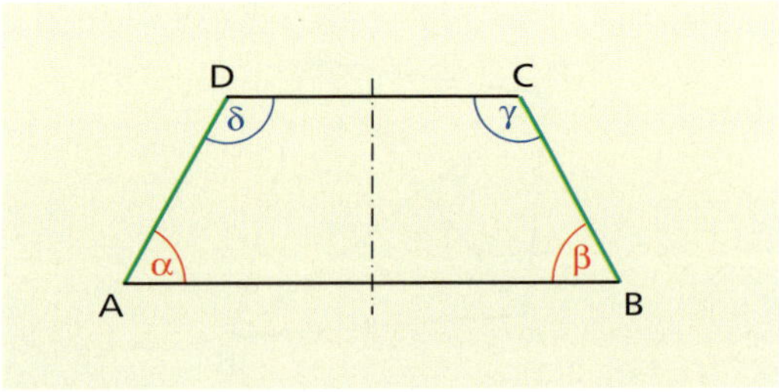

Drachenviereck

Ein (gleichschenkliges) **Drachenviereck** ist ein Viereck mit zwei Paaren gleich langer Seiten.
Im abgebildeten Drachenviereck ABCD ist $\overline{AB} = \overline{AD}$ und $\overline{BC} = \overline{CD}$.

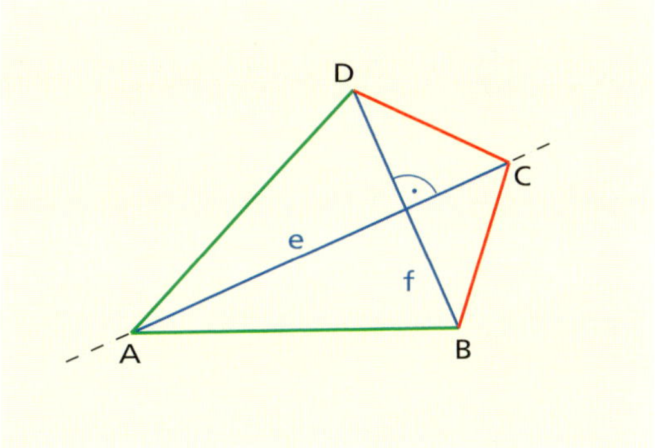

In jedem Drachenviereck gilt:
- Die Diagonalen sind zueinander senkrecht.
- Eine der Diagonalen halbiert die andere und ist Symmetrieachse der Figur.

Parallelogramm

Ein **Parallelogramm** ist ein Viereck, bei dem die gegenüberliegenden Seiten zueinander parallel sind.
Im Parallelogramm ABCD ist
$\overline{AB} \parallel \overline{CD}$ und $\overline{AD} \parallel \overline{BC}$.
Für die Größe der Innenwinkel gilt wegen der Winkelbeziehungen an geschnittenen Parallelen:
$\alpha = \gamma$ und $\beta = \delta$

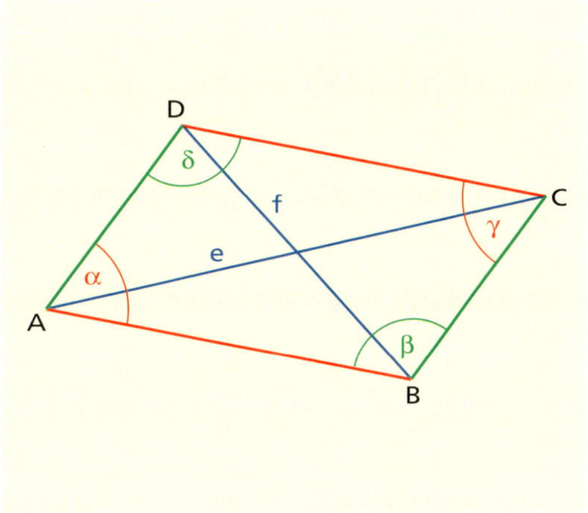

Außerdem gilt in jedem Parallelogramm:
- Gegenüberliegende Seiten sind gleich lang.
- Die Diagonalen halbieren einander.

Ein Parallelogramm ist ein Spezialfall des Trapezes.

Rhombus (Raute)

Ein **Rhombus** (eine **Raute**) ist ein Viereck, bei dem alle Seiten gleich lang sind.

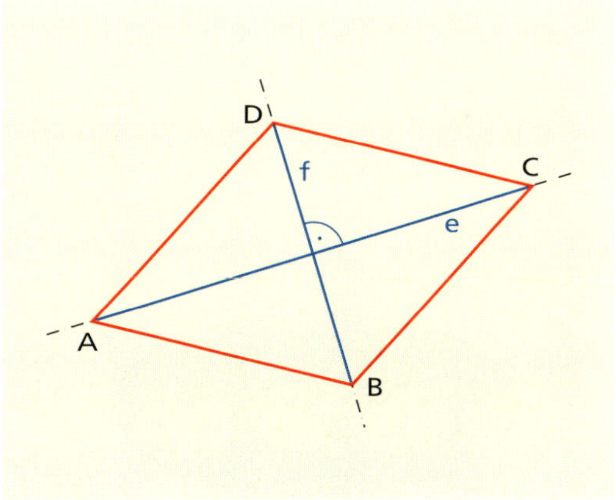

In jedem Rhombus gilt:
- Die gegenüberliegenden Seiten sind zueinander parallel.
- Die Diagonalen halbieren einander und sind zueinander senkrecht.
- Die Diagonalen halbieren die Innenwinkel.

Der Rhombus ist ein Spezialfall sowohl des Parallelogramms als auch des Drachenvierecks.

Aufgaben

1. Beschreibe die folgenden Figuren. Nenne möglichst auch den jeweiligen Namen.

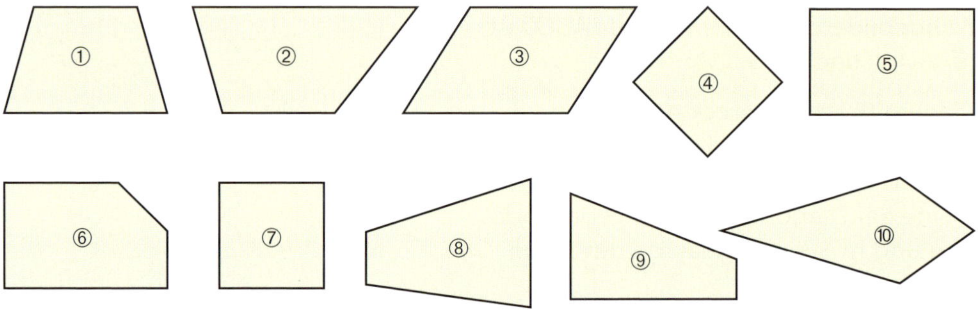

2. Suche in deiner Umgebung Objekte, die jeweils die angegebene Form haben.
a) Quadrat b) Rechteck c) Trapez
d) Parallelogramm e) Rhombus f) Drachenviereck

3. Untersuche, ob folgende Aussagen wahr sind. Begründe.
a) Ein Parallelogramm ist ein gleichschenkliges Trapez.
b) Ein Rechteck ist ein gleichschenkliges Trapez.
c) Ein Drachenviereck kann kein gleichschenkliges Trapez sein.

4. Paul stellt fest, dass in jedem Drachenviereck die Diagonalen zueinander senkrecht sind. „Also", so überlegt er, „müsste doch jedes Viereck, in dem die Diagonalen zueinander senkrecht sind, ein Drachenviereck sein."
Stimmt das? Begründe.

5. Um welches spezielle Viereck handelt es sich jeweils? Begründe.
a) Ein Parallelogramm besitzt vier gleich lange Seiten.
b) Ein Rhombus hat einen rechten Winkel.
c) Ein gleichschenkliges Trapez weist vier gleich große Winkel auf.

6. Beziehungen zwischen den speziellen Vierecken Trapez, Drachenviereck, Rhombus, Rechteck und Quadrat können in Mengendiagrammen dargestellt werden. Ordne den Mengen A, B bzw. C jeweils mögliche Vierecksnamen zu.

a)

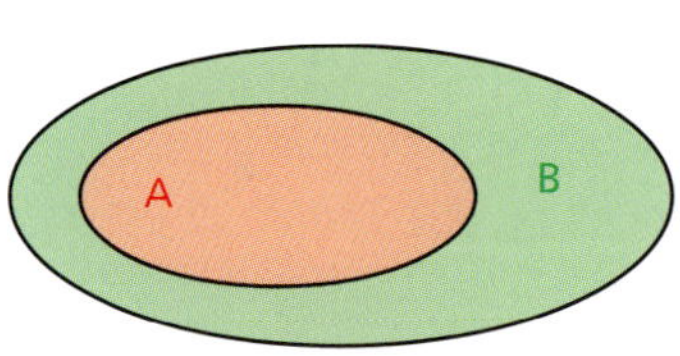

b)

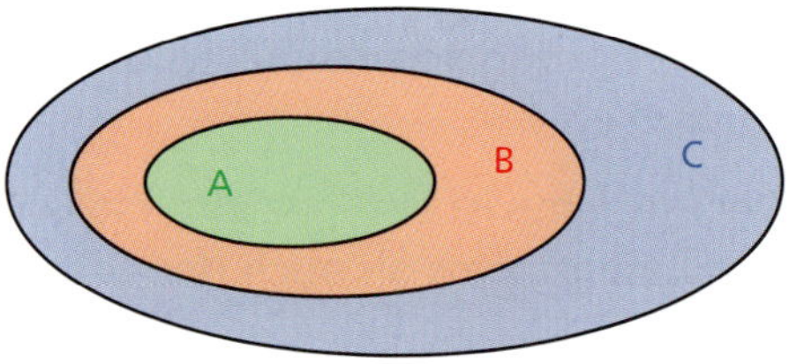

7. Welche der Vierecksarten haben jeweils die angegebene Eigenschaft?
   a) Sie besitzen eine Symmetrieachse.
   b) Sie besitzen genau eine Symmetrieachse.
   c) Sie besitzen ein Symmetriezentrum.

8. Die Abbildung zeigt eine Beziehung zwischen zwei Mengen A und B. Trifft diese Beziehung jeweils auf die gegebenen Mengen zu?
   Wenn nicht, so korrigiere.
   a) A – Menge der Parallelogramme;
      B – Menge der Drachenvierecke
   b) A – Menge der Rhomben;
      B – Menge der Rechtecke

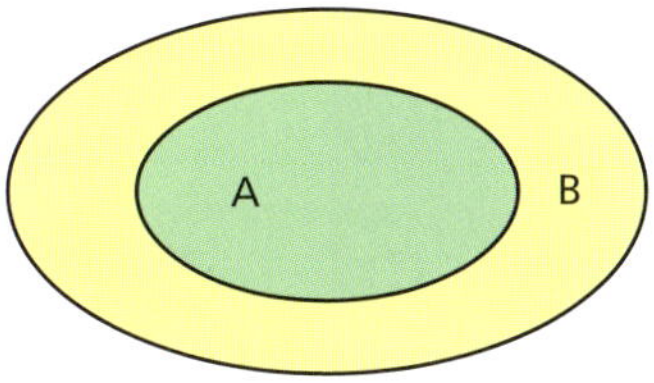

9. Trage die Punkte A(3; 3), B(9; 3) und D(5; 6) in ein Koordinatensystem ein. Ergänze einen vierten Punkt C so, dass das Viereck ABCD
   a) ein gleichschenkliges Trapez;
   b) ein Parallelogramm ist.

10. Zeichne zwei Vierecke, die keine Rechtecke sind. Miss jeweils die Innenwinkel und gib deren Summe an.

11. Gib jeweils die fehlenden Größen der Innenwinkel des Trapezes ABCD (siehe Skizze) an.
   a) $\alpha = 90°$; $\beta = 70°$
   b) $\delta = 120°$; $\gamma = 160°$
   c) $\alpha = 50°$; $\overline{AD} = \overline{BC}$

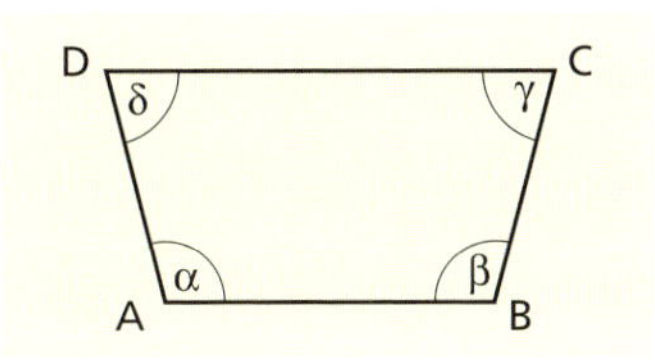

12. Ermittle die fehlenden Größen der Innenwinkel des Vierecks ABCD.
   Wie kannst du dein Ergebnis kontrollieren?

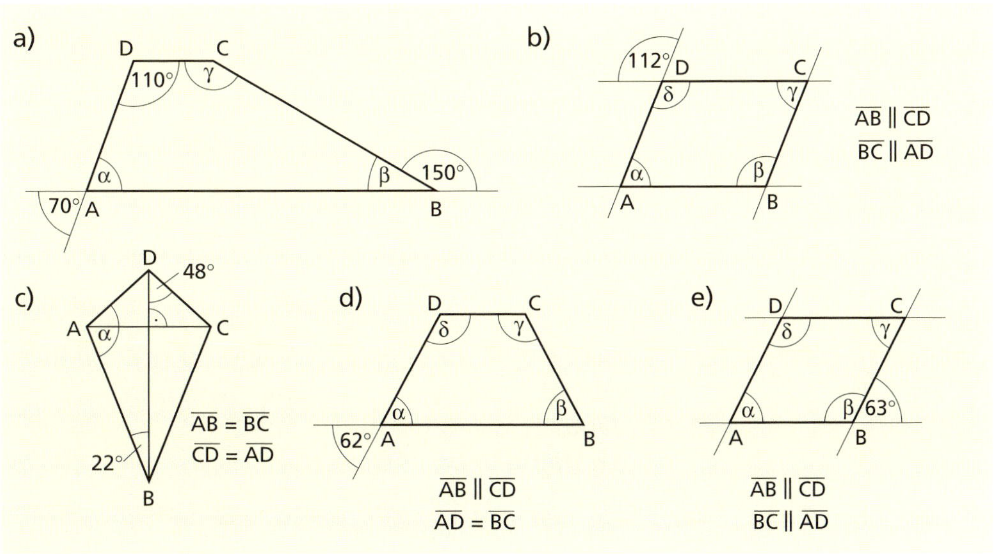

2.5 Geometrische Körper und ihre Darstellung

Viele Gegenstände unserer Umwelt lassen sich auf relativ einfache räumliche Grundformen zurückführen.

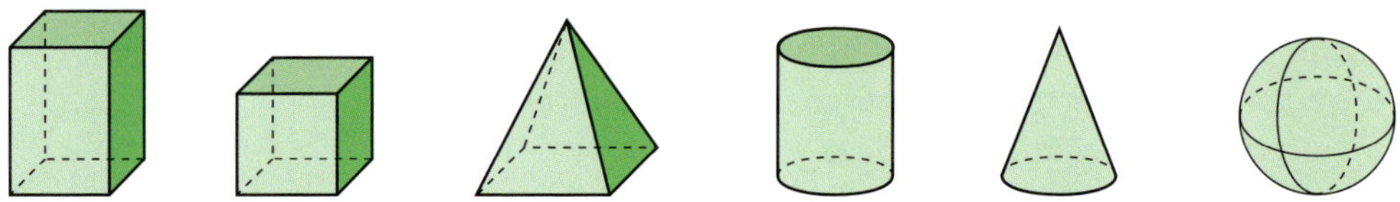

Quader Würfel Pyramide Zylinder Kegel Kugel

Mithilfe eines **Schrägbildes** lässt sich ein Körper anschaulich darstellen und somit besser vorstellen.
Für Quader bzw. Würfel ist eine solche Darstellung besonders einfach. Im Folgenden wird dies unter Verwendung von Kästchenpapier für einen Quader mit den Kantenlängen a = 3,5 cm, b = 3 cm, c = 4,5 cm demonstriert.

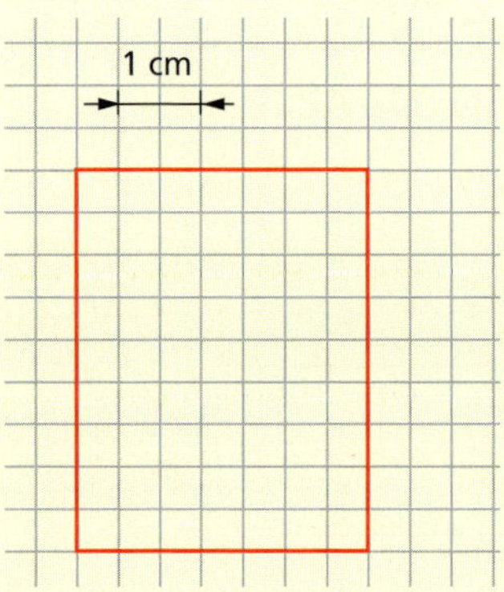

Zeichne die als Vorderfläche gewählte Fläche mit den Originalkantenlängen (hier: a = 3,5 cm, c = 4,5 cm).

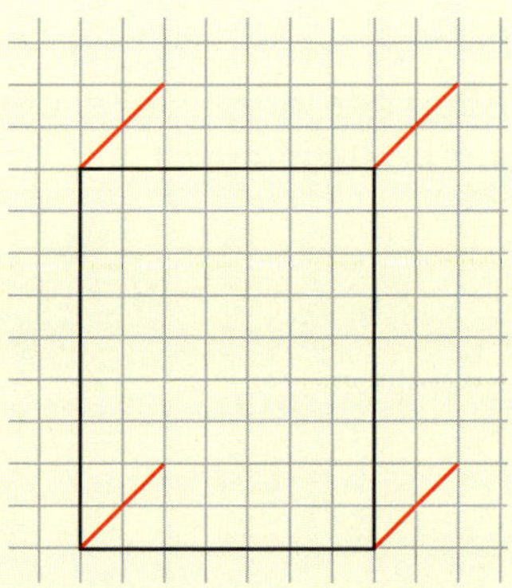

Zeichne die vier nach hinten verlaufenden Kanten in Richtung der Kästchendiagonalen (unter einem Winkel von 45°).
Verkürze die Kante auf die Hälfte (3 cm entsprechen zum Beispiel etwa zwei Diagonalenlängen).

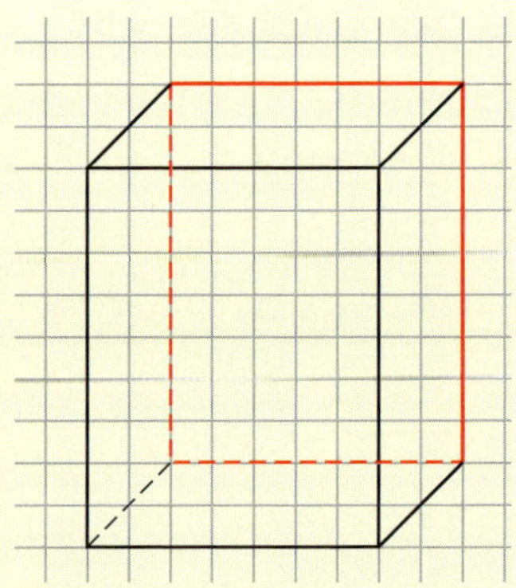

Verbinde die übrigen Eckpunkte. Zeichne die sichtbaren Kanten kräftig und die nicht sichtbaren Kanten gestrichelt.

Aufgaben

1. Suche in deiner Umgebung nach Gegenständen, deren Form durch folgende geometrische Figuren beschrieben werden kann.
a) Würfel b) Quader c) Zylinder d) Kegel e) Kugel f) Pyramide
Wofür werden die Gegenstände jeweils genutzt?

2. Suche in deiner Umgebung nach Gegenständen, deren Form sich durch Zusammensetzen von zwei der in Aufgabe 1 genannten Figuren beschreiben lässt.

3. Im Folgenden sind verschiedene Körper im Schrägbild dargestellt.

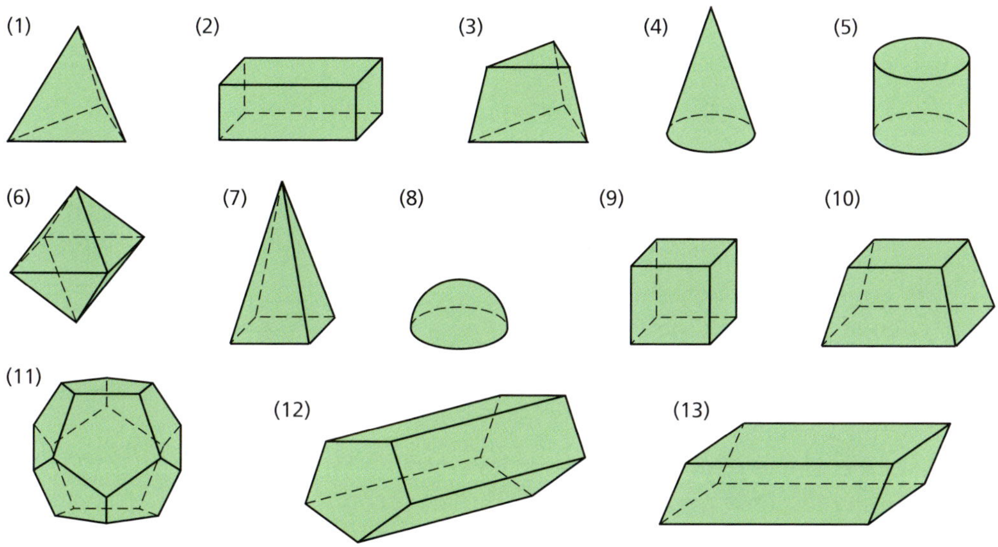

Gib für alle Körper die Art und die Anzahl der Begrenzungsflächen sowie die Anzahl der Ecken und Kanten an. Trage alle Angaben in eine Tabelle ein.
Kennst du auch den Namen der jeweiligen Körper?

4. Nenne Gemeinsamkeiten und Unterschiede der beiden im Schrägbild dargestellten Körper.
Beschreibe insbesondere auch die Art der Begrenzungsflächen möglichst genau.
Wie heißen diese Körper?

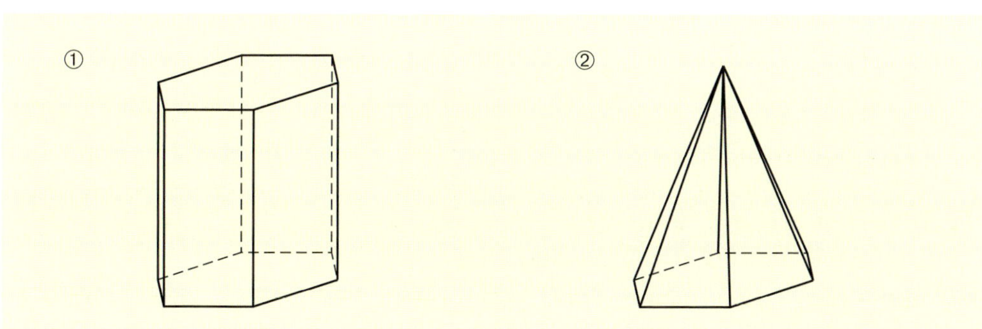

5. Im Folgenden siehst du sowohl ebene Figuren als auch räumliche Figuren (Körper).

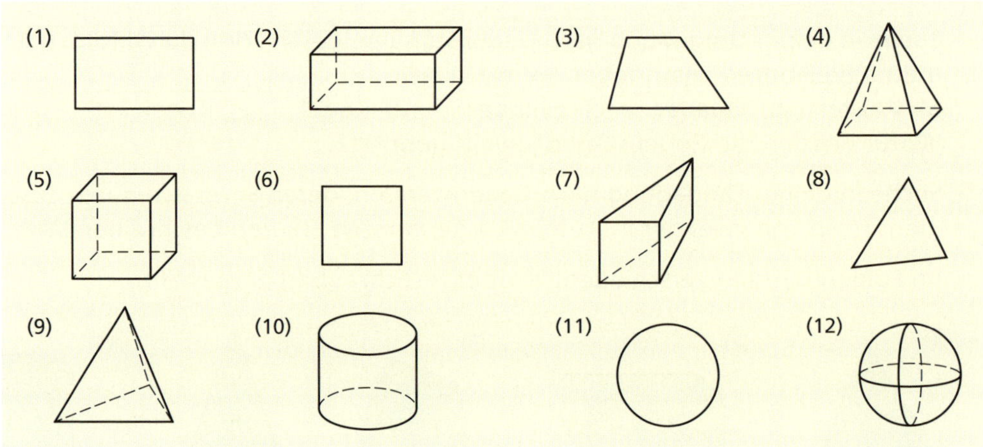

a) Nenne alle ebenen Figuren und gib möglichst deren exakten Namen an.
b) Nenne alle räumlichen Figuren. Gib (falls möglich) die Art von deren Grund- und Deckfläche bzw. Seitenflächen an. Wie heißen die entsprechenden Körper?

6. Der Soma-Würfel besteht aus sieben Teilen, die aus nicht mehr als vier Würfeln gleicher Größe zusammengesetzt sind. Die Abbildung zeigt zwei dieser Teile.

①
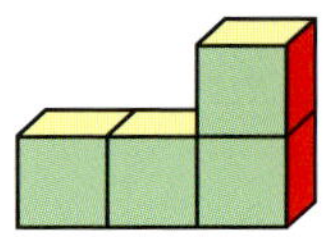

②
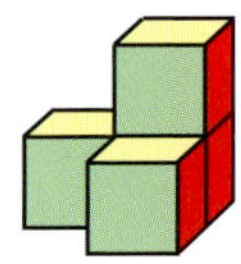

a) Zeichne je ein Schrägbild dieser Teile. Wähle als Kantenlänge der Würfel 3 cm.
b) Drehe die Teile gedanklich um 90° nach rechts. Wie verändert sich das jeweilige Schrägbild?

7. Aus Würfeln gleicher Größe kannst du Buchstaben legen. Die Abbildung zeigt dies am Beispiel des Buchstabens T.
Finde weitere Buchstaben, die sich mithilfe solcher Würfel legen lassen. Skizziere die entsprechenden Schrägbilder. Zeichne die verdeckten Kanten gestrichelt ein.

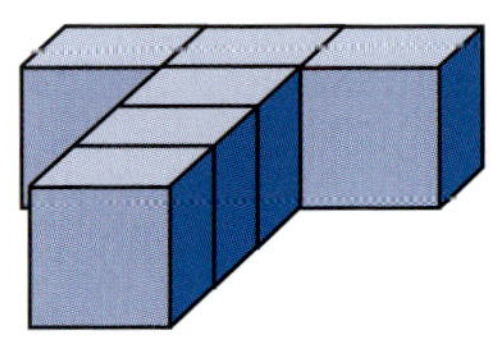

8. Ein Quader ABCDEFGH (siehe Skizze) ist doppelt so lang wie breit und halb so hoch wie lang. Die Summe aller Kantenlängen beträgt 720 mm.
a) Gib die Maße des Quaders an und zeichne ein Schrägbild im Maßstab 1 : 1.
b) Berechne Volumen und Oberflächeninhalt.
c) Zeichne in dein Schrägbild die Flächendiagonalen $\overline{AF}$, $\overline{BG}$ und $\overline{EG}$ sowie die Raumdiagonale $\overline{AG}$ ein.
d) Ordne die unter c) genannten Diagonalen der Länge nach.

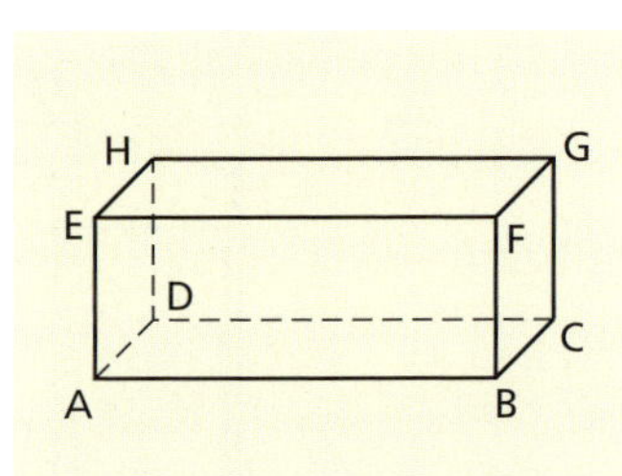

2.6 Gemischte Aufgaben

1. a) Zeichne ein Quadrat ABCD mit a = 6 cm.
Konstruiere die Mittelsenkrechten der Seiten und die Winkelhalbierenden der Innenwinkel. Wie viele Schnittpunkte dieser Linien miteinander gibt es?
b) Untersuche analog auch Rechtecke und Rhomben.
Was stellst du fest?

2. a) Zeichne ein Quadrat ABCD mit $\overline{AB}$ = 45 mm.
b) Zeichne ein Rechteck ABCD mit $\overline{AB}$ = 3,2 cm und $\overline{BC}$ = 4,6 cm.

3. Zeichne eine Strecke $\overline{AB}$ mit $\overline{AB}$ = 4 cm. Markiere auf der Mittelsenkrechten von $\overline{AB}$ im Abstand von 2,5 cm von $\overline{AB}$ einen Punkt F.
Verbinde nun die Punkte A und B mit dem Punkt F. Beschreibe die so entstandenen Figuren.

4. Zeichne eine Strecke $\overline{PQ}$ mit $\overline{PQ}$ = 5 cm.
Konstruiere möglichst viele Punkte, die von den Punkten P und Q den gleichen Abstand haben.

5. Zeichne einen Winkel mit den Schenkeln p und q, der 60° groß ist.
Konstruiere möglichst viele Punkte, die von den Schenkeln p und q gleich weit entfernt sind.

6. In welchen großen Druckbuchstaben des deutschen Alphabets findest du
a) Paare von Nebenwinkeln;
b) Paare von Scheitelwinkeln;
c) Paare von Stufenwinkeln;
d) Paare von Wechselwinkeln?

Zeichne solche Buchstaben, verlängere die einander schneidenden Geraden über den Schnittpunkt hinaus und markiere die Winkelpaare farbig.

7. Gib jeweils die fehlenden Winkelgrößen an, wenn die Geraden g und h zueinander parallel sind.

a)

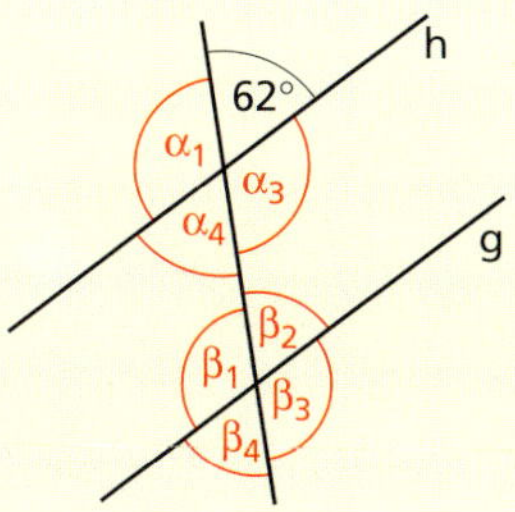

b)

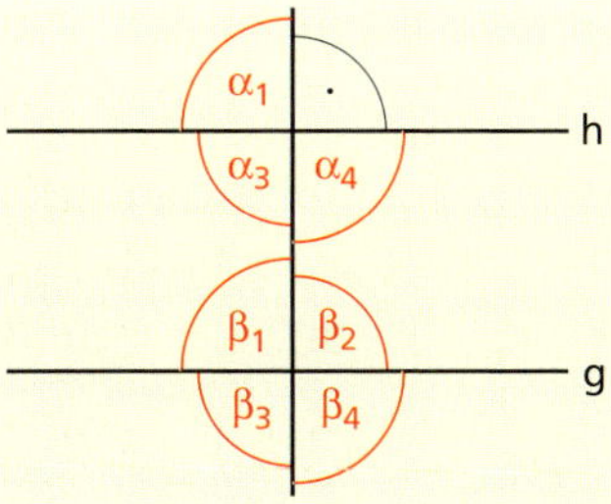

8. Auf welcher Seite der Geraden s schneiden einander die Geraden g und h (Skizzen nicht maßstäblich)?

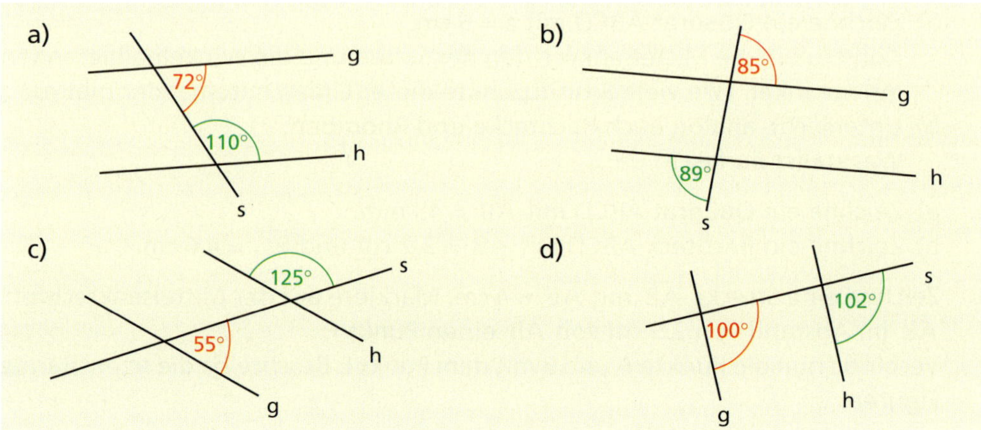

9. Überprüfe, ob folgende Aussagen für alle Winkel α und β gelten.

a) Wenn die Winkel α und β gleich groß sind, dann sind sie Scheitelwinkel.

b) Wenn die Summe der Größen der Winkel α und β 180° beträgt, dann sind sie Scheitelwinkel.

c) Wenn die Winkel α und β gleich große Stufenwinkel sind, dann liegen sie an geschnittenen Parallelen.

10. Schreibe für die nebenstehende Abbildung

a) fünf Paare von Scheitelwinkeln;

b) fünf Paare von Nebenwinkeln;

c) drei Paare von Stufenwinkeln;

d) drei Paare von Wechselwinkeln auf.

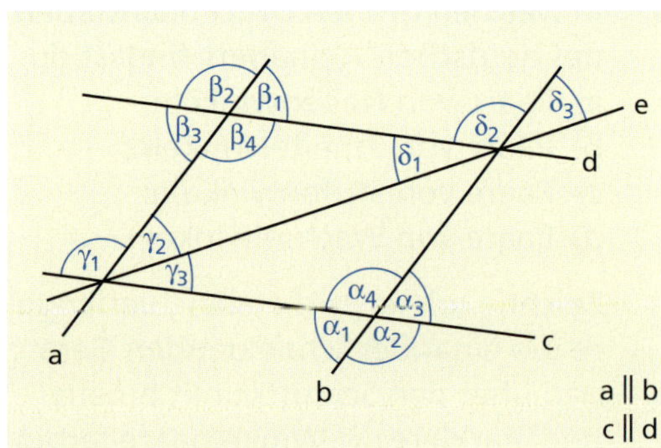

11. Gib die Größe aller Winkel in der Abbildung zu Aufgabe 10 an, wenn gilt:

a) $\alpha_3 = 65°$ und $\gamma_3 = 40°$

b) $\delta_2 = 125°$ und $\beta_4 = 72°$

12. a) Zeichne ein rechtwinkliges Dreieck ABC mit $\overline{AB} = 8$ cm und $\overline{BC} = 8$ cm, dessen rechter Winkel bei B liegt.

b) Konstruiere für dieses Dreieck den Umkreis. Wo liegt dessen Mittelpunkt?

c) Was lässt sich über den Mittelpunkt des Umkreises eines Dreiecks aussagen, wenn der rechte Winkel nicht bei B, sondern bei A oder C liegt?

13. Gib jeweils die fehlenden Größen der Innenwinkel des Drachenvierecks ABCD (siehe Skizze) an.

a) $\alpha = 115°$; $\beta = 36°$ b) $\beta = 82°$; $\gamma = 15°$

c) $\alpha = \gamma = 135°$ d) $\alpha = 90°$; $\overline{AC} = \overline{BD}$

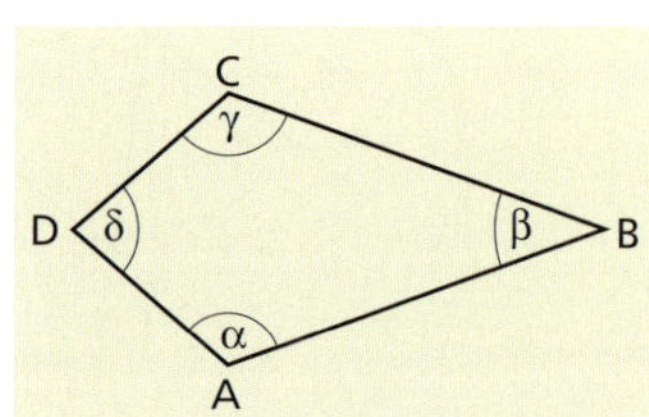

14. a) Zeichne ein gleichschenkliges Dreieck ABC mit $\overline{AB} = \overline{AC} = 7{,}2$ cm und $\alpha = 120°$.
b) Konstruiere die Winkelhalbierenden der drei Innenwinkel und zeichne den Inkreis des Dreiecks ein.

15. Die Figur in nebenstehender Abbildung besteht aus einem Quadrat ABCD und einem gleichseitigen Dreieck DCE.
Ermittle die Größe aller gekennzeichneten Winkel.

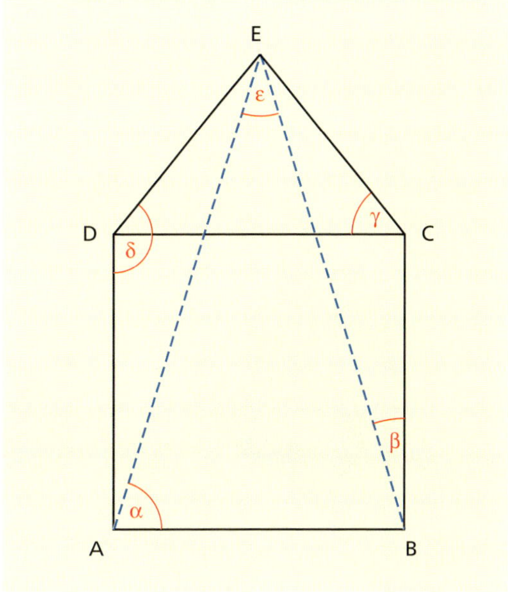

16. Von einem gleichschenkligen Dreieck ist bekannt, dass die Größe eines Innenwinkel 73° beträgt.
Gib an, wie groß die anderen Innenwinkel sein können.

17. Von den Innenwinkeln eines Dreiecks ABC ist Folgendes bekannt:
α ist doppelt so groß wie β und γ ist dreimal so groß wie α.
Gib die Größe der Innenwinkel an. Begründe.

18. Die nebenstehende Abbildung zeigt ein Dreieck ABC mit den eingezeichneten Höhen h_a und h_b. Der Winkel γ hat eine Größe von 75°.
Wie groß ist der Winkel δ? Begründe.

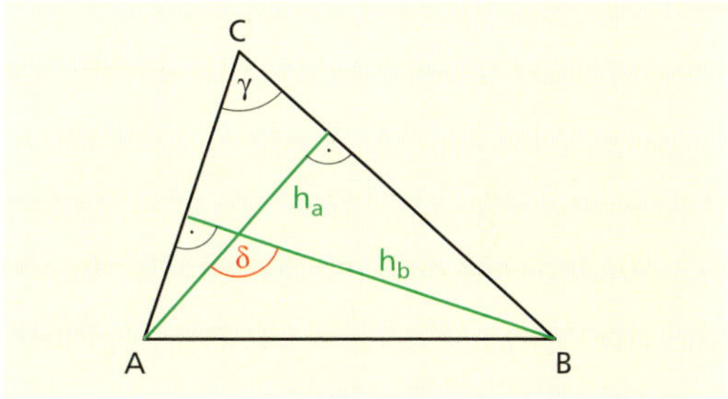

19. Welche Dreiecksart liegt vor, wenn ein Innenwinkel und sein zugehöriger Außenwinkel gleich groß sind?

20. Sind die folgenden Aussagen jeweils wahr oder falsch? Begründe.
a) Hat ein Dreieck zwei gleich große Winkel, so hat es auch zwei gleich lange Seiten.
b) Bei einem gleichseitigen Dreieck beträgt die Größe der drei Außenwinkel jeweils 120°.
c) Wenn in einem Dreieck zwei Innenwinkel zusammen 90° betragen, so ist das Dreieck rechtwinklig.
d) Ist ein Dreieck stumpfwinklig, so kann es nicht zwei gleich große Innenwinkel haben.
e) Jedes rechtwinklige Dreieck ist unregelmäßig.

21. Trage die Punkte P(2; 2), Q(7; 2) und R(5; 5) in ein Koordinatensystem ein.
Welche Koordinaten könnte ein Punkt S haben, damit die vier Punkte Eckpunkte eines Parallelogramms sind?

22. Um bösen Geistern das Eindringen in ihre Häuser zu verwehren, zeichneten die Menschen im Mittelalter ein Pentagramm (auch Drudenfuß oder magisches Fünfeck genannt) auf die Türschwellen (siehe Abbildung).
Überlege dir, wie sich eine solche Figur konstruieren lässt, und zeichne sie dann in einem geeigneten Maßstab in dein Heft.

23. Wie viele Würfel zählst du? Wie viele fehlen dann zu einem vollständigen Quader?

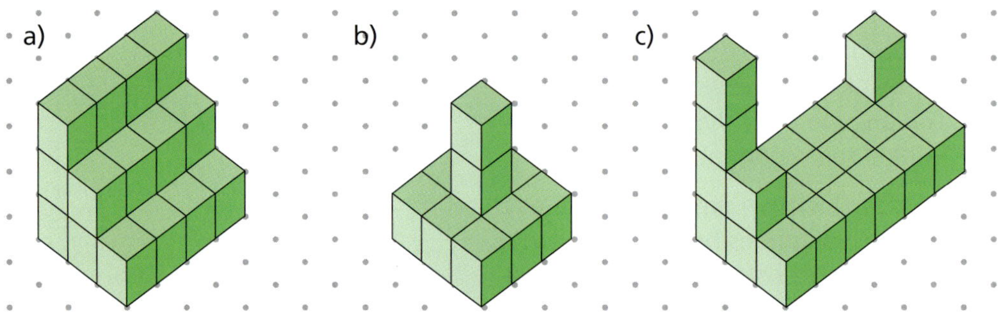

24. Wie viele Diagonalen besitzen die folgenden Vielecke?
a) Dreieck b) Rechteck c) Trapez d) Fünfeck e) Zwölfeck

25. Ein Käfer möchte an einem frei hängenden Würfel (etwa an einer Lampe) auf möglichst kurzem Wege von der Ecke A zur Ecke G krabbeln.
Welche Möglichkeiten hat er dazu, wenn er sich
a) nur entlang der Kanten;
b) beliebig auf der Oberfläche bewegt?

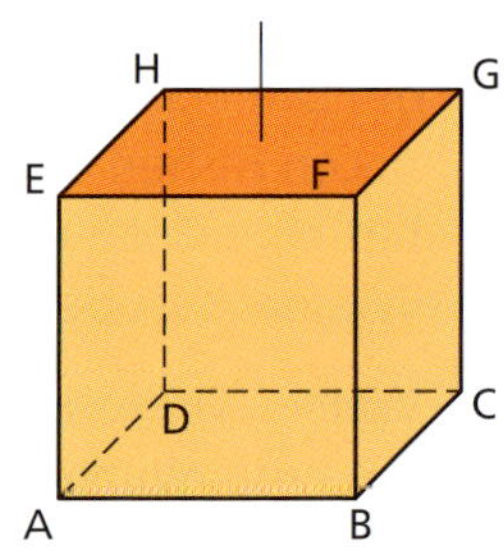

26. Die Diagonalen eines Quadrates ABCD schneiden einander im Punkt E.
Was lässt sich über die Art der Dreiecke ABE, BCE, CDE und DAE aussagen?

27. Die folgenden Abbildungen zeigen einen zusammengesetzten Körper aus unterschiedlichen Perspektiven.

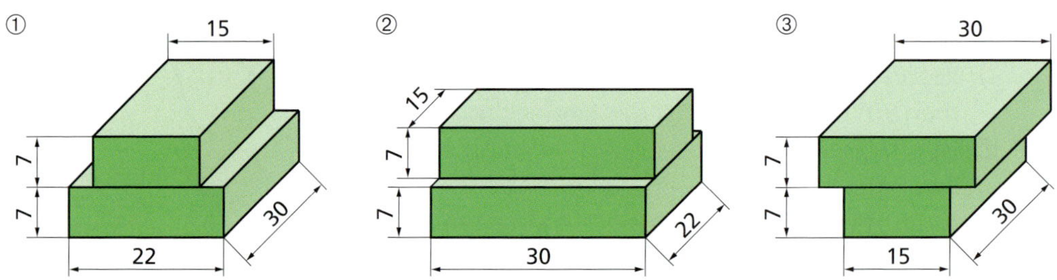

a) Wähle eine Lage aus und zeichne das entsprechende Schrägbild in einem geeigneten Maßstab.
b) Berechne Volumen und Oberflächeninhalt des Körpers.

1. In der Abbildung siehst du Winkel an geschnittenen Parallelen.
Der Winkel α_1 hat eine Größe von 100°.
Wie groß sind die anderen Winkel? Begründe.

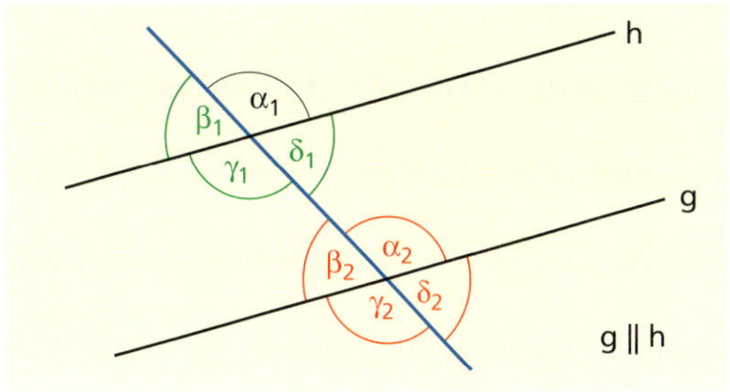

2. a) Zeichne eine Strecke $\overline{AB}$ mit $\overline{AB} = 64$ mm und konstruiere die Mittelsenkrechte dieser Strecke.
Gib jeweils die Länge der Strecken $\overline{AM}$ und $\overline{MB}$ an.
b) Ergänze die Figur zu einem gleichseitigen Dreieck ABC.

3. a) Zeichne ein rechtwinkliges Dreieck ABC mit $\overline{AB} = 8$ cm, $\overline{BC} = 6$ cm und $\beta = 90°$.
b) Miss die Länge der dritten Dreiecksseite sowie die Größe der beiden anderen Innenwinkel.
c) Konstruiere die Winkelhalbierenden der Innenwinkel des Dreiecks ABC.
Was stellst du fest?

4. Im Folgenden sind jeweils zwei der Innenwinkel eines Dreiecks ABC gegeben.
Gib die Größe des zugehörigen dritten Innenwinkels an.
a) $\alpha = 62°$; $\beta = 18°$ b) $\alpha = \gamma = 48{,}5°$ c) $\beta = 90°$; $\gamma = 48{,}3°$

5. Entscheide, ob die folgenden Aussagen wahr oder falsch sind. Begründe jeweils.
a) Ein Quadrat ist ein spezielles Rechteck.
b) Jedes Rechteck ist auch ein Drachenviereck.
c) In einem Rhombus halbieren die Diagonalen einander.
d) Es gibt Trapeze mit zwei Paaren zueinander paralleler Seiten.

6. Kann es Dreiecke mit den jeweils gegebenen Größen geben? Begründe.
Gib, falls ein solches Dreieck existiert, die Art des Dreiecks an.
a) a = 3 cm; b = 4 cm; c = 5 cm   b) b = c = 37 mm; $\alpha = \beta = 60°$
c) a = b = 4,2 cm; $\alpha = \beta = 92°$ d) a = 57 mm; b = 32 mm; $\alpha = 40°$; $\beta = 72°$

7. Gib die Größe der markierten Innenwinkel des jeweiligen Vierecks ABCD an.

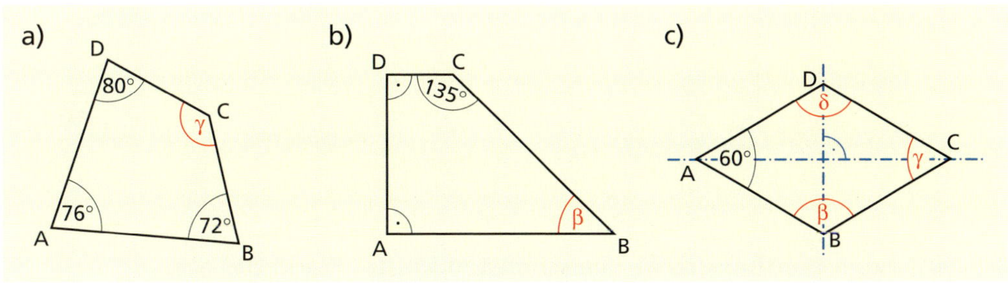

Regelmäßige Vielecke

Vielecke mit gleich langen Seiten und gleich großen Innenwinkeln heißen **regelmäßige Vielecke** (bzw. reguläre Polygone).

Mathematische Erkundungen

Untersucht folgende regelmäßige Vielecke genauer:
Dreieck, Viereck, Fünfeck (siehe Bild) und Sechseck.
Beantwortet dabei etwa folgende Fragen:

- Wie groß ist jeweils ein Innenwinkel?
- Wie viele Diagonalen hat die Figur?
- Welche Symmetrien treten auf?
- Wie lässt sich das Vieleck konstruieren?

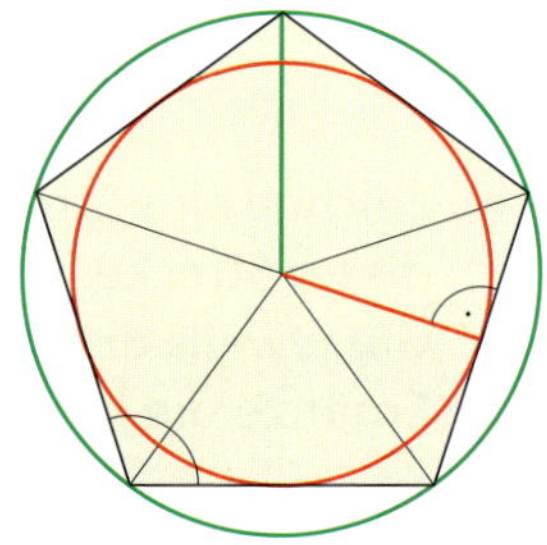

Stellt eure Ergebnisse in Form einer Tabelle o.Ä. zusammen. Versucht, sie auf weitere Vielecke anzuwenden und gegebenenfalls für n-Ecke zu verallgemeinern.

Entdeckungen in der Umwelt

Regelmäßige Vielecke lassen sich an Objekten unserer Umwelt, z.B. an Gebäuden, an geometrischen Körpern, in Mustern, erkennen.
Aber auch in der Natur treten sie auf.

Findet Beispiele dafür und dokumentiert sie möglichst mithilfe von Bildern.

Wir experimentieren

Bildet Arbeitsgruppen und fertigt euch eine ausreichend große Anzahl regelmäßiger Dreiecke, Vierecke und Sechsecke gleicher Seitenlänge aus verschiedenfarbiger Pappe an. Versucht nun, daraus zwei Arten von Mustern zu legen:

- Muster, die nur aus verschiedenfarbigen Vielecken gleicher Art bestehen
- Muster aus verschiedenen Vielecken

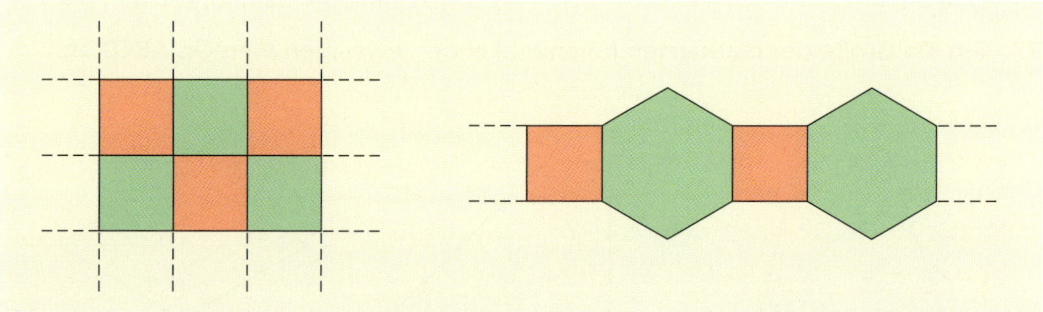

Schreibt einen Wettbewerb für die schönsten Muster (Parkette) aus.

PLATON und kein Ende

Der griechische Mathematiker EUKLID von Alexandria (etwa 365 bis etwa 300 v.Chr.) führte den Nachweis, dass es genau die folgenden fünf regulären Polyeder gibt:

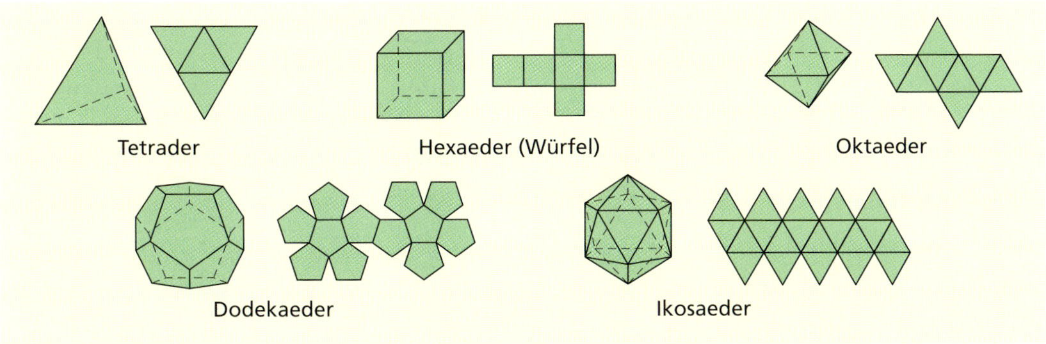

Diese Körper werden auch als **platonische Körper** bezeichnet, da ihnen der griechische Philosoph PLATON jeweils eines seiner Urelemente *Feuer*, *Erde*, *Luft*, *Wasser* und *Äther* zuordnete.

Wir stellen platonische Körper her

Platonische Körper bestehen aus regelmäßigen Vielecken.
Bestimmt mithilfe der oben abgebildeten Netze die Art und die Anzahl der Vielecke für jeden der fünf platonischen Körper.
Zeichnet nun selbst die entsprechenden Netze auf Zeichenkarton o.Ä. Schneidet sie aus und klebt sie zu Körpern zusammen. Denkt dabei an notwendige Klebefalze.
Hinweis: Fertigt Schablonen für die regelmäßigen Vielecke an. Damit lassen sich die Netze leichter zeichnen.

Mathematische Entdeckungen und mehr

Untersucht die platonischen Körper. Beschreibt jeden Körper so genau wie möglich (Art und Anzahl der Begrenzungsflächen; Anzahl der Ecken und Kanten usw.).
Gibt es Gemeinsamkeiten und Unterschiede?
Stellt das Ergebnis in einer Tabelle oder einer anderen Übersicht dar.

Es gibt noch mehr über platonische Körper zu erfahren. Nutzt dazu außer eurem Lehrbuch Nachschlagewerke bzw. das Internet (z.B. www.schuelerlexikon.de).
Informiert euch zu folgenden Themen:

- Zur Geschichte der platonischen Körper
- Platonische Körper in der Kunst
- Platonische Körper in der Natur

Arbeitet in Gruppen und präsentiert eure Ergebnisse in geeigneter Form. Fotografiert dazu auch die von euch gebastelten Modelle.

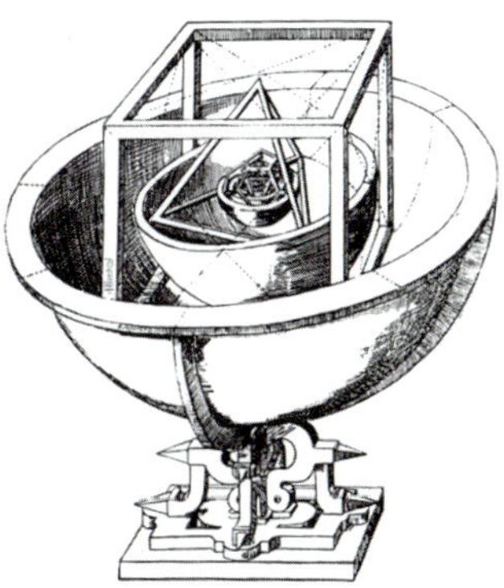

Zusammenfassung

Spezielle Winkel

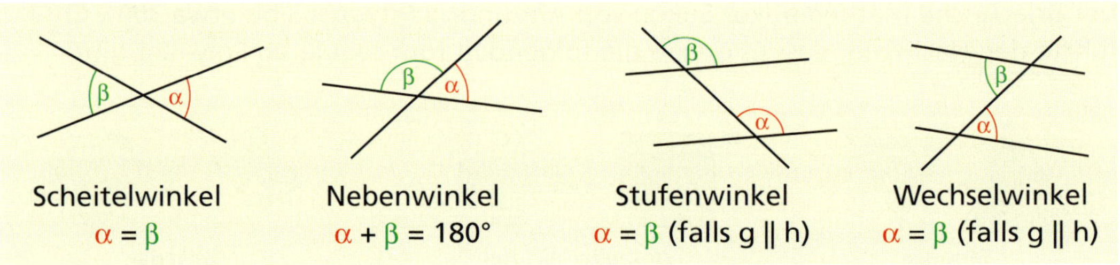

Besondere Linien

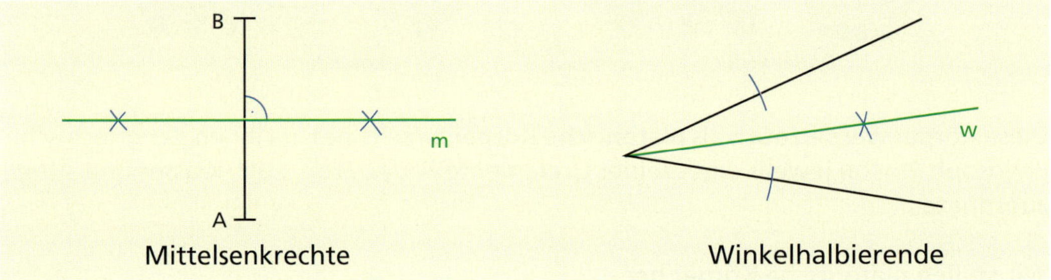

Dreiecksarten

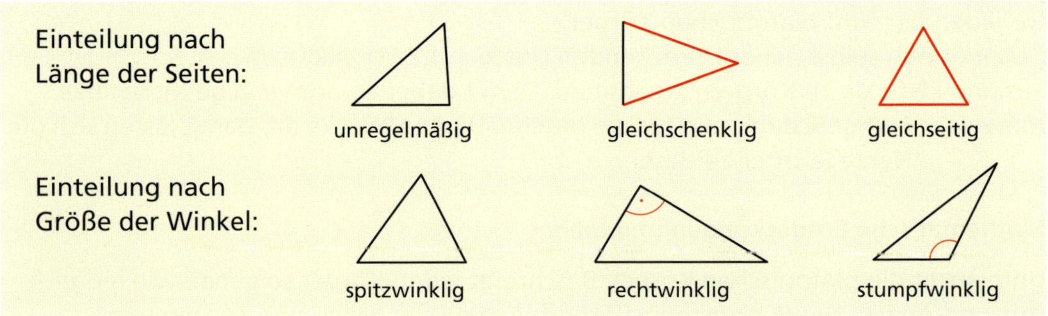

Viereckarten

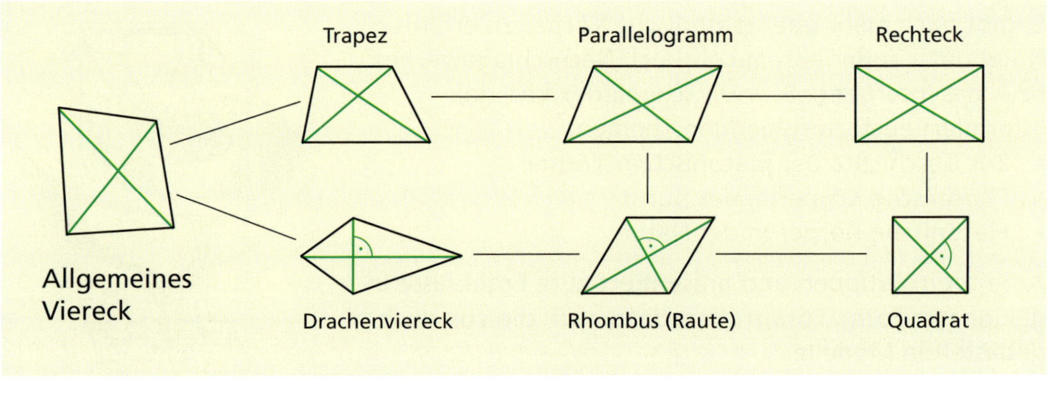

3 Geometrische Abbildungen

Deckungsgleich oder nur ähnlich?

Pia und Martin beobachten Segelboote in unterschiedlichen Entfernungen. „Die Segel haben alle die gleiche Form und sind gleich groß, das nennt man deckungsgleich oder kongruent“, belehrt Martin seine Schwester. „Aber die da hinten sind doch viel kleiner“, entgegnet diese, „sie sind also bestenfalls ähnlich.“ Kannst du den Kindern helfen?

Verschobene Muster

Auf Stoffbahnen oder Tapeten wiederholen sich die Muster in bestimmten Abständen, sie entstehen durch eine so genannte Verschiebung. Derartige Muster lassen sich heute mit Computern relativ leicht herstellen. Wo beginnt sich in der dargestellten Grafik das Muster zu wiederholen?

Symmetrie – eine Laune der Natur?

Symmetrien werden nicht nur vom Menschen als schön empfunden. Auch in der Natur kommen entsprechende Regelmäßigkeiten vor. Ein Beispiel dafür ist der vergrößert abgebildete Eiskristall. Wie viele Symmetrieachsen kannst du erkennen?

Symmetrische Figuren

In unserer Umwelt, speziell in Natur, Technik bzw. Architektur, lassen sich zahlreiche ebene und räumlichen Gebilde finden, die symmetrisch sind. Im Folgenden sind drei Beispiele dafür angegeben.

Speziell heißt eine ebene Figur **achsensymmetrisch** (bzw. **axialsymmetrisch**), wenn ein Teil der Figur das Spiegelbild des anderen Teiles ist.
Die Symmetrieachse einer Figur wird auch **Spiegelachse** der Figur genannt.

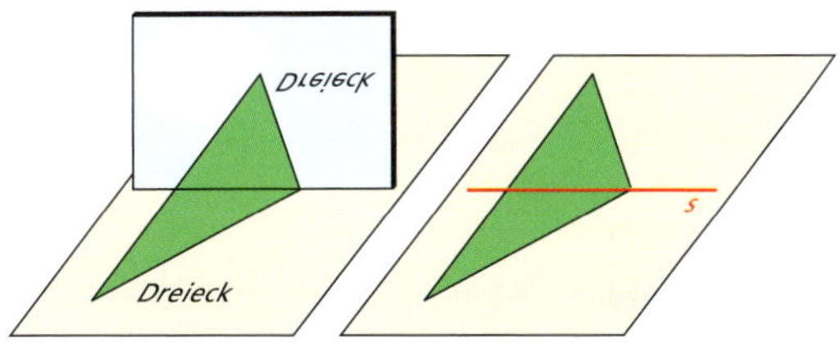

Axialsymmetrische Figuren können eine oder mehrere Symmetrieachsen haben.
Im Folgenden wird dies anhand von Dreiecken und Vierecken demonstriert (wobei n die Anzahl der Symmetrieachsen ist).

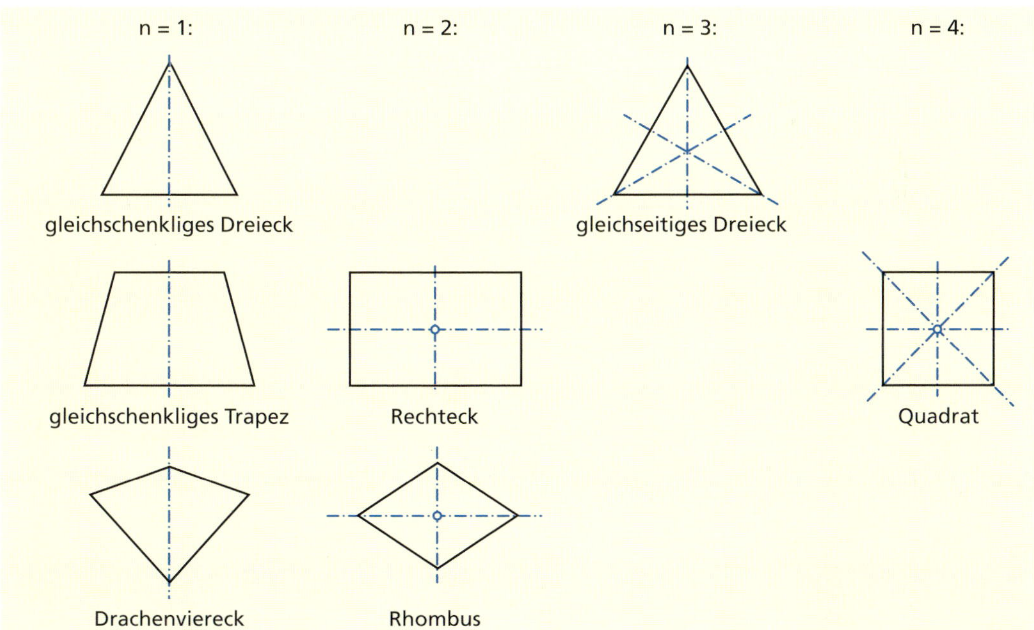

Auch zwei einzelne Figuren können zueinander symmetrisch sein. Entsprechende Figuren oder Muster kannst du durch Spiegeln der einen Figur an einer Geraden (der Spiegelgeraden) erhalten.

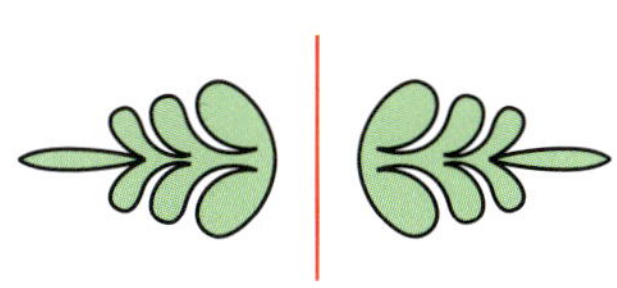

Aufgaben

1. a) Welche der Großbuchstaben des deutschen Alphabets sind axialsymmetrisch? Schreibe diese auf und deute auch die entsprechenden Symmetrieachsen an.

b) Auch Wörter können eine Axialsymmetrie aufweisen (siehe Beispiel). Finde weitere solche Wörter und gib jeweils die Symmetrieachse an. Welche Eigenschaft haben diese Wörter?

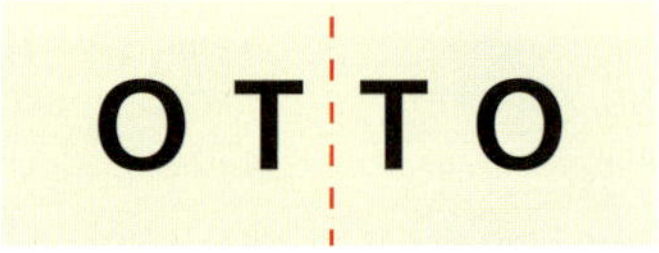

2. Wie heißen die abgebildeten Figuren?
Gib jeweils die Anzahl der Symmetrieachsen an und beschreibe deren Lage.

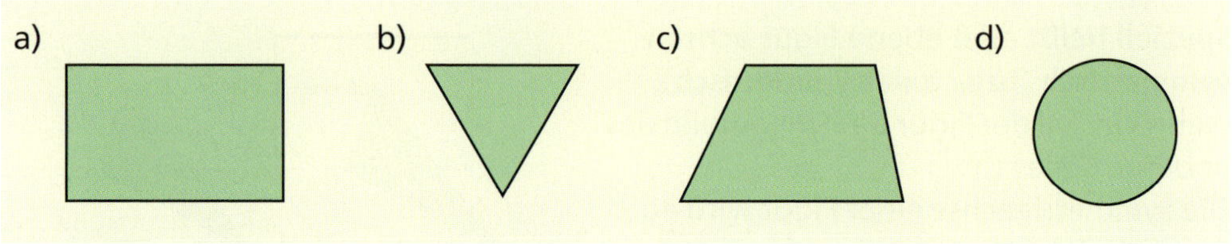

3. Übertrage die folgenden Figuren in dein Heft und zeichne jeweils alle Symmetrieachsen ein.

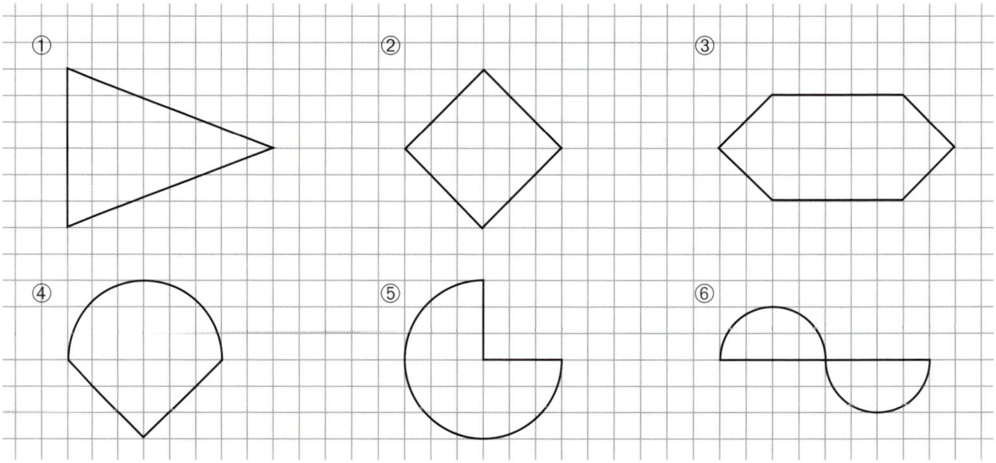

4. Übertrage die Figuren in dein Heft und ergänze sie zu symmetrischen Vielecken. Zeichne, falls möglich, weitere Symmetrieachsen ein.

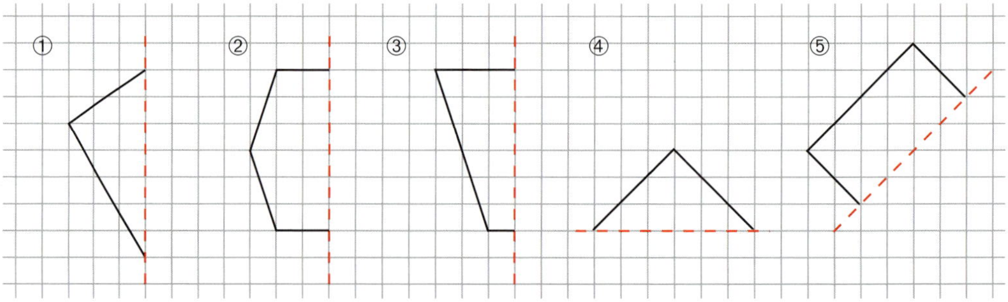

3.1 Spiegelungen

Claudia hat ein rechteckiges Blatt Papier in der Mitte der längeren Seite gefaltet. Nun durchsticht sie das zusammengefaltete Papier an drei Punkten, die nicht auf einer Geraden liegen. Dann klappt sie es wieder auf und verbindet jeweils die Punkte auf der rechten und linken Blatthälfte zu einem Dreieck.
Was lässt sich bezüglich der beiden Figuren feststellen?

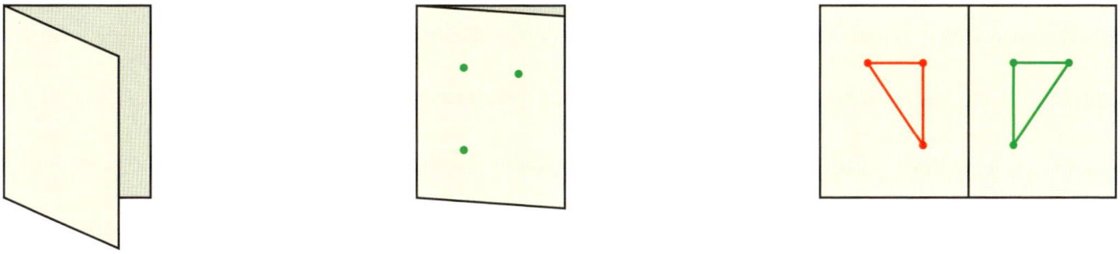

Claudia erkennt, dass die beiden deckungsleichen Figuren spiegelbildlich zur Faltlinie liegen. Sie sind also zueinander symmetrisch, wobei die Faltlinie die Symmetrieachse ist. Die rechte Figur ist das Spiegelbild der linken Figur und umgekehrt.
Jeder Punkt der einen Figur hat offensichtlich den gleichen Abstand von der Faltlinie wie der entsprechende Punkt des Spiegelbildes.

Im Folgenden wollen wir eine solche Abbildung von Figuren, die man als **Spiegelung an einer Geraden** (kurz: **Geradenspiegelung**) bezeichnet, genauer betrachten.
Die gegebene Figur wird als **Original** und die gespiegelte Figur als ihr **Bild** bezeichnet.
Ist P ein Punkt des Originals, so wird sein Bildpunkt üblicherweise mit P' (gesprochen: *P Strich*) bezeichnet. Die Gerade, an der gespiegelt wird, heißt auch **Spiegelgerade.**

M

Bei einer **Spiegelung an einer Geraden** s gilt:

- Originalpunkt und Bildpunkt liegen auf einer Senkrechten zur Spiegelgeraden s.
- Originalpunkt und Bildpunkt haben den gleichen Abstand von s.
- Punkte der Spiegelgeraden werden auf sich selbst abgebildet.
- Originalfigur und Bildfigur sind deckungsgleich.

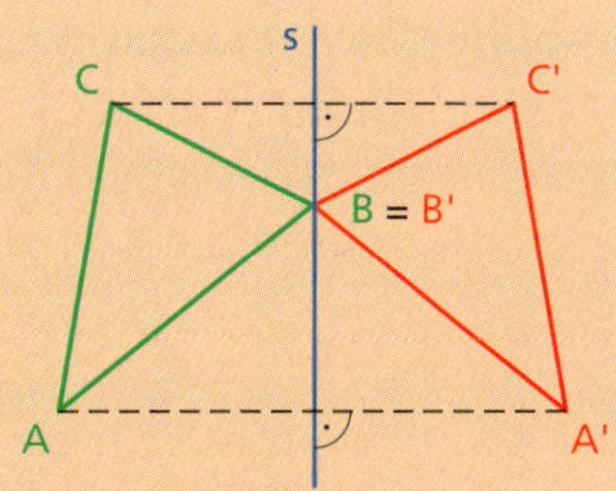

Konstruktion eines Bildpunktes bei einer Geradenspiegelung

1. Zeichne eine Senkrechte durch den Punkt P zur Spiegelgeraden s.
2. Nimm den Abstand des Punktes P von s in die Zirkelspanne und trage ihn auf der anderen Seite der Senkrechten ab.
3. Bezeichne den so erhaltenen Punkt mit P'.

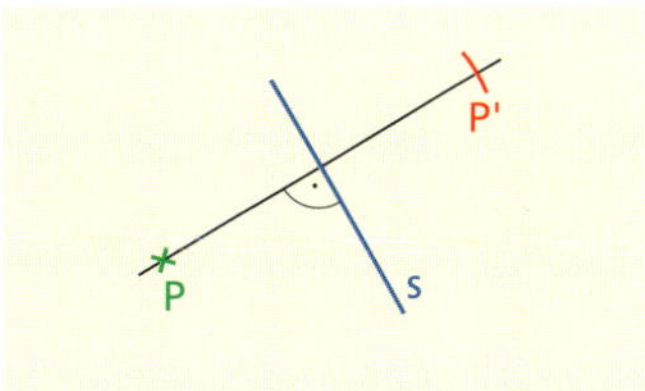

Die Konstruktion lässt sich auch mithilfe des Geodreiecks wie im Folgenden dargestellt ausführen:

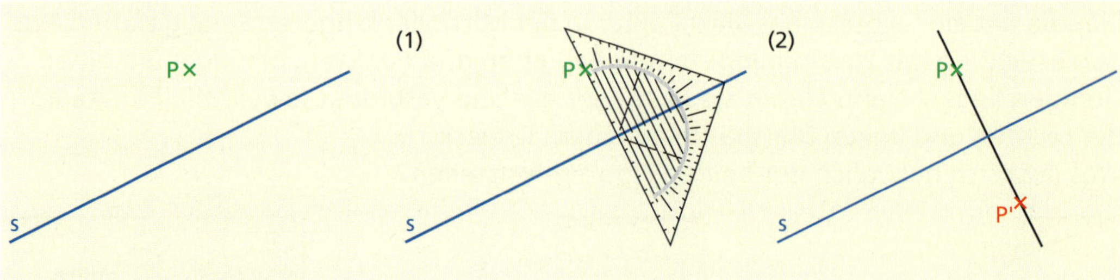

Ist das Original ein Vieleck, so wird jeder Punkt einzeln abgebildet (gespiegelt). Danach werden die Bildpunkte entsprechend der Reihenfolge im Original verbunden.
Originalfigur ABCD und Bildfigur A'B'C'D' sind deckungsgleich. Allerdings hat sich der Umlaufsinn (die Orientierung) verändert: ABCD ist entgegengesetzt dem Uhrzeigersinn (mathematisch positiv) orientiert, das Bild dagegen im Uhrzeigersinn (mathematisch negativ).

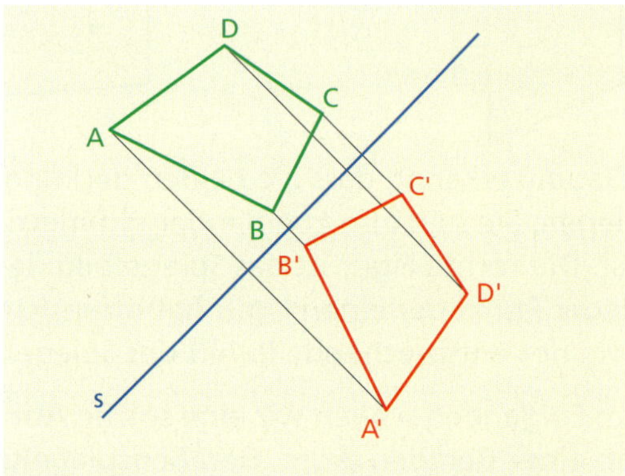

M Wird eine geometrische Figur an einer Geraden gespiegelt, so ändert sich der Umlaufsinn (die Orientierung) der Figur.

Besonders leicht lassen sich Bilder von Figuren bei Spiegelung an einer Geraden auf Kästchenpapier zeichnen, wenn die Spiegelachse senkrecht bzw. waagerecht verläuft. Wird zusätzlich noch ein Koordinatensystem vorgegeben, so können zu gegebenen Originalpunkten die Koordinaten der Bildpunkte direkt abgelesen werden.

B

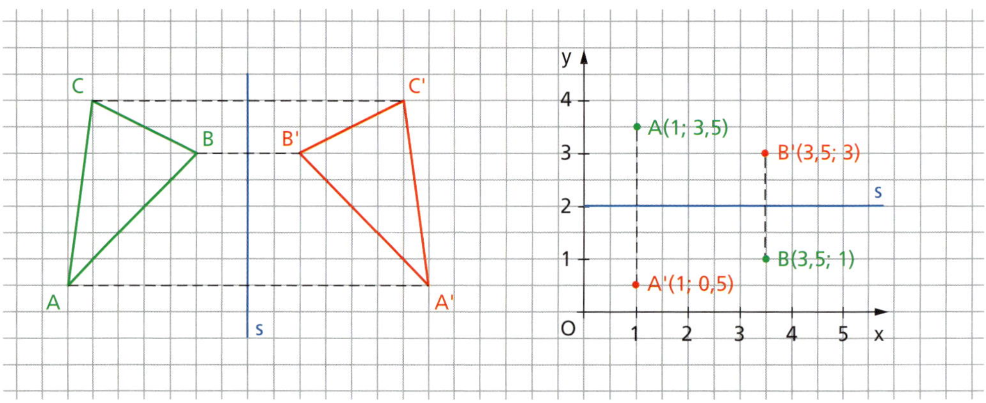

Aufgaben

1. Schneide vier gleich große Quadrate aus Pappe aus. Lege diese nun so aneinander, dass sie eine achsensymmetrische Figur bilden. Ein Beispiel ist in der Abbildung dargestellt.
Finde möglichst viele weitere Lösungen. Skizziere diese in deinem Heft und gib jeweils die Symmetrieachsen an.

2. Zeichne jeweils das Bild der Figur bei Spiegelung an der Geraden s.
Hinweis: Übertrage dazu die Originalfigur sowie die Spiegelgerade in dein Heft. Beachte dabei, dass ausreichend Platz für das Zeichnen des Bildes vorhanden ist.

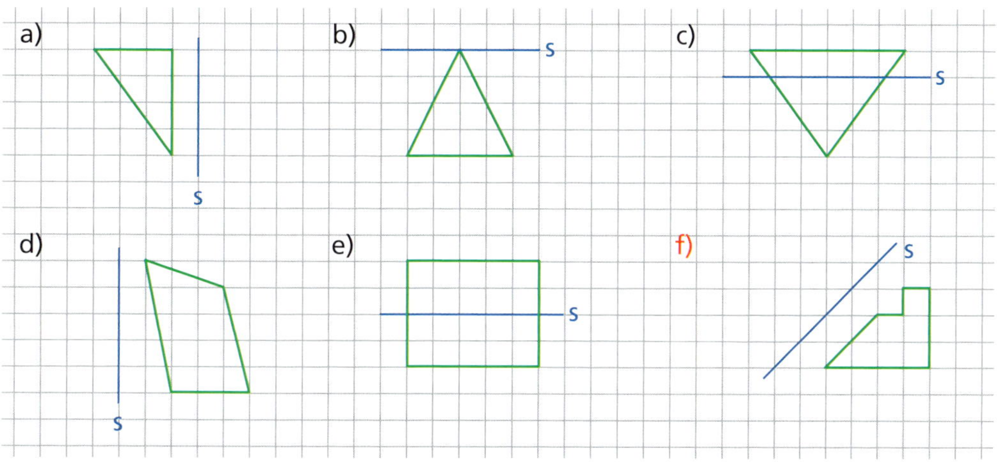

3. Übertrage in dein Heft und spiegele die Figuren jeweils an der gegebenen Geraden s.

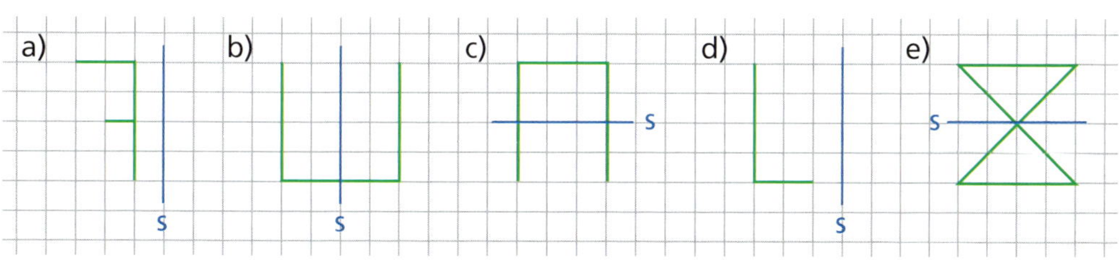

4. Übertrage die folgenden Figuren auf kariertes Papier. Die blaue Linie ist die Spiegelgerade. Zeichne jeweils das Spiegelbild der Figuren.

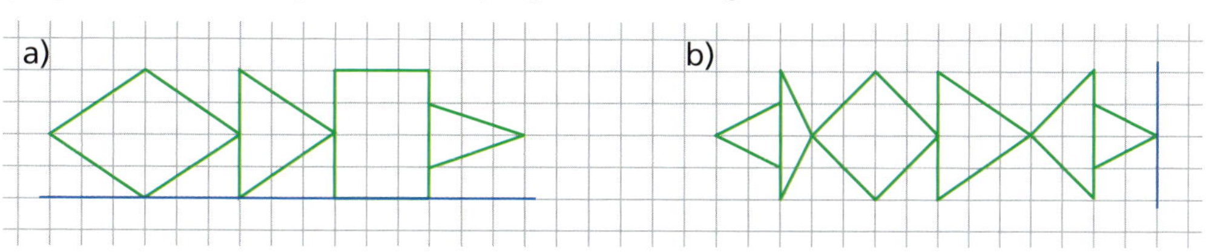

5. Eine Figur wird nacheinander zweimal an der gleichen Geraden gespiegelt. Was lässt sich über das Bild der Figur aussagen?

6. In welcher der folgenden Abbildungen ist die Spiegelung des Dreiecks an der Geraden richtig dargestellt, in welchen nicht? Begründe.

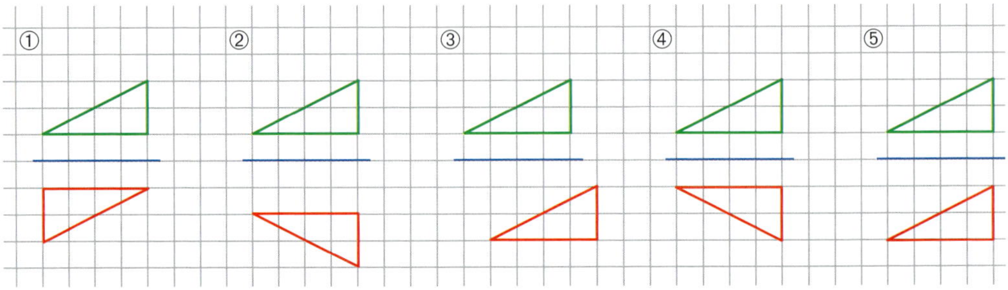

7. Übertrage die Tabelle in dein Heft und ergänze sie jeweils für die durch das erste Paar vorgegebene Geradenspiegelung.

a)

Original	A	H	K		M
Bild	E			E	

b)

Original	A	G	U		B
Bild	G			S	

A	Z	X	B	P	E
R	H	L	K	U	M
G	O	N	S	W	T

8. Zeichne ein Rechteck ABCD mit $\overline{AB} = 5$ cm und $\overline{BC} = 3$ cm. Spiegele das Rechteck an folgenden Achsen:

a) Gerade BC b) Gerade CD c) Gerade AC

9. a) Trage die Punkte A(1; 1), B(2; 1) und C(2; 3) sowie D(1; 5) und E(5; 1) in ein Koordinatensystem ein.

b) Verbinde die Punkte A, B und C jeweils miteinander.
Was für eine Figur entsteht?

c) Zeichne die Gerade g durch die Punkte D und E.

d) Spiegele die Figur ABC an der Geraden g.
Gib die Koordinaten der Bildpunkte A', B' und C' an.

10. Übertrage in dein Heft und spiegele die gegebene Figur jeweils nacheinander an den Geraden g und h.
Was stellst du fest?

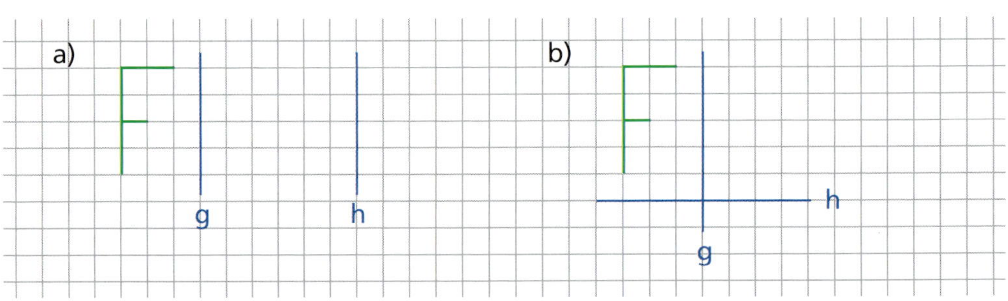

11. Was würde sich ändern, wenn die Figur in Aufgabe 10 jeweils zuerst an h und dann an g gespiegelt würde?

12. a) Zeichne in ein Koordinatensystem (Einheit: 1 cm) die Winkelhalbierende von x-Achse und y-Achse ein.
b) Trage folgende Punkte in das Koordinatensystem ein:
A(3; 4), B(5,5; 1), C(0; 2,5), D(4,5; 4,5), E(4; 0)
c) Spiegele die Punkte A, B, C, D und E an der Winkelhalbierenden und gib die Koordinaten der Bildpunkte A', B', C', D' und E' an.
d) Vergleiche die Koordinaten der Original- und Bildpunkte.
Was stellst du fest?

13. Das Dreieck PQR wurde an der Geraden s gespiegelt (siehe Abbildung). Vervollständige jeweils zu wahren Aussagen.
a) $\overline{RR'}$ und $\overline{QQ'}$ sind …
b) $\overline{PP_0}$ und $\overline{P_0P'}$ sind …
c) $\overline{PP'}$ und $\overline{P_0R_0}$ sind …
d) $\overline{RP}$ und $\overline{P'R'}$ sind …

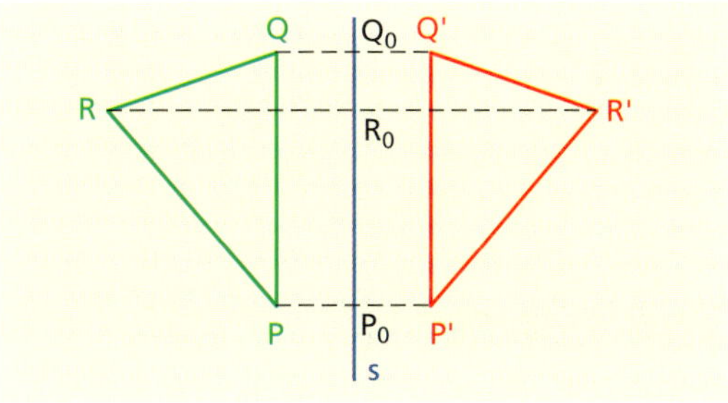

14. Die Figur ist nacheinander an zwei Geraden g und h gespiegelt worden.
a) Übertrage die nebenstehende Abbildung in dein Heft und zeichne mögliche Spiegelgeraden g und h ein.
b) Zeichne auch das „Zwischenbild" nach der Spiegelung an g.
c) Kannst du weitere Paare möglicher Spiegelgeraden angeben, welche die Figur in gleicher Weise abbilden? Beschreibe die Lage dieser Geraden.

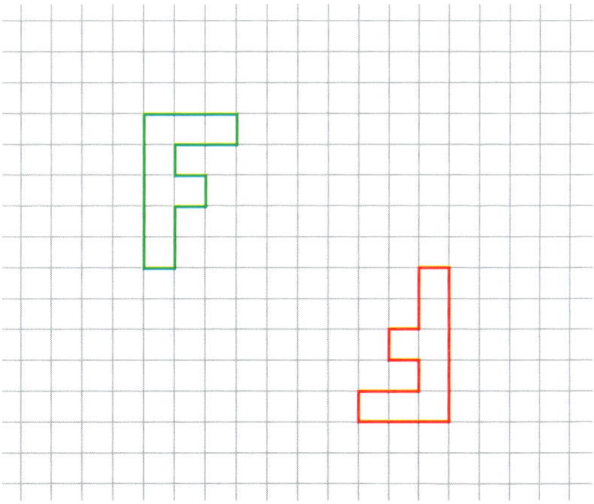

15. Sauber gespiegelt? Finde mindestens vier Unterschiede.

3.2 Verschiebungen und Drehungen

Mit der Spiegelung an einer Geraden haben wir eine geometrische Abbildung kennen gelernt, die eine Figur in eine dazu deckungsgleiche Figur überführt und dabei deren Orientierung ändert (linkes Bild).
Wir wollen nun Abbildungen (Bewegungen) betrachten, bei denen die Orientierung erhalten bleibt (mittleres und rechtes Bild).

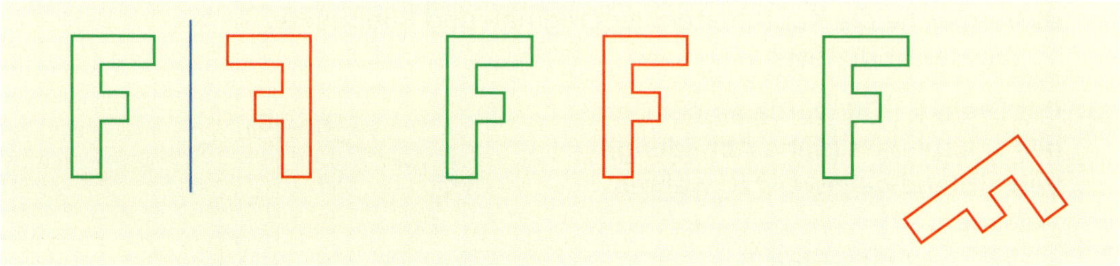

Verschiebungen

Norman hat in seinem Heft mehrere Muster entworfen. „Kannst du diese Muster fortsetzen?", fragt er seine Banknachbarin Colette. „Nichts leichter als das!", entgegnet diese.
Warum ist dies so einfach?

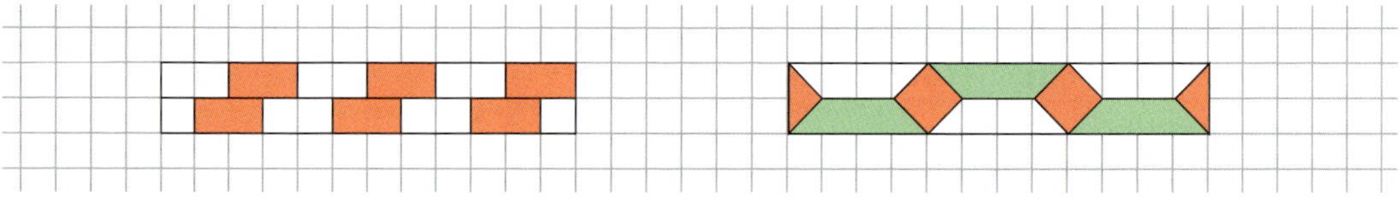

Auch in unserer Umwelt begegnen uns des Öfteren Muster, in denen sich bestimmte ebene oder räumliche geometrische Figuren wiederholen, die also durch mehrfaches Verschieben einer Grundfigur entstehen.

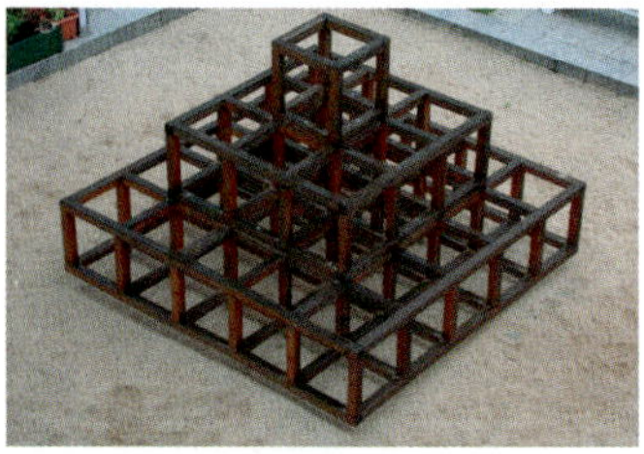

Im Folgenden wollen wir eine solche Abbildung von Figuren, die man als **Verschiebung längs einer Geraden** (kurz: **Verschiebung**) bezeichnet, genauer betrachten und beschreiben.
Es muss klar sein, in welche Richtung und wie weit eine Figur verschoben werden soll. Dies erfolgt mithilfe eines **Verschiebungspfeiles,** welcher im Allgemeinen durch seinen Anfangs- und Endpunkt angegeben wird.

M

Bei einer **Verschiebung** mit dem Verschiebungspfeil $\vec{v} = \overrightarrow{AB}$ gilt:

- Originalpunkt und Bildpunkt liegen jeweils auf einer Parallelen zum Verschiebungspfeil $\overrightarrow{AB}$.
- Der Bildpunkt liegt in Pfeilrichtung auf der Parallelen.
  Sein Abstand vom Original ist gleich der Länge des Pfeiles $\overrightarrow{AB}$.
- Originalfigur und Bildfigur sind deckungsgleich.

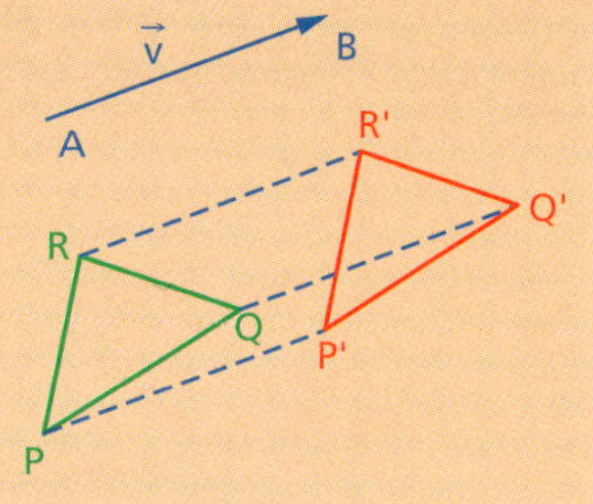

Konstruktion eines Bildpunktes bei einer Verschiebung

1. Zeichne durch den Originalpunkt P eine Parallele zum Verschiebungspfeil $\vec{v}$.
2. Trage die Länge des Verschiebungspfeiles (die **Verschiebungsweite**) von P aus in Pfeilrichtung auf der Parallelen ab.
3. Bezeichne den so erhaltenen Punkt mit P'.

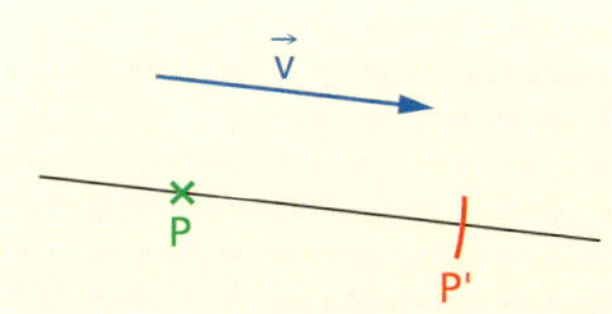

Ist das Original ein Vieleck, so wird wiederum jeder Punkt einzeln abgebildet (verschoben). Danach werden die Bildpunkte entsprechend der Reihenfolge im Original verbunden.
Originalfigur ABCD und Bildfigur A'B'C'D' im nebenstehenden Bild sind deckungsgleich. Der Umlaufsinn (die Orientierung) hat sich nicht verändert.

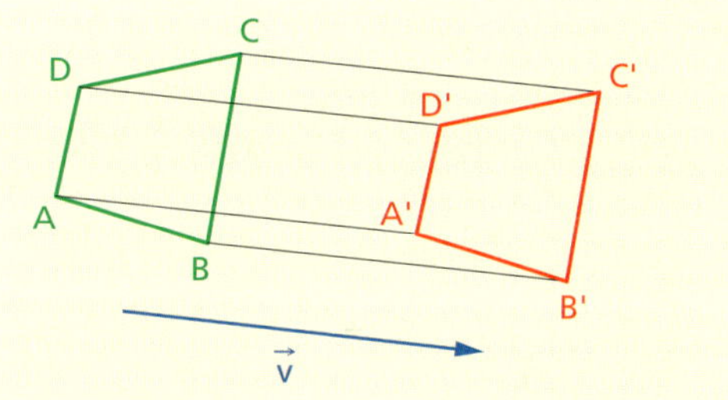

M

Wird eine geometrische Figur längs einer Geraden verschoben, so ändert sich der Umlaufsinn (die Orientierung) der Figur nicht.

Bilder von Figuren bei einer Verschiebung lassen sich bei günstiger Lage des Verschiebungspfeiles auch auf Kästchenpapier bzw. im Koordinatensystem zeichnen.

B

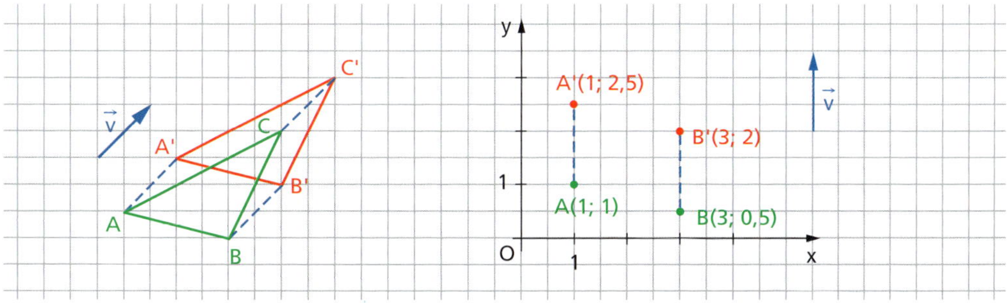

Drehungen

„Ich kann noch auf ganz andere Weise Muster erzeugen", meint Colette und demonstriert dies ihrem Banknachbarn Norman.

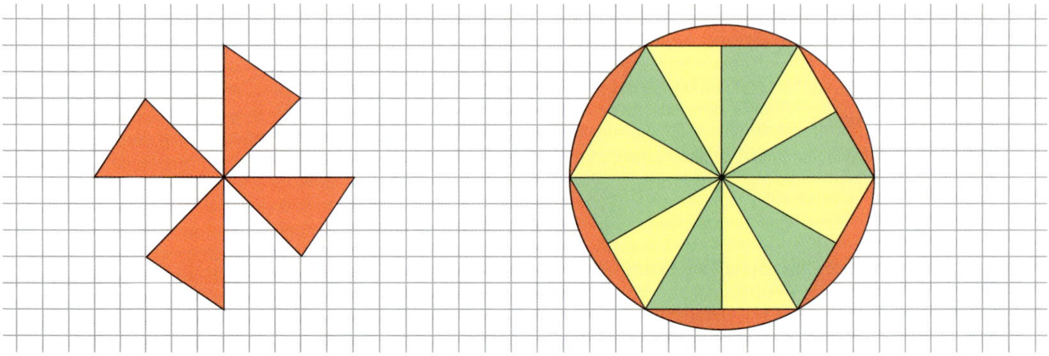

Offensichtlich sind diese Muster durch Drehen einer Grundfigur um ein Drehzentrum entstanden. Wir bezeichnen eine solche Abbildung deshalb als **Drehung um einen Punkt** (kurz: **Drehung**). Außer diesem Punkt muss noch angegeben werden, um welchen Winkel die Figur gedreht werden soll.

Bei einer **Drehung** um das **Drehzentrum** Z mit dem **Drehwinkel** α gilt:

- Originalpunkt und Bildpunkt liegen jeweils auf einem Kreis um Z.
- Der Bildpunkt liegt (entgegen dem Uhrzeigersinn gesehen) auf dem zweiten Schenkel des Winkels α.
- **Originalfigur** und **Bildfigur** sind deckungsgleich.

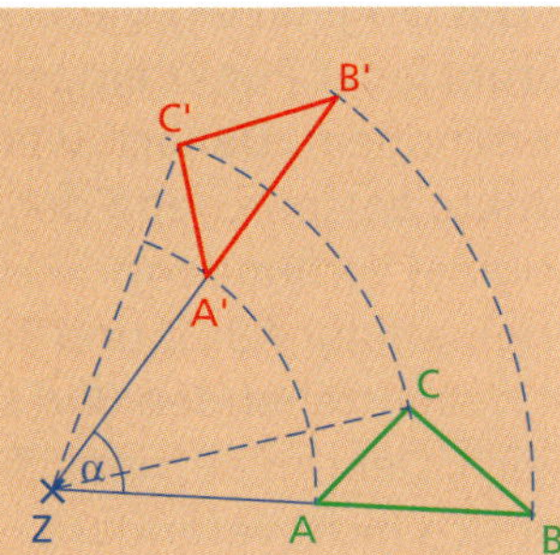

Konstruktion eines Bildpunktes bei einer Drehung

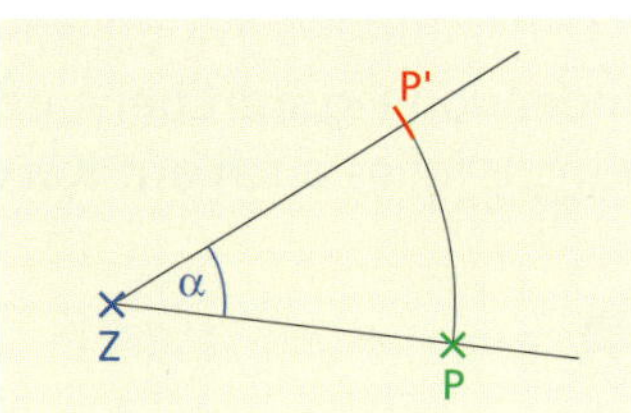

1. Zeichne durch den Originalpunkt P einen Strahl mit dem Anfangspunkt Z.
2. Trage im Punkt Z den Drehwinkel α ab.
3. Zeichne einen Kreisbogen um Z mit der Strecke $\overline{ZP}$ als Radius bis dieser den zweiten Schenkel von α schneidet.
4. Bezeichne den so erhaltenen Schnittpunkt mit P'.

Hinweis: Drehwinkel werden im Allgemeinen immer entgegen dem Uhrzeigersinn (mathematisch positiv) angetragen, d.h., Drehungen werden entgegen der Uhrzeigerrichtung ausgeführt.

Das Bild eines Vielecks bei einer Drehung ergibt sich wieder dadurch, dass die Eckpunkte jeweils entsprechend gedreht und dann verbunden werden.

Originalfigur und Bildfigur bei einer Drehung sind deckungsgleich und ihre Orientierung ist erhalten geblieben.

M Wird eine geometrische Figur um einen Punkt gedreht, so ändert sich der Umlaufsinn (die Orientierung) der Figur nicht.

Das Bild von Figuren bei einer Drehung kann sowohl konstruiert als auch mithilfe von Schablonen gezeichnet werden. Drehungen um spezielle Winkel (90°; 45° o. Ä.) lassen sich auch auf Kästchenpapier (durch Abzählen von Kästchen) ausführen.

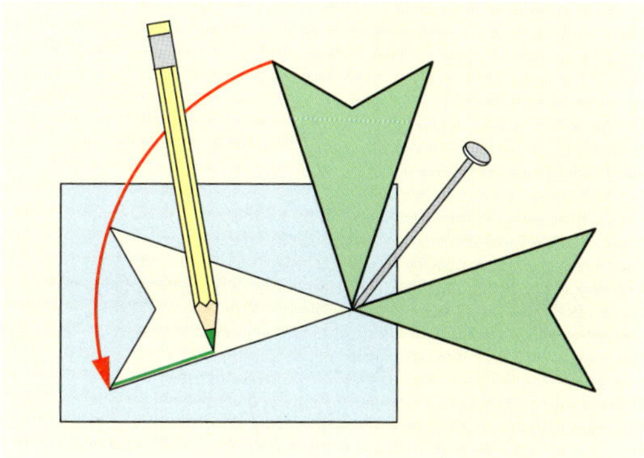

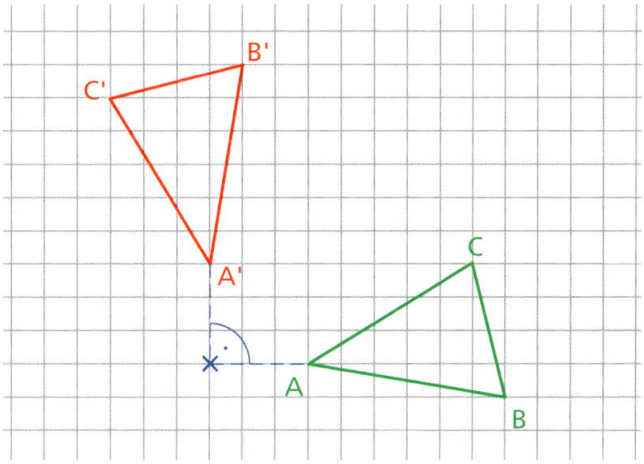

Spezielle Drehungen

Eine besondere Rolle spielen Drehungen, deren Drehwinkel der gestreckte Winkel ist. Diese Drehungen werden auch **Punktspiegelungen** genannt.

Bei einer Spiegelung am Punkt Z liegen Originalpunkt und Bildpunkt jeweils auf einer Geraden durch Z und haben den gleichen Abstand von Z.

Hinweis: Originalfigur und Bildfigur werden auch zueinander **punktsymmetrisch** (bzw. **zentralsymmetrisch**) genannt.

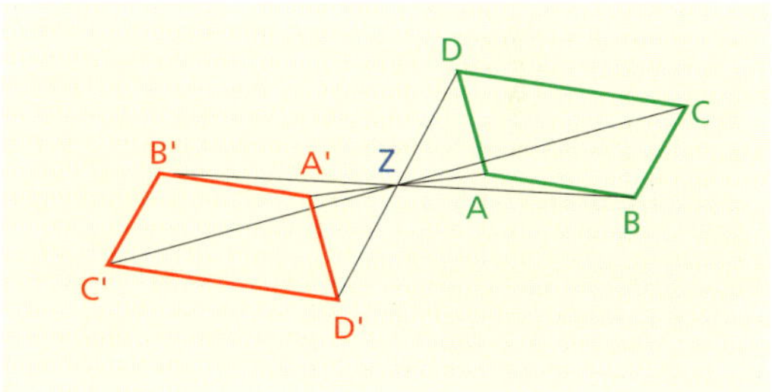

Kann eine Figur durch Drehung mit sich selbst zur Deckung gebracht werden, so nennt man sie **drehsymmetrisch**. Im Folgenden sind Beispiele solcher Figuren angegeben.

$\alpha = 60°$

$\alpha = 45°$

$\alpha = 180°$

Aufgaben

Verschiebungen

1. Prüfe, ob die Figuren jeweils durch eine Verschiebung aufeinander abgebildet werden können. Begründe.

2. Übertrage die folgenden Muster in dein Heft.
Wie sind die Muster jeweils entstanden? Setze sie fort.

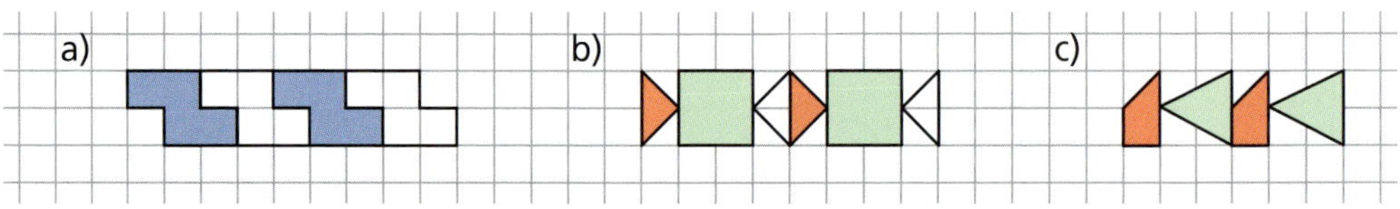

3. Übertrage die Figuren in dein Heft und verschiebe sie nach der jeweils angegebenen Vorschrift.
Hinweis: Beachte, dass genügend Platz zum Zeichnen des Bildes vorhanden ist.

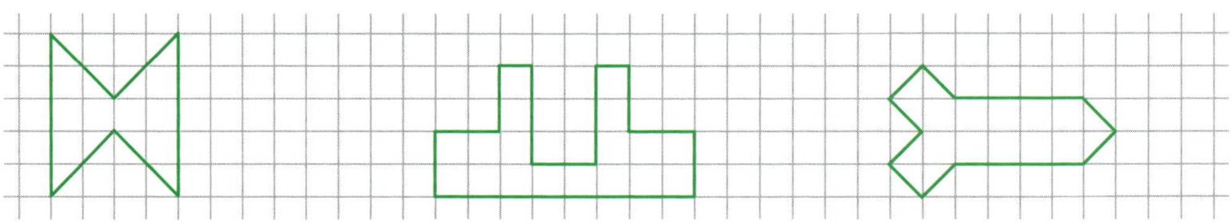

a) sechs Kästchen nach links
b) vier Kästchen nach unten
c) fünf Kästchen nach oben

4. Übertrage die Tabellen in dein Heft und ergänze sie jeweils für die durch das erste Paar vorgegebene Verschiebung.

a)

Original	Z	X	C	M	
Bild	R				E

b)

Original	B	A		C	M
Bild	K		E		

X	A	C	U
V	B	M	T
L	Z	R	I
P	E	K	S

5. a) Trage die Punkte A(1; 1), B(3; 1) und C(1; 3,5) in ein Koordinatensystem ein und verbinde sie zu einer Figur ABC.
b) Verschiebe die Figur ABC um drei Einheiten nach rechts und eine Einheit nach oben. Gib die Koordinaten der Bildpunkte an.

6. Prüfe, ob das rote Dreieck jeweils das Bild des grünen Dreiecks bei der Verschiebung $\vec{v}$ ist. Begründe.

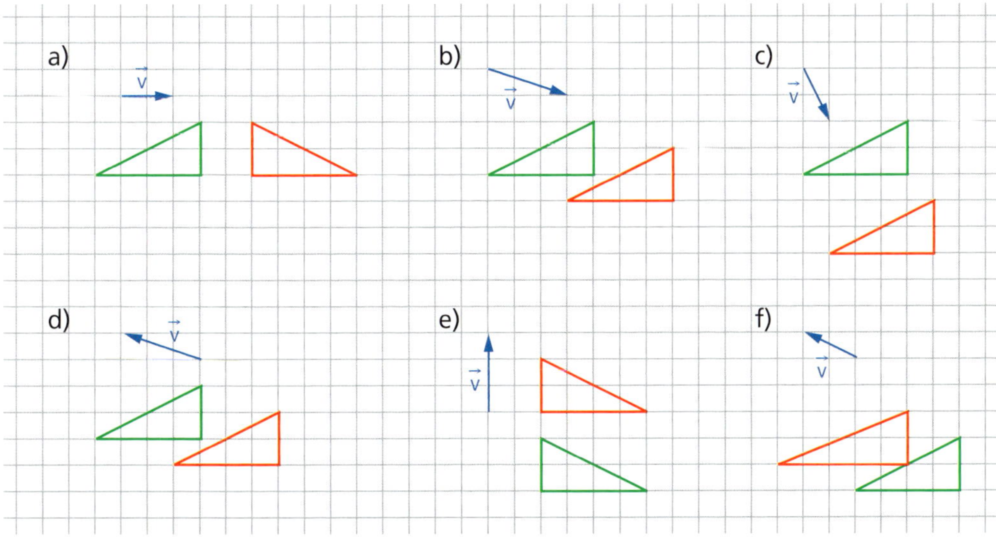

7. Übertrage die Vierecke in dein Heft. Zeichne jeweils die Bildfigur bei der Verschiebung, die den Punkt E in E' überführt.
Sind Original- und Bildfigur jeweils deckungsgleich? Wie kannst du das überprüfen?

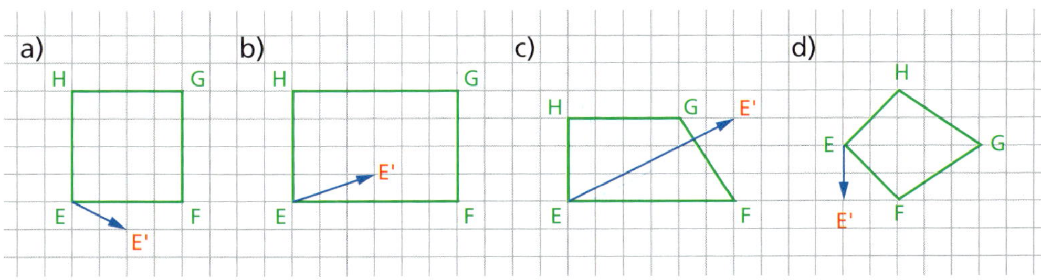

8. Zeichne die folgenden Figuren in dein Heft. Führe jeweils die durch den Pfeil angegebene Verschiebung aus.

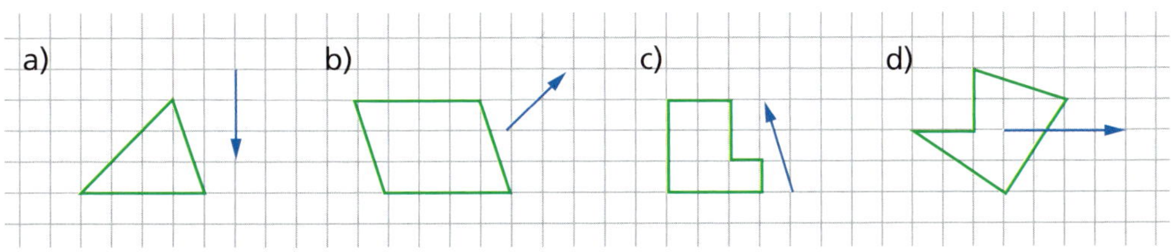

9. Zeichne ein Rechteck ABCD mit $\overline{AB} = 4{,}5$ cm und $\overline{BC} = 3{,}2$ cm.
   a) Verschiebe das Rechteck ABCD um $\overrightarrow{AB}$.
   b) Verschiebe das Rechteck ABCD um $\overrightarrow{BC}$.
   c) Verschiebe das Rechteck ABCD um $\overrightarrow{AC}$.
   d) Betrachte die gesamte entstandene Figur. Was stellst du fest?

Drehungen

10. Übertrage die Grundfigur in dein Heft. Vollende die Muster durch Drehung dieser Figur in der angedeuteten Weise.

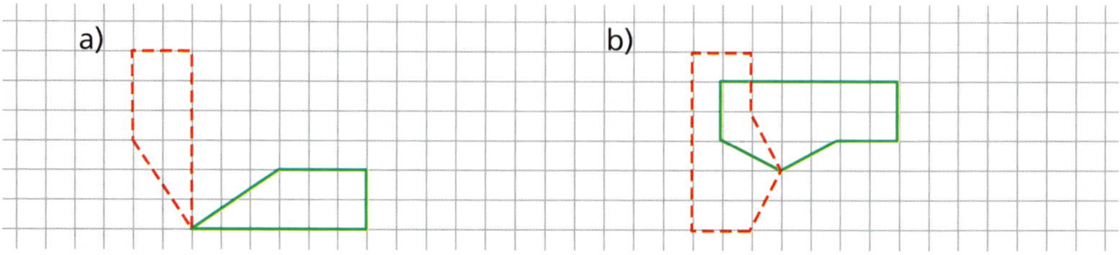

11. Die rote Figur ist jeweils das Bild der grünen Figur bei einer Drehung. Beschreibe jeweils die Abbildung.

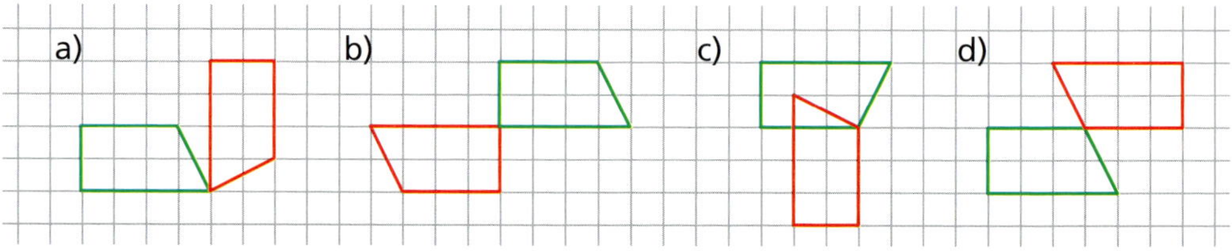

12. Wie kannst du jeweils durch Drehung die Teilfigur 1 auf die Teilfigur 3 abbilden? Beschreibe die entsprechende Abbildung.
Gibt es weitere Bewegungen (Spiegelungen, Verschiebungen oder Drehungen), die in gleicher Weise abbilden?

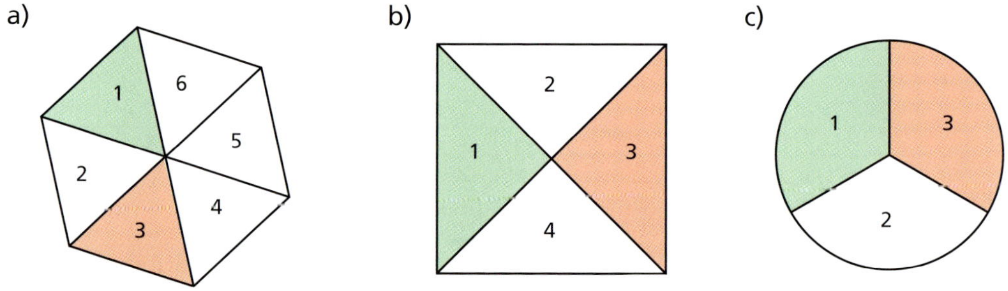

13. Nenne bei den folgenden Figuren Strecken, die durch eine Drehung aufeinander abgebildet werden können.
Gib jeweils Drehzentrum und Drehwinkel an.

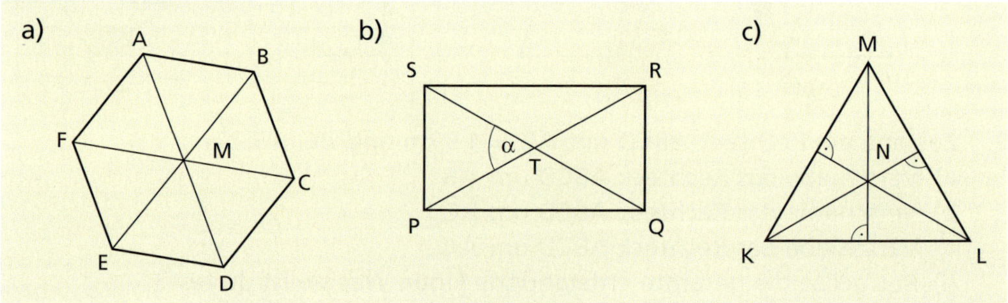

14. Stelle eine Schablone eines Blütenblattes her. Drehe diese Schablone wie im Folgenden angegeben, sodass du verschiedene Blütenmuster erhältst, und zeichne die Muster:

a) dreimal nacheinander um 90°
b) fünfmal nacheinander um 60°
c) siebenmal nacheinander um 45°
d) um einen von dir selbst gewählten Drehwinkel

15. Prüfe, ob die Figuren jeweils durch eine Drehung um Z aufeinander abgebildet werden können. Begründe.

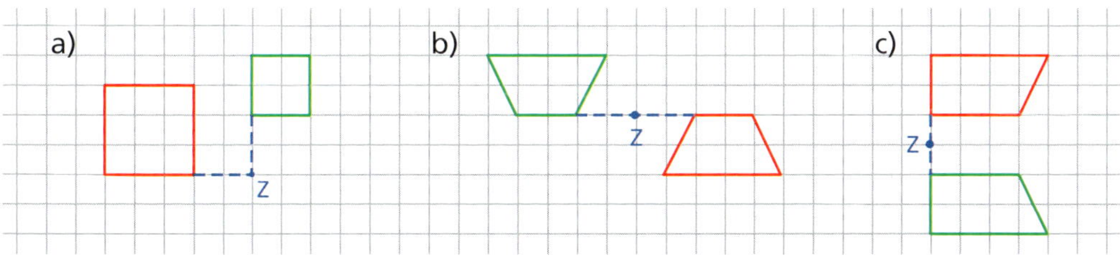

16. Übertrage die Punkte P und Z in dein Heft und ermittle den Bildpunkt P' bei der Drehung um Z mit dem angegebenen Drehwinkel α.

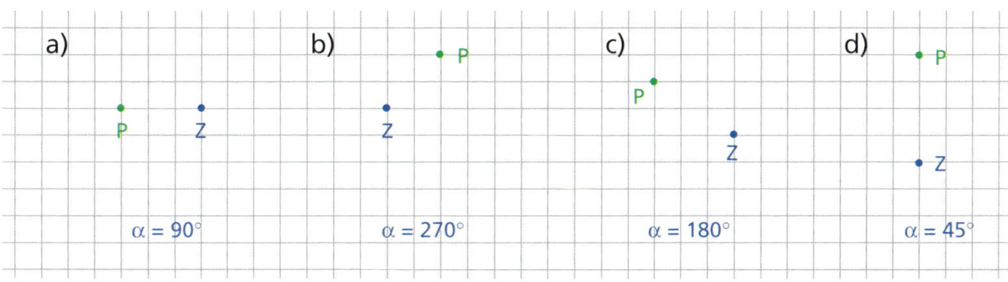

17. a) Trage die Punkte A(1; 0), B(2,5; 2,5) und C(1; 2,5) in ein Koordinatensystem ein und verbinde sie zur Figur ABC.
b) Drehe die Figur ABC um den Punkt Z(4; 2) um 180° und gib die Koordinaten der Bildfigur A'B'C' an.

18. Welche der folgenden Figuren sind punktsymmetrisch? Begründe.

a)

b)
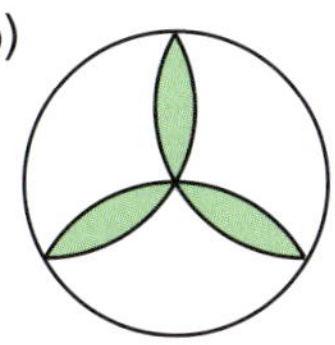
c)
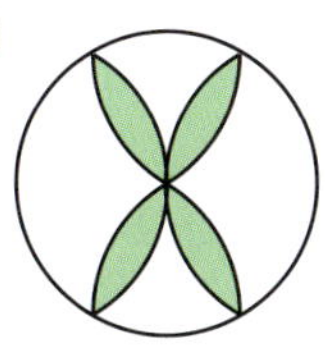
d)
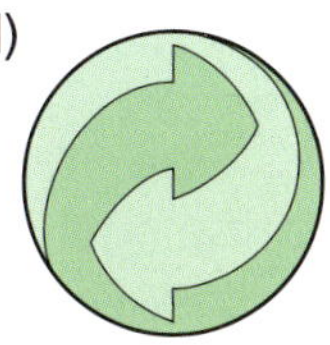
e)
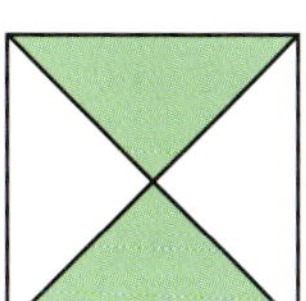
f)

g)
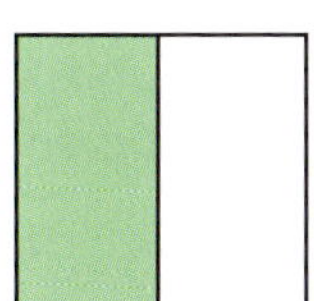
h)
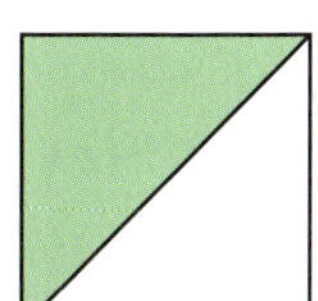

3.3 Kongruenz von Figuren

Spiegelungen, Verschiebungen und Drehungen sind spezielle ebene Bewegungen, die geometrische Figuren in dazu deckungsgleiche Figuren überführen.

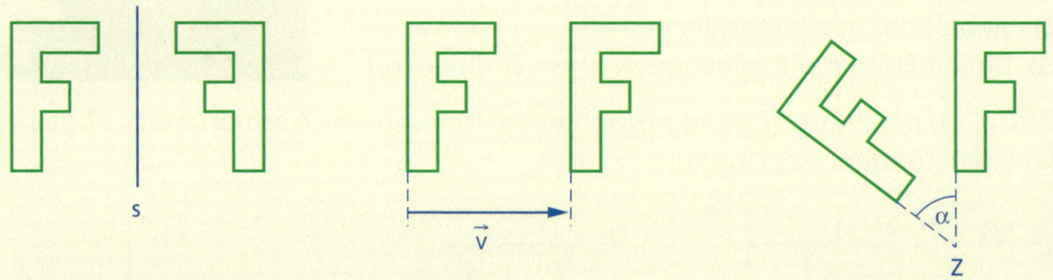

Spiegelung an s | Verschiebung $\vec{v}$ | Drehung um Z

Originalfigur und Bildfigur stimmen sowohl in ihrer Gestalt (Form) als auch in ihrer Größe überein.
Bei Verschiebungen und Drehungen ist darüber hinaus auch die Orientierung (der Umlaufsinn) der Figur erhalten geblieben.

M Zwei ebene Figuren F_1 und F_2 sind **zueinander kongruent,** wenn sie in Gestalt und Größe übereinstimmen, d.h., wenn sie deckungsgleich sind:
$F_1 \cong F_2$ (*gesprochen:* F_1 ist kongruent zu F_2)

In zueinander kongruenten Figuren sind alle einander entsprechenden Strecken und Winkel gleich lang bzw. gleich groß.

Zueinander kongruente Figuren entstehen auch, wenn mehrere Bewegungen (Spiegelungen, Verschiebungen oder Drehungen) nacheinander ausgeführt werden. Im nebenstehenden Bild ist dies für eine Verschiebung mit anschließender Spiegelung demonstriert.

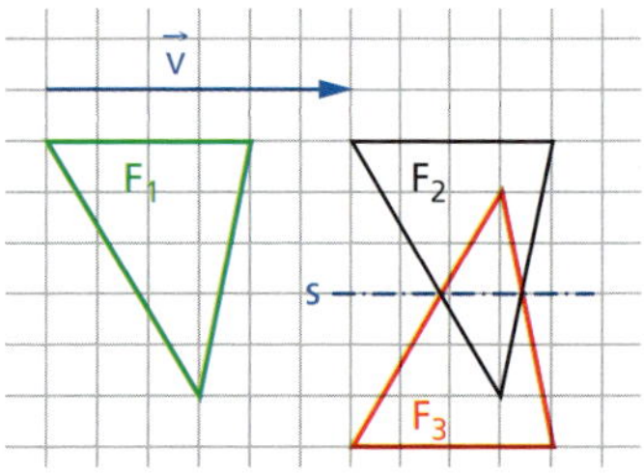

Wegen $F_1 \cong F_2$ und $F_2 \cong F_3$ gilt:
$F_1 \cong F_3$

M Zwei Figuren sind genau dann **zueinander kongruent,** wenn sie sich durch eine Spiegelung, Verschiebung oder Drehung bzw. durch eine zusammengesetzte Bewegung aufeinander abbilden lassen.

Um die Kongruenz zweier Figuren nachzuweisen, genügt es also zu zeigen, dass es eine Bewegung gibt, welche die eine Figur auf die andere abbildet.

Hinweis: Bei Vielecken lässt sich dieser Nachweis auch dadurch führen, indem gezeigt wird, dass einander entsprechende Seiten und Winkel gleich groß sind.

Kongruenz von Dreiecken; Dreieckskonstruktionen

Claudia, Paul und Moritz haben sich jeweils drei Strohhalme mit den folgenden Längen zurechtgeschnitten:
6 cm, 8 cm und 10 cm

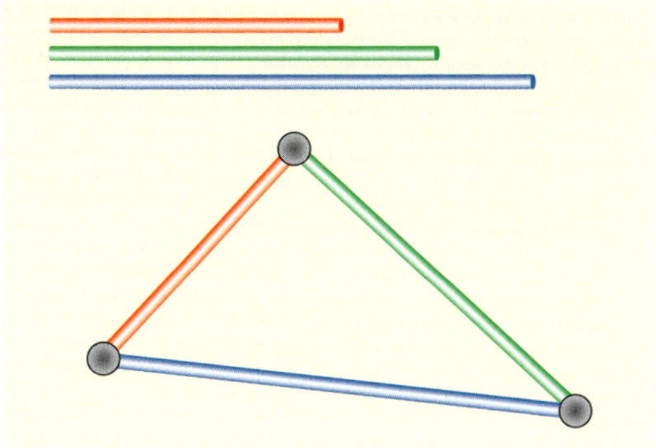

Mithilfe von Knetmasse „bauen" sie daraus jeder ein Dreieck und stellen fest, dass alle Figuren gleich aussehen. Die Dreiecke stimmen in den Seiten *und* in den Innenwinkeln überein, d.h., sie sind deckungsgleich.

„Das ist ja fantastisch", meint Paul. „Wenn ich also weiß, dass zwei Dreiecke in den Längen ihrer Seiten übereinstimmen, so sind sie zueinander kongruent." – „Dann müssten doch auch Dreiecke, die in den Winkeln übereinstimmen, zueinander kongruent sein", schlussfolgert Moritz, worauf Claudia nur kurz entgegnet: „Probieren wir es doch einfach! Jeder von uns zeichnet ein Dreieck mit den Winkeln 30°, 60° und 90°."

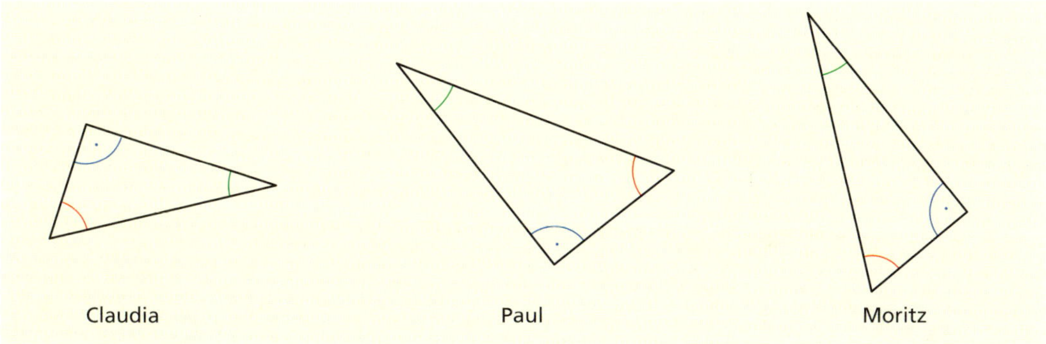

Das Ergebnis erstaunt die Kinder. Ihre Dreiecke sind zwar ähnlich, aber nicht deckungsgleich.

Die drei Seiten und die drei Innenwinkel eines Dreiecks werden auch als **Bestimmungsstücke** des Dreiecks bezeichnet.
Meist reicht die Angabe von drei dieser Stücke aus, um ein Dreieck eindeutig konstruieren zu können. Alle danach konstruierten Dreiecke sind zueinander deckungsgleich. Dabei können die folgenden Fälle auftreten:

Fall 1: Gegeben sind die drei Seiten.

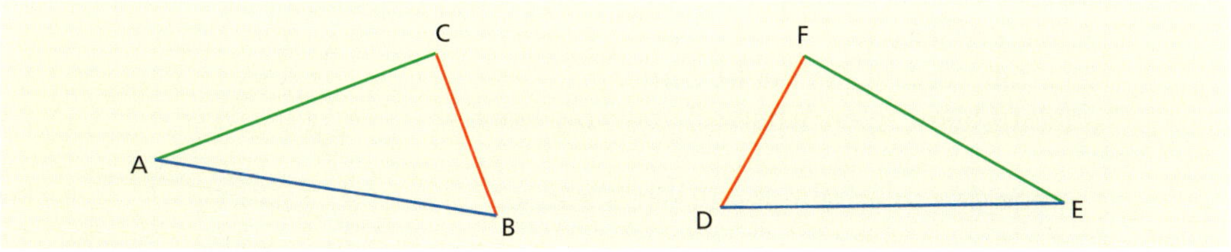

M Stimmen zwei Dreiecke in ihren drei Seiten überein, so sind sie zueinander kongruent.
(Kongruenzsatz sss)

B Es ist das Dreieck ABC mit a = 4,5 cm, b = 2 cm und c = 3,5 cm zu konstruieren.

Konstruktionsbeschreibung:
① Zeichne eine Seite des Dreiecks, z. B. die Seite c.
② Zeichne um A einen Kreisbogen mit dem Radius b = 2 cm und um B einen Kreisbogen mit dem Radius a = 4,5 cm.
③ Verbinde den so erhaltenen Schnittpunkt C mit den Punkten A und B.

Planfigur:

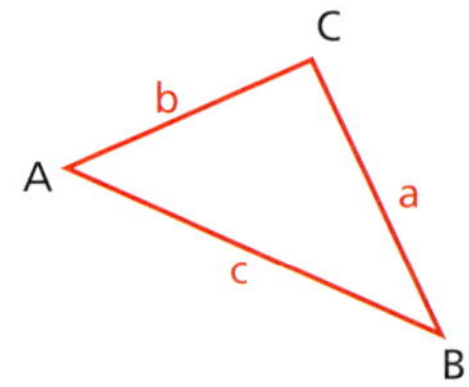

Konstruktion:

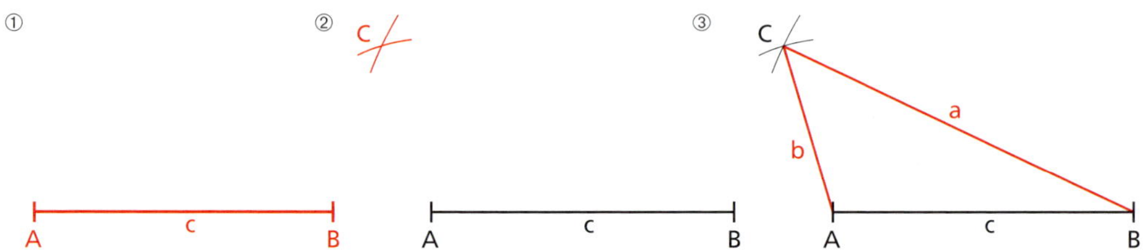

Fall 2: Gegeben sind zwei Seiten und der von diesen Seiten eingeschlossene Winkel.

M Stimmen zwei Dreiecke in zwei Seiten und dem von diesen eingeschlossenen Winkel überein, so sind sie zueinander kongruent.
(Kongruenzsatz sws)

B Es ist das Dreieck ABC mit a = 4 cm, b = 2 cm und $\gamma = 50°$ zu konstruieren.

Konstruktionsbeschreibung:
① Zeichne die Seite b.
② Trage den Winkel γ im Punkt C an.
③ Trage auf dem freien Schenkel von γ die Seite a ab.
④ Verbinde den so erhaltenen Punkt B mit A.

Planfigur:

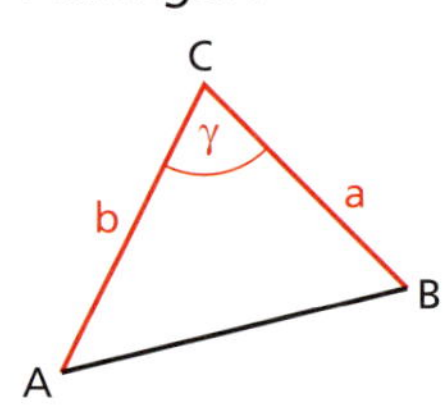

Konstruktion:

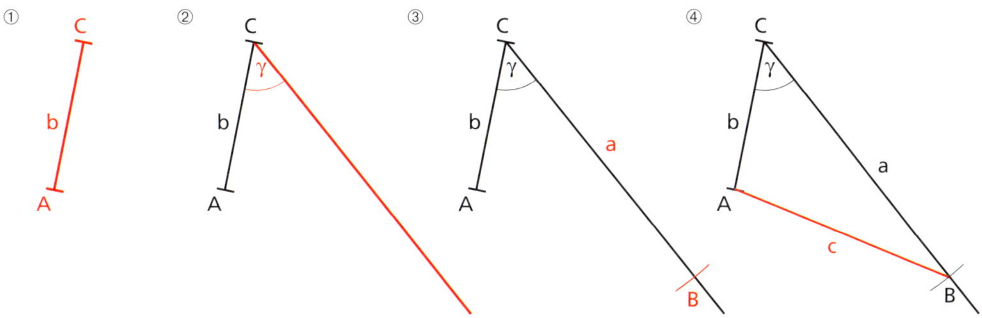

Fall 3: Gegeben sind zwei Winkel und die von diesen Winkeln eingeschlossene Seite.

Stimmen zwei Dreiecke in einer Seite und den beiden anliegenden Winkeln überein, so sind sie zueinander kongruent.
(Kongruenzsatz wsw)

Es ist das Dreieck ABC mit a = 3,5 cm, β = 65° und γ = 45° zu konstruieren.

Konstruktionsbeschreibung:

① Zeichne die Seite a.
② Trage den Winkel γ im Punkt C an.
③ Trage den Winkel β im Punkt B an.
Der Schnittpunkt der freien Schenkel von β und γ ist der Punkt A.

Planfigur:

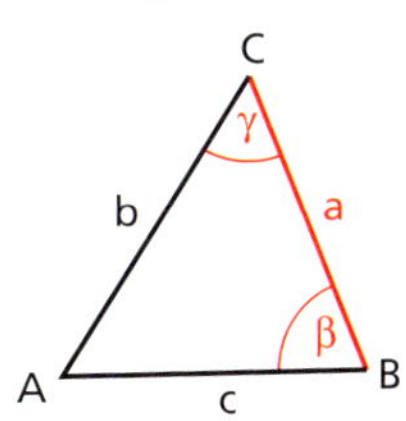

Konstruktion:

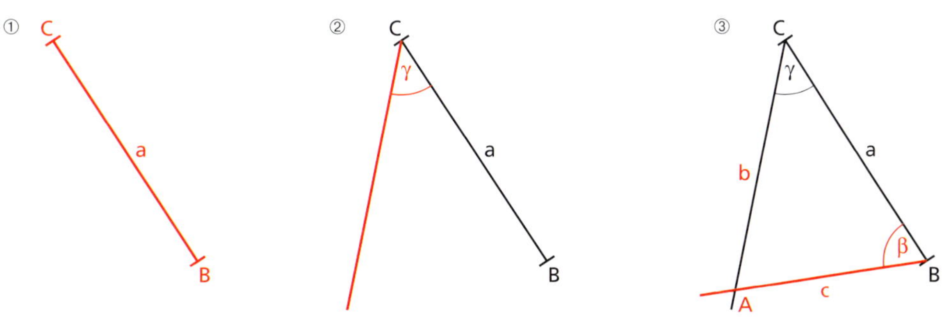

Fall 4: Gegeben sind zwei Seiten und der Winkel, welcher der größeren der beiden Seiten gegenüberliegt.

Stimmen zwei Dreiecke in zwei Seiten und dem der größeren dieser Seiten gegenüberliegenden Winkel überein, so sind sie zueinander kongruent. **(Kongruenzsatz SsW)**

Es ist das Dreieck ABC mit a = 2,5 cm, c = 3 cm und $\gamma = 60°$ zu konstruieren.

Konstruktionsbeschreibung:

① Zeichne die Seite a.

② Trage den Winkel γ im Punkt C an.

③ Zeichne um B einen Kreisbogen mit dem Radius c. Der Schnittpunkt mit dem freien Schenkel von γ ist der Punkt A.

Planfigur:

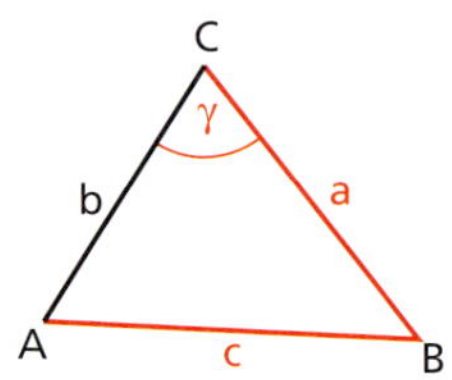

Konstruktion:

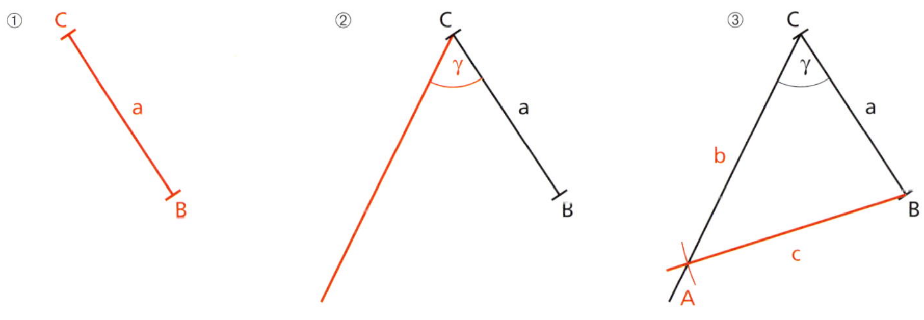

Viereckskonstruktionen

Die Konstruktion von Vierecken (bzw. anderer Vielecke) lässt sich wie die Konstruktion von Dreiecken durchführen.
Allerdings müssen im Allgemeinen mehr als drei Bestimmungsstücke (Seiten bzw. Innenwinkel) gegeben sein.

Es lässt sich das Trapez ABCD konstruieren, wenn Folgendes bekannt ist:
$\overline{AB} \parallel \overline{CD}$, a = 4,4 cm, b = 3,2 cm, $\alpha = 70°$, $\beta = 55°$

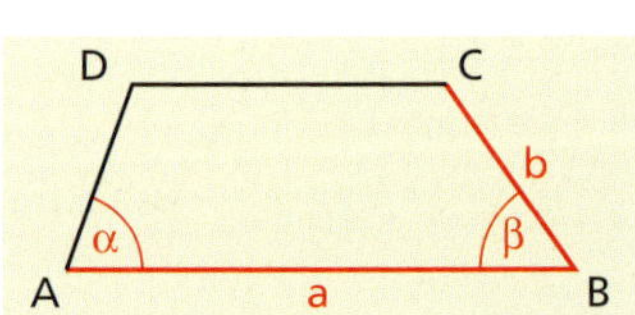

Aufgaben

1. Welche der folgenden Gesichter sind zueinander kongruent (deckungsgleich)? Ordne jeweils zu.

2. Welche der folgenden Figuren sind zueinander kongruent? Begründe.

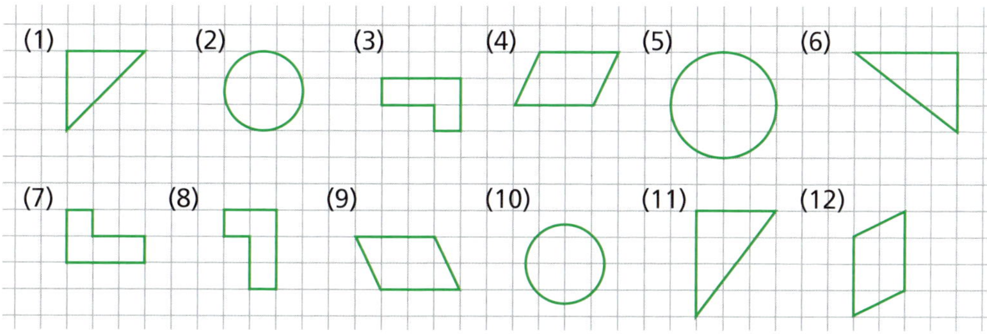

3. Welche der Figuren sind zur roten Figur kongruent?
Hinweis: Verwende gegebenenfalls Transparentpapier zum Überprüfen.

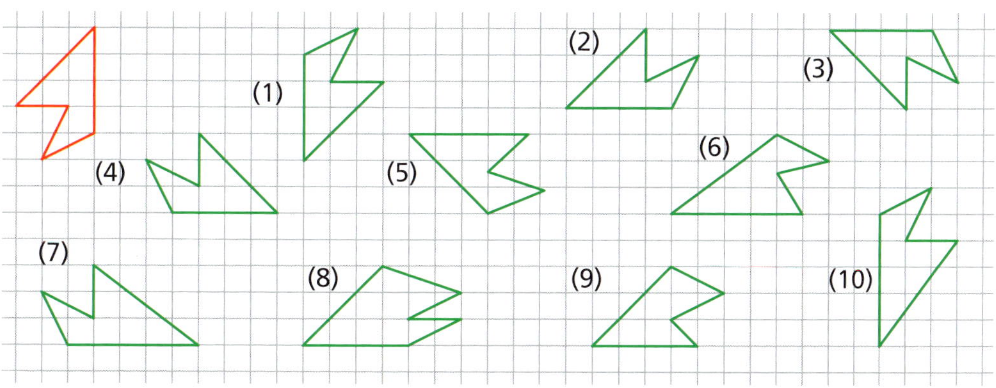

4. a) Trage die Punkte A(1; 1), B(4; 1), C(4; 4) und D(1; 4) sowie Z(5; 5), P(3; 7) und Q(1; 6) in ein Koordinatensystem ein.
   b) Drehe zunächst die Figur ABCD um Z mit $\alpha = 90°$ und verschiebe dann die so entstandene Bildfigur um $\overrightarrow{PQ}$.
   c) Gib die Koordinaten der nach Drehung und Verschiebung entstandenen Figur an.
   d) Wie ändern sich die Koordinaten der Bildfigur, wenn zuerst die Verschiebung $\overrightarrow{PQ}$ und dann die Drehung um Z ausgeführt wird?

5. Gegeben sind eine Figur ABCD, eine Gerade s, ein Verschiebungspfeil $\overrightarrow{PQ}$ sowie ein Drehzentrum Z.

a) Bestimme jeweils das Bild der Figur ABCD bei den folgenden Bewegungen:
- Spiegelung an s
- Verschiebung $\overrightarrow{PQ}$
- Drehung um Z mit dem Drehwinkel $\alpha = 315°$

Hinweis: Übertrage die Abbildung in dein Heft. Lass dabei genügend Platz für die Bildfiguren.

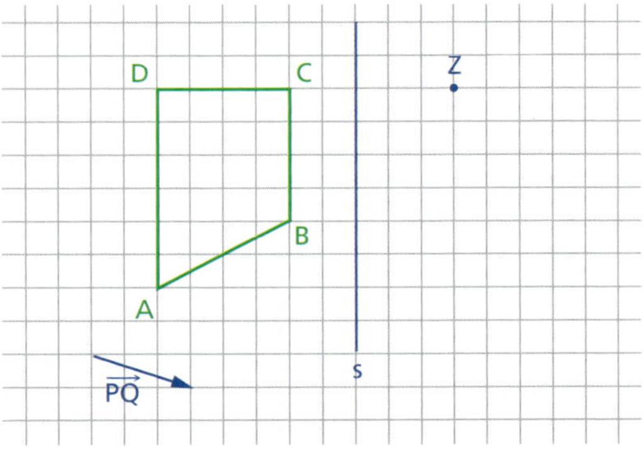

b) Gib Gemeinsamkeiten und Unterschiede der Bilder bei den drei Bewegungen an.

6. Übertrage die Figuren in dein Heft. Zerlege sie in jeweils zwei zueinander kongruente Teile.
Prüfe, ob es mehrere Möglichkeiten der Zerlegung gibt.

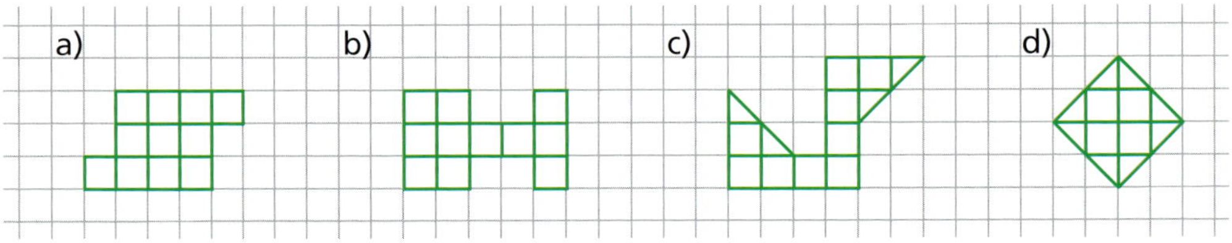

Kongruenz von Dreiecken; Dreieckskonstruktionen

7. Zeichne eine Strecke $\overline{AB}$ mit $\overline{AB} = 6$ cm.
a) Kennzeichne alle Punkte, die 4 cm vom Punkt A entfernt sind.
b) Kennzeichne alle Punkte, die 3,5 cm vom Punkt B entfernt sind.
c) Gibt es Punkte, die beide Bedingungen erfüllen?
d) Ermittle die Punkte, die von den Punkten A und B gleich weit entfernt sind? Wo liegen diese?

8. Überprüfe, ob sich die Dreiecke mit den gegebenen Bestimmungsstücken konstruieren lassen.
Falls ja, führe die Konstruktion aus. Gib jeweils auch die Dreiecksart an.
a) a = 3 cm; b = 4 cm; c = 5 cm
b) a = 2 cm; b = 4 cm; c = 6 cm
c) a = 4 cm; b = 4 cm; c = 3 cm
d) a = 2,6 cm; b = 5,8 cm; c = 2,3 cm
e) a = 3,2 cm; b = 32 mm; c = 32 mm
f) a = 4,8 cm; b = 23 mm; c = 0,53 dm

9. Konstruiere folgende Dreiecke.
Welche Konstruktionen sind eindeutig ausführbar? Gib jeweils auch die Dreiecksart an.
a) c = 5 cm; $\alpha = 30°$; $\beta = 60°$
b) b = 3,7 cm; $\alpha = 72°$; $\beta = 121°$
c) a = 44 mm; $\beta = 42°$; $\gamma = 83°$
d) b = 0,53 dm; $\gamma = 108°$; $\alpha = 25°$

10. Konstruiere die folgenden Dreiecke ABC. Gib jeweils die Dreiecksart an.
a) $a = 4$ cm; $c = 3$ cm; $\beta = 50°$
b) $a = 5{,}3$ cm; $b = 3{,}5$ cm; $\gamma = 72°$
c) $b = 22$ mm; $c = 44$ mm; $\alpha = 90°$
d) $a = b = 0{,}36$ dm; $\gamma = 60°$

11. Überprüfe, ob sich die Dreiecke mit den gegebenen Bestimmungsstücken konstruieren lassen.
Falls ja, führe die Konstruktion aus.
Gib jeweils auch die Dreiecksart an.
a) $c = 5$ cm; $a = 3$ cm; $\gamma = 60°$
b) $b = 3{,}7$ cm; $c = 4$ cm; $\beta = 121°$
c) $a = 44$ mm; $c = 21$ mm; $\gamma = 83°$
d) $b = 0{,}53$ dm; $a = 0{,}61$ dm; $\alpha = 25°$

12. Konstruiere die folgenden Dreiecke ABC.
Überprüfe jeweils erst, ob die Konstruktion ausführbar ist. Gib die Dreiecksart an.
a) $c = 4$ cm; $\beta = 30°$; $\gamma = 70°$
b) $b = 37$ mm; $\alpha = 121°$; $\beta = 15°$
c) $a = 5{,}3$ dm; $\beta = 100°$; $\alpha = 90°$
d) $a = 0{,}48$ dm; $\gamma = 90°$; $\alpha = 45°$

13. Konstruiere die folgenden Dreiecke ABC.
Überprüfe jeweils erst, ob die Konstruktion ausführbar bzw. eindeutig ausführbar ist. Gib auch den jeweils angewendeten Kongruenzsatz und die Dreiecksart an.
a) $\alpha = 72°$; $\beta = 35°$; $c = 5{,}2$ cm
b) $a = 2{,}8$ cm; $b = 10{,}1$ cm; $c = 5{,}3$ cm
c) $b = 35$ mm; $c = 0{,}53$ dm; $\alpha = 53°$
d) $a = 4{,}3$ cm; $b = 2{,}9$ cm; $\alpha = 53°$
e) $b = 3{,}8$ cm; $\alpha = 93°$; $\beta = 90°$
f) $a = 2{,}9$ cm; $b = 4{,}3$ cm; $c = 36$ mm
g) $a = 27$ mm; $b = 37$ mm; $\gamma = 112°$
h) $b = 4{,}8$ cm; $\alpha = 81°$; $\gamma = 112°$
i) $\beta = 78°$; $b = 5{,}7$ cm $a = 7{,}2$ cm
j) $a = 3$ cm; $\gamma = 72°$; $\alpha = 53°$

14. Konstruiere ein gleichschenkliges Dreieck ABC, dessen Schenkel die Seiten a und b sind.
a) $a = 5$ cm; $\alpha = 45°$
b) $c = 3{,}5$ cm; $\gamma = 40°$
c) $c = 5$ cm; $h_c = 3{,}9$ cm

15. Bei einem Einfallswinkel der Sonnenstrahlen von 65° wirft ein Baum einen Schatten von 4,5 m Länge (siehe Abbildung).
Wie hoch ist der Baum?
Hinweis: Fertige zur Lösung dieser Aufgabe eine maßstabsgerechte Zeichnung an.

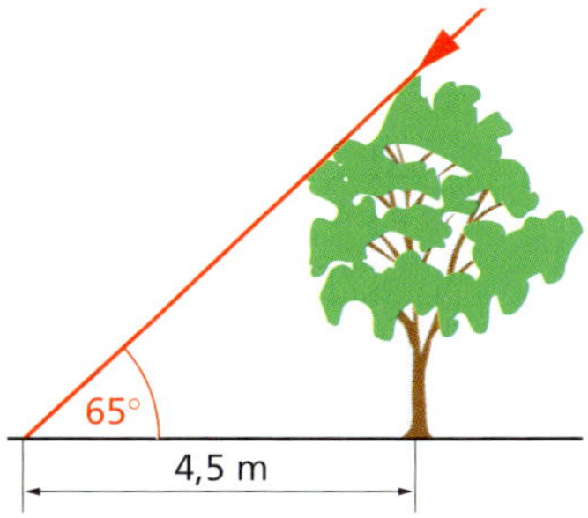

Viereckskonstruktionen

16. Konstruiere das Trapez mit den im Beispiel auf Seite 94 unten genannten Bestimmungsstücken.

17. Konstruiere ein Parallelogramm ABCD aus den gegebenen Stücken.
Beschreibe jeweils die Konstruktion.
a) $a = 4{,}8$ cm; $b = 3{,}6$ cm; $\alpha = 50°$
b) $a = 44$ mm; $h_a = 30$ mm; $\beta = 100°$

3.4 Gemischte Aufgaben

1. Übertrage folgende Figuren in dein Heft. Ergänze sie so, dass eine symmetrische Figur bzw. zwei zueinander symmetrische Figuren entstehen.

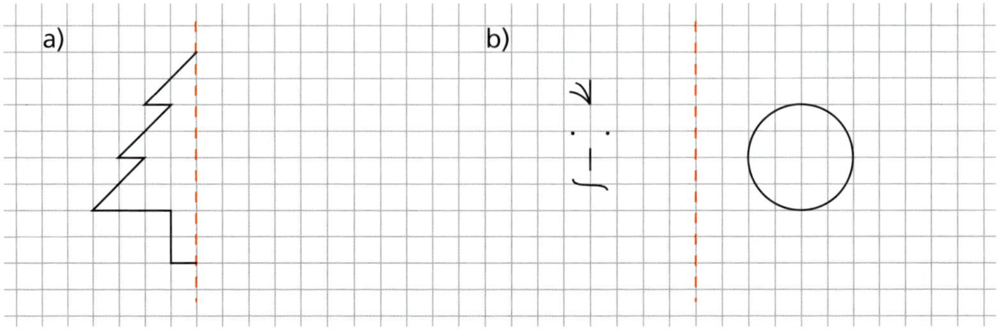

2. Unter welchen Bedingungen wird bei den folgenden Bewegungen eine Gerade auf sich selbst abgebildet?

a) Spiegelung
b) Verschiebung
c) Drehung

3. Übertrage die Figur (siehe Abbildung) auf kariertes Papier und führe jeweils die folgenden Drehungen aus:

a) Halbdrehung um Z
b) Vierteldrehung um Z nach links
c) Vierteldrehung um Z nach rechts

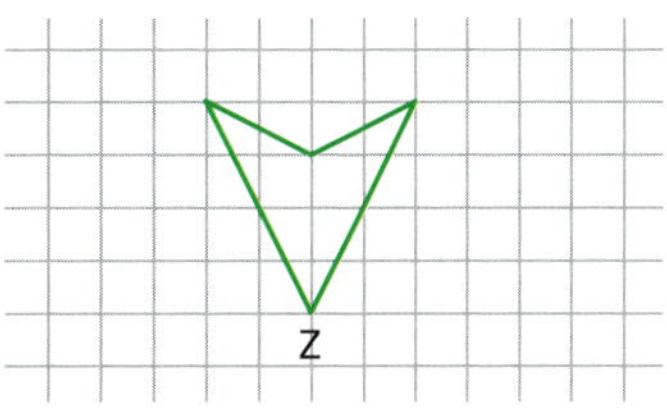

4. a) Welche der dargestellten Figuren können durch Spiegelung an einer Geraden auf sich selbst abgebildet werden?
Gib jeweils alle möglichen Spiegelgeraden an.

b) Welche der Figuren können durch Drehung auf sich selbst abgebildet werden?
Gib jeweils mögliche Drehzentren und Drehwinkel an.

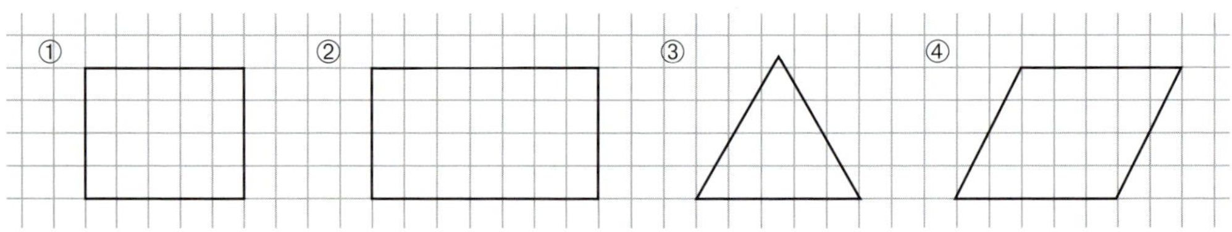

5. Übertrage die Figuren in dein Heft und verschiebe diese jeweils entsprechend dem gegebenen Verschiebungspfeil.

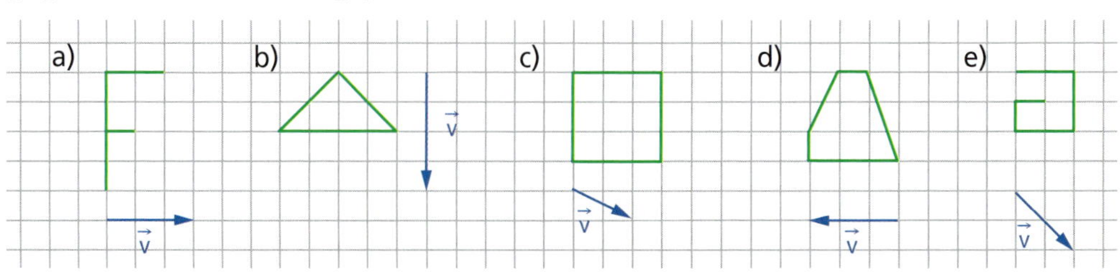

6. Überprüfe jeweils, ob das grüne Dreieck durch Spiegelung, Verschiebung oder Drehung auf das rote Dreieck abgebildet werden kann.
Falls ja, beschreibe die entsprechenden Bewegungen.

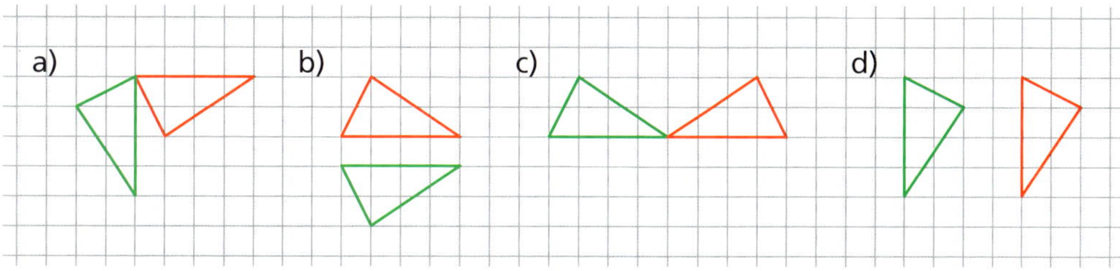

7. Begründe, dass zwei Quadrate zueinander kongruent sind, wenn sie die gleichen Seitenlängen haben.

8. Übertrage die Figur in dein Heft.
Färbe sie so ein, dass es
a) genau eine Symmetrieachse;
b) zwei Symmetrieachsen;
c) vier Symmetrieachsen gibt.

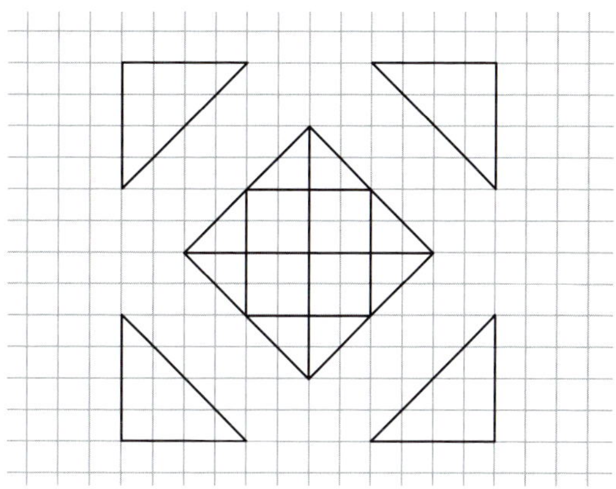

9. Begründe die folgenden Aussagen mithilfe der Kongruenzsätze für Dreiecke.
a) In einem Rechteck ABCD sind die Diagonalen $\overline{AC}$ und $\overline{BD}$ gleich lang.
b) In jedem Parallelogramm ABCD sind die gegenüberliegenden Winkel α und γ bzw. β und δ jeweils gleich groß.

10. a) Übertrage die folgende Zeichnung in dein Heft und spiegele die Figur ABC nacheinander an den Spiegelgeraden s_1 und s_2.
Vergleiche das so entstandene Bild mit dem Original.

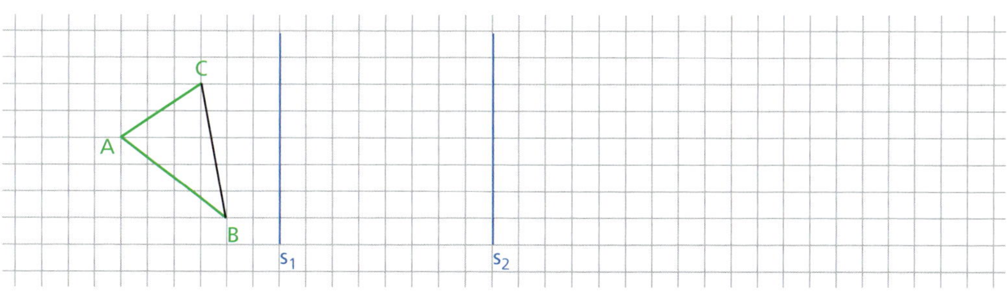

b) Gib eine Bewegung an, bei der die Figur in gleicher Weise abgebildet wird.

11. a) Trage die Punkte A(0; 5), B(2,5; 2), C(4; 1,5) und D(2; 4) in ein Koordinatensystem ein. Wähle als Einheit 1 cm.
b) Zeichne den Verschiebungspfeil $\overrightarrow{PQ}$ mit P(1; 6) und Q(4; 4,5).
c) Gib die Koordinaten der Bildpunkte von A, B, C und D bei der durch $\overrightarrow{PQ}$ bestimmten Verschiebung an.

12. a) Zeichne ein Dreieck ABC mit den Seitenlängen 11 cm, 10 cm und 7 cm.
b) Konstruiere alle Mittelsenkrechten, Seitenhalbierenden und Höhen des Dreiecks.
c) Die Mittelsenkrechten, die Seitenhalbierenden und die Höhen schneiden einander jeweils in einem Punkt. Zeige, dass diese Schnittpunkte auf einer Geraden liegen.
Diese Gerade wird nach dem Schweizer Mathematiker LEONHARD EULER (s. Bild, 1707 bis 1783) auch eulersche Gerade genannt.

13. Konstruiere jeweils ein gleichschenklig-rechtwinkliges Dreieck ABC mit der Basis $\overline{AB}$, von dem die Länge der angegebenen Seite bekannt ist.
a) b = 5,4 cm b) a = 4,5 cm c) c = 6,2 cm

14. Beim Anlehnen von Leitern sollte aus Sicherheitsgründen der „Standwinkel" nicht größer als 70° sein (siehe Bild).
Bis zu welcher Höhe am Haus reicht bei diesem Winkel eine Leiter mit folgender Länge?
a) 2,50 m b) 4,50 m
c) 7 m d) 10 m

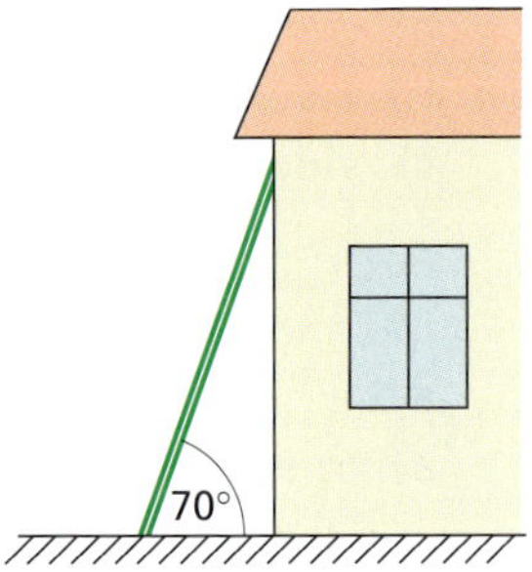

15. Konstruiere ein gleichschenkliges Dreieck mit a = c = 3,5 cm und b = 4 cm.
a) Verschiebe das Dreieck ABC um $\overrightarrow{CA}$.
b) Spiegele das Dreieck ABC an der Geraden AC.
c) Drehe das Dreieck ABC um C mit einem Winkel von 50°.

16. Zeichne im Inneren eines Quadrates mit einer Seitenlänge von a = 7 cm sämtliche Symmetrieachsen ein.
In den so entstandenen vier Teilquadraten fehlt jeweils die zweite Diagonale. Zeichne auch diese ein und gestalte das Muster farbig.

17. Es soll ermittelt werden, wie weit die Punkte A und B auseinander liegen, d.h. wie breit der See ungefähr ist (siehe Skizze).
Janine hat eine Idee: Sie wählt einen Punkt C so, dass sie von diesem sowohl die Punkte A und B gut sehen als auch die Entfernungen $\overline{CA}$ und $\overline{CB}$ bestimmen kann.
Näherungsweise ermittelt sie folgende Werte:
$\overline{AC}$ = 250 m; $\overline{BC}$ = 300 m; γ = 65°
Ermittle durch eine maßstabsgerechte Zeichnung die Entfernung der Punkte A und B und damit die Breite des Sees.

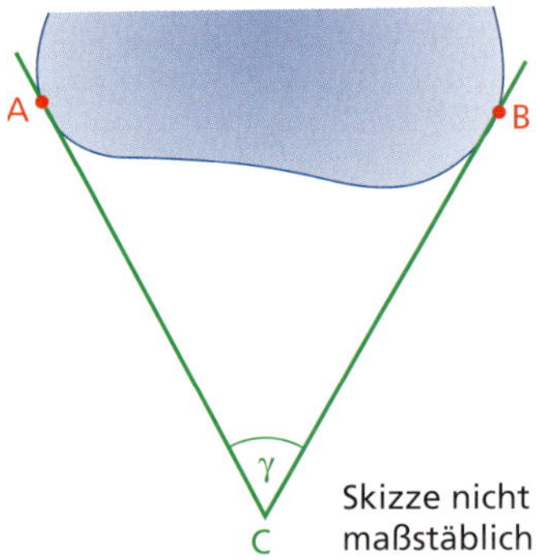

Skizze nicht maßstäblich

18. Eine Gruppe von drei Bäumen, die untereinander eine Entfernung von 35 m, 50 m bzw. 75 m haben, soll durch einen weiteren Baum ergänzt werden. Dieser soll von den anderen Bäumen den gleichen Abstand haben.
Bestimme durch eine maßstabsgerechte Zeichnung den Standort des vierten Baumes.

19. Konstruiere ein gleichseitiges Dreieck ABC mit einer Seitenlänge a = 4,5 cm. Bestimme das Bild des Dreiecks bei Drehung um den Punkt A mit einem Winkel von 60°.

20. Die Höhe eines Heißluftballons, der sich senkrecht über einer Standlinie befindet, soll bestimmt werden. Dazu wird der Ballon gleichzeitig von zwei 100 m voneinander entfernten Punkten angepeilt (siehe Bild). Es werden folgende Winkel gemessen: $\alpha = 64°$ und $\beta = 35°$

21. Zeichne in einen Kreis mit dem Mittelpunkt M und dem Radius 3,5 cm zwei Durchmesser $\overline{AB}$ und $\overline{CD}$ ein.
Verbinde dann die Punkte B und D bzw. A und C.
Überprüfe, ob die Dreiecke ACM und BDM zueinander kongruent sind.

22. Konstruiere die folgenden Parallelogramme ABCD.
a) $\overline{AB} = 50$ mm; $\overline{BC} = 60$ mm; $\beta = 63°$
b) $\overline{CD} = 3{,}6$ cm; $\overline{BD} = 4{,}7$ cm; $\overline{BC} = 2{,}8$ cm
c) $\overline{CD} = 4{,}2$ cm; $\overline{AD} = 2{,}5$ cm; $\alpha = 45°$

23. Lässt sich ein Drachenviereck ABCD mit den folgenden Maßen a = 3,5 cm; b = 4,3 cm und e = $\overline{AC}$ = 2,5 cm konstruieren? Begründe.

24. Konstruiere einen Rhombus, von dem Folgendes bekannt ist.
a) a = 3,8 cm; $\alpha = 62°$ b) b = 3 cm; $\gamma = 45°$

25. Eine Mühle wird von zwei Punkten A und B betrachtet, die 34 m voneinander entfernt sind (siehe Bild).
Je nach Entfernung von der Mühle unterscheiden sich die Blickwinkel α und β.
Wie hoch ist die Mühle, wenn die Winkel $\alpha = 47°$ und $\beta = 59°$ gemessen wurden?

Teste dich selbst!

1. Übertrage die folgenden Figuren in dein Heft und zeichne alle Symmetrieachsen ein.

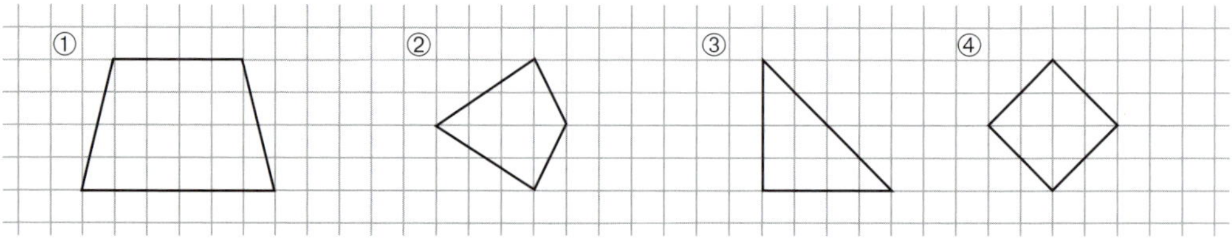

2. Zeichne ein Rechteck ABCD mit den Seitenlängen a = 45 mm und b = 30 mm. Spiegele die Figur an der Geraden durch A und C.

3. a) Trage die Punkte A(0; 1), B(3; 2), C(4; 5) und D(2; 5) in ein Koordinatensystem ein und verbinde sie zur Figur ABCD.
b) Spiegele die Figur an der Parallelen zur y-Achse durch den Punkt P(4; 0) und gib die Koordinaten der Bildpunkte A', B', C' und D' an.

4. Übertrage die Figuren in dein Heft und bestimme deren Bilder bei Drehung um Z mit einem Drehwinkel von 90°.
Hinweis: Lass jeweils genügend Platz für das Zeichnen des Bildes.

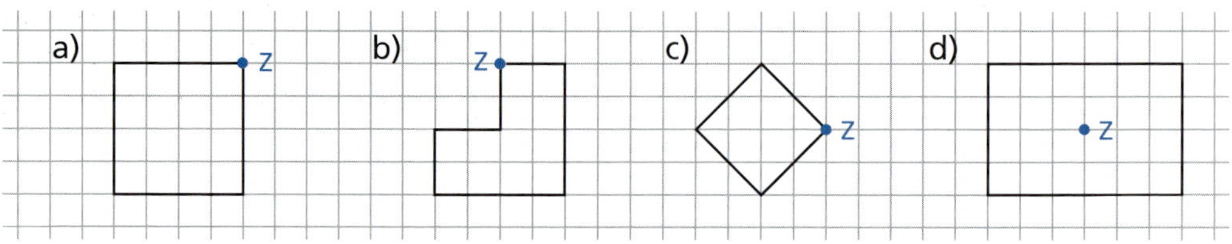

5. Prüfe jeweils, ob die grüne Figur durch eine oder mehrere Bewegungen auf die rote Figur abgebildet werden kann.
Falls ja, gib die entsprechenden Bewegungen an und beschreibe diese.

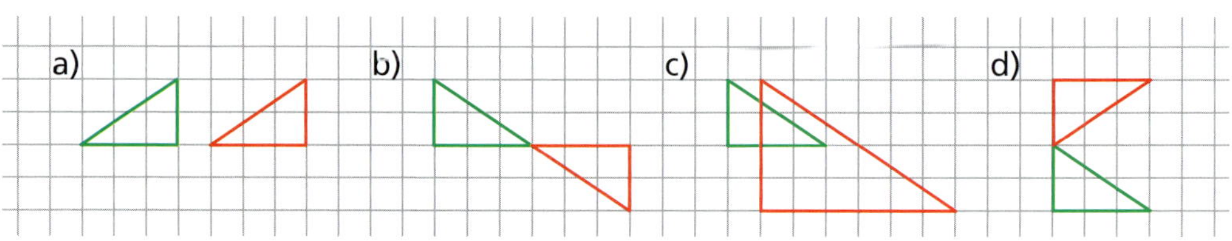

6. Ein Rechteck ABCD wurde entsprechend der Abbildung in mehrere Figuren zerlegt.
a) Wie viele Teildreiecke kannst du erkennen? Schreibe alle auf.
b) Welche Figuren sind jeweils zu einander kongruent? Begründe.

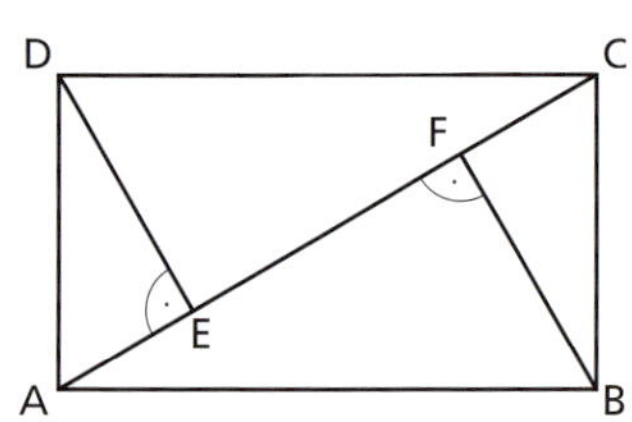

7. Lässt sich das Dreieck ABC eindeutig konstruieren, wenn von ihm die jeweils angegebenen Seiten und Innenwinkel bekannt sind? Begründe.
a) a = 32 mm; b = 27 mm; c = 54 mm
b) $\alpha = 30°$; $\beta = 56°$; $\gamma = 94°$
c) c = 4,2 cm; a = 2,1 cm; $\alpha = 45°$
d) b = 6,3 cm; $\alpha = 45°$; $\gamma = 94°$

Spiralen

Durch Verschieben, Drehen und Spiegeln von Figuren lassen sich Muster herstellen. In unserer Umwelt gibt es aber noch eine andere Art von Mustern, die **Spiralen.** Das Bild zeigt ein Beispiel.

Findet weitere Beispiele für Spiralen in Natur und Technik. Nutzt dazu auch das Internet. Stellt entsprechendes Bildmaterial zusammen.

Wir stellen Spiralen her

Betrachtet das nebenstehende Bild genauer.
Findet heraus, wie die Spirale entstanden ist. Nehmt selbst ein Blatt, teilt es ebenso, zeichnet die Spirale ein und setzt sie fort.
Teilt ein zweites Blatt in gleicher Weise schneidet jetzt die Vierecke aus und klebt sie (beginnend mit einem der kleinsten Quadrate) zu einer Papierschnecke zusammen.

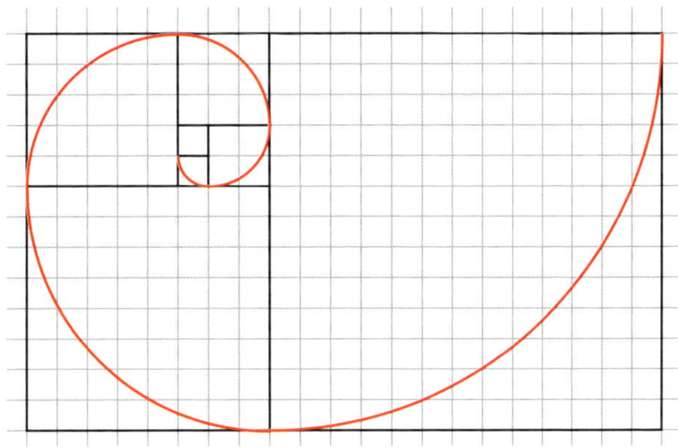

Spiralen und Zahlenfolgen

Zwischen den folgenden Bildern und Zahlenfolgen gibt es Zusammenhänge. So gehört zur linken „Spirale" z. B. die Folge 2; 3; 4; 5; …
Gebt auch für die anderen „Spiralen" die zugrunde liegenden Folgen an. Könnt ihr auch die Länge solcher Kurven berechnen?

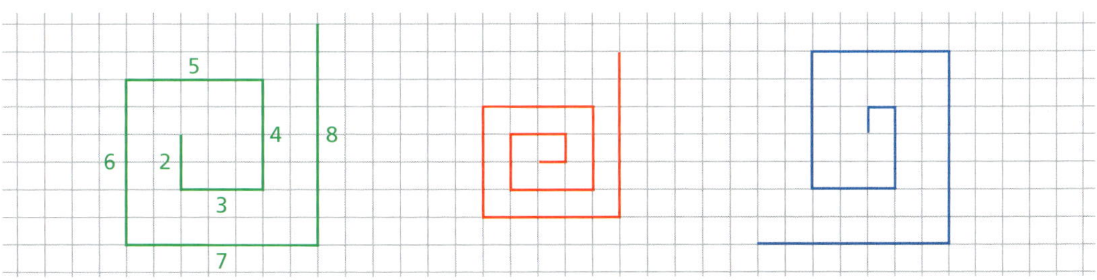

Erfindet selbst derartige Spiralen und gebt die zugehörigen Folgen an.

Wir zeichnen Spiralen mit dem Zirkel

Spiralen könnt ihr auch mithilfe eines Zirkels zeichnen, indem ihr z. B. Halb- oder Viertelkreise mit wachsendem Radius aneinanderfügt (siehe Bild).
Entwickelt weitere derartige Muster. Arbeitet auch mit verschiedenen Farben.

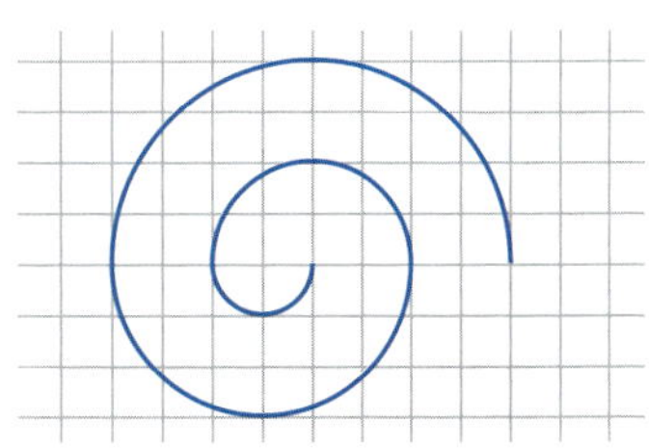

Zusammenfassung

Ebene Bewegungen

Geradenspiegelung	Verschiebung	Drehung
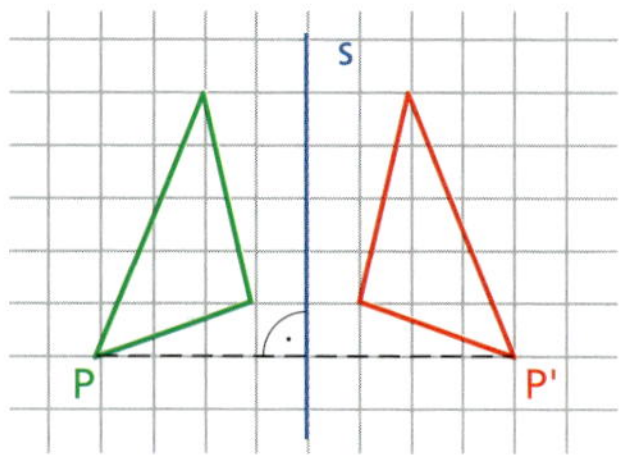	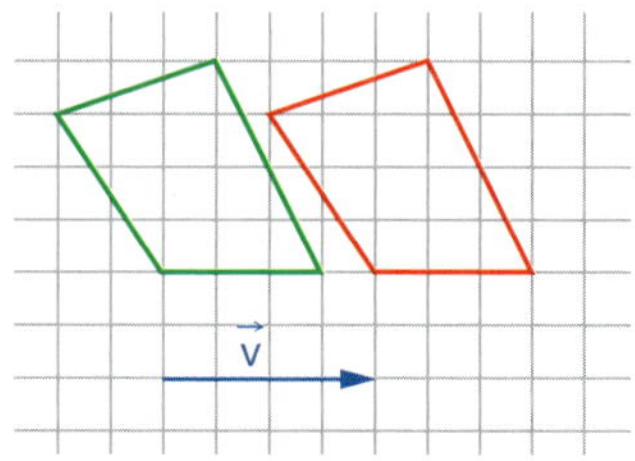	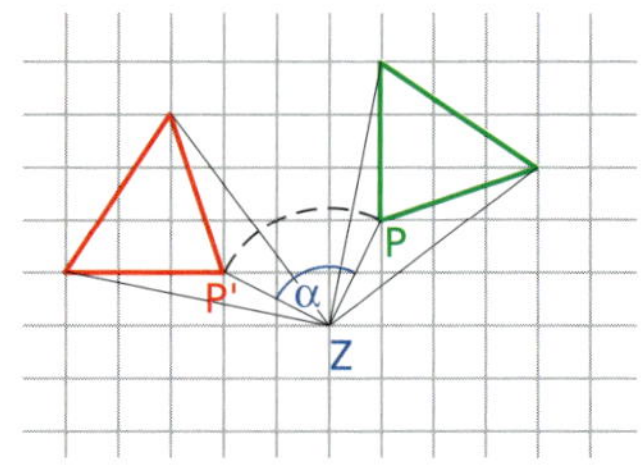
Bei einer **Spiegelung** an einer Geraden s sind ein Originalpunkt P und sein Bildpunkt P' gleich weit von der Spiegelachse s entfernt. P und P' liegen auf einer Senkrechten zu s.	Bei einer **Verschiebung** längs einer Geraden g (Parallelverschiebung) werden alle Punkte einer Figur um den gleichen Betrag in dieselbe Richtung verschoben. Die Vorschrift wird durch einen Verschiebungspfeil $\vec{v}$ angegeben.	Bei einer **Drehung** um einen Punkt Z mit dem Winkel α liegen Original P und sein Bild P' auf einem Kreisbogen mit dem Radius $\overline{ZP}$. Der Winkel zwischen $\overline{ZP}$ und $\overline{ZP'}$ entspricht dem Drehwinkel α.

Figuren, die durch Spiegelung, Verschiebung, Drehung oder eine daraus zusammengesetzte Bewegung auseinander hervorgehen, heißen **zueinander kongruent.**

Kongruenzsätze für Dreiecke

sss	Stimmen zwei Dreiecke in ihren drei Seiten überein, so sind sie zueinander kongruent.	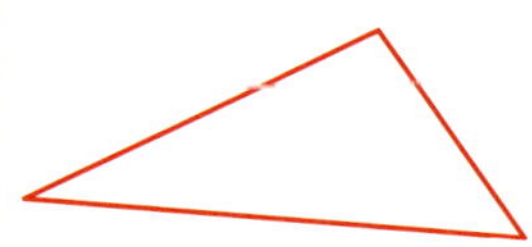
sws	Stimmen zwei Dreiecke in zwei Seiten und dem von diesen Seiten eingeschlossenen Winkel überein, so sind sie zueinander kongruent.	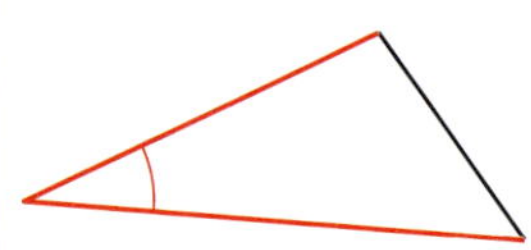
wsw	Stimmen zwei Dreiecke in einer Seite und den beiden anliegenden Winkeln überein, so sind sie zueinander kongruent.	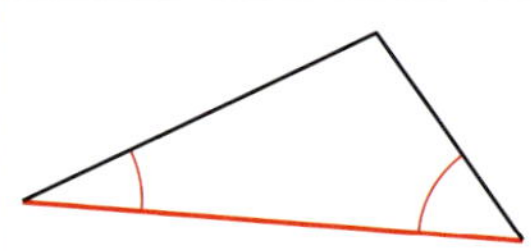
SsW	Stimmen zwei Dreiecke in zwei Seiten und dem der größeren dieser Seiten gegenüberliegenden Winkel überein, so sind sie zueinander kongruent.	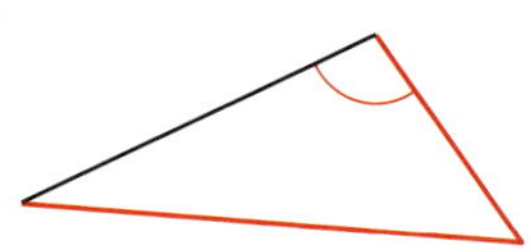

4 Gebrochene Zahlen

Wer nicht hören will, …

„Dividieren durch 0 ist verboten – wohl aber nicht im Zeitalter des Computers!" So denkt Silke. Sie gibt also 2 : 0 ein und erhält prompt die Quittung. Doch vielleicht kannst du den Rechner überlisten. Schleiche dich einfach an die Null heran: Dividiere 20 durch immer kleinere Zahlen (z.B. durch 0,1; 0,01; …). Was beobachtest du?

Alles Stammbrüche, oder?

Bereits die alten Ägypter rechneten um 3000 v.Chr. mit Brüchen. In ihrem Schriftsystem finden sich spezielle Hieroglyphen für Stammbrüche. Alle anderen Brüche stellte man als Summen von Stammbrüchen dar, z.B.:

$$\frac{2}{7} = \frac{1}{4} + \frac{1}{28}$$

Findest du für weitere Brüche solche Zerlegungen?

Stundenweltrekord

Im Oktober 2003 legte die Holländerin LEONTIEN ZIJLAARD-VAN MOORSEL in einem Einzelzeitfahren auf der Bahn während einer Stunde 46,065 km zurück. Den ersten Weltrekord im Stundenfahren hatte im Jahre 1893 der spätere Tour-de-France-Gründer, HENRI DESGRANGE, mit 35,325 km aufgestellt. Wievielmal so schnell wie jener war die Holländerin?

Teilbarkeit natürlicher Zahlen

Ist a ein Vielfaches von b, dann ist b ein Teiler von a. Man schreibt $b \mid a$. Oft ist an den Ziffern oder der Quersumme einer Zahl die Teilbarkeit erkennbar.

Für die natürliche Zahl n gilt:	**Teilbarkeit**
Die letzte Ziffer ist 0.	$10 \mid n$
Die letzte Ziffer ist 0 oder 5.	$5 \mid n$
Die letzte Ziffer heißt 0, 2, 4, 6 oder 8.	$2 \mid n$
Die Zahl aus den letzten beiden Ziffern heißt 00 oder ist durch 4 teilbar.	$4 \mid n$
Die Zahl aus den letzten drei Ziffern heißt 000 oder ist durch 8 teilbar.	$8 \mid n$
Die Zahl endet auf 00, 25, 50 oder 75.	$25 \mid n$
Die Quersumme von n ist durch 3 teilbar.	$3 \mid n$
Die Quersumme von n ist durch 9 teilbar.	$9 \mid n$

Ist a ein Vielfaches von b, dann ist das Ergebnis der Division a : b eine natürliche Zahl. Anderenfalls bleibt bei der Division ein Rest, der Quotient ist eine gebrochene Zahl. Dafür gibt es verschiedene Schreibweisen.

B $219 : 3 = 73$ $\quad 472 : 8 = 59$ $\quad 49 : 6 = 8$ Rest 1 bzw. $49 : 6 = \frac{49}{6} = 8\frac{1}{6}$

Ermitteln des größten gemeinsamen Teilers (ggT)

Zunächst werden alle Zahlen in ihre Primfaktoren zerlegt. Dann werden die in *allen* Zerlegungen vorkommenden Faktoren in ihrer *niedrigsten* Potenz multipliziert.

B

$$\begin{aligned}
40 &= 2 \cdot 2 \cdot 2 \cdot 5 = 2^3 \cdot 5 \\
120 &= 2 \cdot 2 \cdot 2 \cdot 3 \cdot 5 = 2^3 \cdot 3 \cdot 5 \\
160 &= 2 \cdot 2 \cdot 2 \cdot 2 \cdot 2 \cdot 5 = 2^5 \cdot 5 \\
\hline
\text{ggT}(40, 120, 160) &= 2^3 \cdot 5 = 40
\end{aligned}$$

Ermitteln des kleinsten gemeinsamen Vielfachen (kgV)

Nach der Zerlegung aller Zahlen in Primfaktoren werden alle darin vorkommenden Faktoren in ihrer *höchsten* Potenz miteinander multipliziert.

B

$$\begin{aligned}
20 &= 2 \cdot 2 \cdot 5 = 2^2 \cdot 5 \\
25 &= 5 \cdot 5 = 5^2 \\
45 &= 3 \cdot 3 \cdot 5 = 3^2 \cdot 5 \\
\hline
\text{kgV}(20, 25, 40) &= 2^2 \cdot 3^2 \cdot 5^2 = 900
\end{aligned}$$

Brüche

Ein **Bruch** ist ein Teil von einem Ganzen. Er lässt sich in der Form $\frac{a}{b}$ darstellen, wobei a und b natürliche Zahlen sind.

a — Zähler
— Bruchstrich
b — Nenner

Der **Nenner** b gibt an, in wie viele gleich große Teile ein Ganzes aufgeteilt wird (er „nennt" die Anzahl der gesamten Teile). Der **Zähler** a gibt an, wie viele solcher Teile vorhanden sind (er „zählt" die verwendeten Teile).

Brüche mit dem Zähler 1 heißen **Stammbrüche.**	z. B. $\frac{1}{2}$; $\frac{1}{4}$; $\frac{1}{8}$; $\frac{1}{16}$; $\frac{1}{25}$; …
Brüche, die im Nenner eine Zehnerpotenz haben, werden **Zehnerbrüche** genannt.	z. B. $\frac{3}{10}$; $\frac{15}{10}$; $\frac{88}{1000}$; …
Brüche mit dem gleichen Nenner heißen **gleichnamig.**	z. B. $\frac{6}{8}$; $\frac{15}{8}$; $\frac{8}{8}$; …
Bei einem **echten Bruch** ist der Zähler kleiner als der Nenner. Es gilt a < b; der Bruch ist kleiner 1.	z. B. $\frac{1}{9}$; $\frac{5}{6}$; $\frac{999}{1000}$; …
Bei einem **unechten Bruch** ist der Zähler größer als der Nenner oder genauso groß wie dieser. Es gilt a ≥ b; der Bruch ist größer oder gleich 1.	z. B. $\frac{6}{5}$; $\frac{15}{2}$; $\frac{4}{4}$; $\frac{45}{1}$; …

Erweitern und Kürzen von Brüchen

Wir **erweitern** einen Bruch, indem wir den Zähler und den Nenner mit derselben (von null verschiedenen) Zahl multiplizieren.
Wir **kürzen** einen Bruch, indem wir den Zähler und den Nenner durch dieselbe (von null verschiedene) Zahl dividieren.
Der Wert eines Bruches bleibt beim Erweitern und Kürzen unverändert.

B $\frac{3}{7} = \frac{3 \cdot 5}{7 \cdot 5} = \frac{15}{35}$ (Erweitern) $\frac{16}{36} = \frac{16 : 4}{36 : 4} = \frac{4}{9}$ (Kürzen)

Vergleichen von Brüchen

Gleichnamige Brüche lassen sich vergleichen, indem die Zähler miteinander verglichen werden.
Ungleichnamige Brüche müssen vor dem Vergleichen durch Erweitern oder Kürzen erst gleichnamig gemacht werden.

B $\frac{3}{8} < \frac{5}{8}$, denn 3 < 5 $\frac{999}{1000} > \frac{998}{1000}$, denn 999 > 998

$\frac{5}{6} > \frac{2}{3}$, weil $\frac{5}{6} > \frac{4}{6}$ $\frac{20}{6} < \frac{65}{15}$, weil $\frac{10}{3} < \frac{13}{3}$

Brüche in dezimaler Schreibweise (Dezimalbrüche)

Zahlen mit einem Komma werden **Dezimalzahlen** bzw. **Dezimalbrüche** genannt. Hierbei handelt es sich um Zehnerbrüche, d. h. um Brüche, in deren Nenner eine Potenz von 10 steht.

B $0{,}7 = \frac{7}{10}$ $\quad 20{,}3 = \frac{203}{10}$ $\quad 0{,}087 = \frac{87}{1000}$ $\quad 94{,}05 = \frac{9405}{100}$

Jeder Dezimalbruch mit endlich vielen Kommastellen (Dezimalstellen) lässt sich als Zehnerbruch schreiben und umgekehrt.

Aufgaben

Teilbarkeit natürlicher Zahlen

1. Welche der folgenden Zahlen sind durch 2 (3; 4; 5; 6; 8; 9; 10 bzw. 25) teilbar?
   4506   32 228   10 110   56 343   3 223   7 656   9 090   66 212

2. Die Zahl 417 lässt bei Division durch 5 den Rest 2.
   Welche Reste können bei der Division einer Zahl durch 5 noch auftreten?

3. Welche Reste sind möglich bei Division einer Zahl durch 8 (durch 6; durch 13)?

4. Welche Zahlen lassen bei der Division durch 5 und durch 3 jeweils den Rest 2?

5. Gesucht ist eine Zahl, die bei Division durch 3 den Rest 2 und bei Division durch 8 den Rest 1 lässt.

6. Berechne. Schreibe den Quotienten als gemischte Zahl.
   a) 105 : 12   b) 418 : 3   c) 537 : 17
   d) 409 : 21   e) 57 : 11   f) 8 436 : 30
   g) 5 555 : 2   h) 528 : 18   i) 1 000 : 3

7. Zerlege die folgenden Zahlen in ihre Primfaktoren.
   a) 180   b) 154   c) 2 000
   d) 122   e) 225   f) 943

8. Ermittle jeweils den größten gemeinsamen Teiler der Zahlen.

a)	b)	c)
20; 50	80; 180	18; 36; 72
30; 45	48; 108	18; 24; 120
51; 119	117; 130	12; 15; 30
51; 142	84; 144	6; 9; 144

9. Ermittle jeweils das kleinste gemeinsame Vielfache der Zahlen.

a)	b)	c)
12; 15	2; 5; 15	80; 108
20; 50	2; 3; 4	125; 225
10; 15	6; 8; 16	80; 180
25; 50	2; 8; 12	45; 81

Kannst du das noch?

Brüche

10. Gib für die gefärbten Anteile jeweils einen Bruch an.

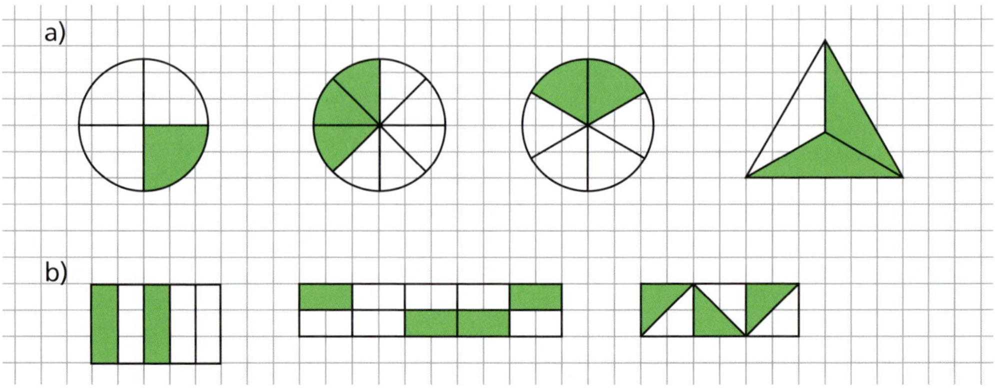

11. Schau dir die Brüche an und entscheide: Echt oder unecht?
Hinweis: Die Anzahl der echten und unechten Brüche ist insgesamt gleich groß.

a) $\frac{3}{5}$; $\frac{3}{3}$; $\frac{3}{30}$; $\frac{3}{2}$ b) $\frac{9}{7}$; $\frac{7}{9}$; $\frac{9}{9}$; $\frac{7}{7}$ c) $\frac{1}{3}$; $\frac{10}{30}$; $\frac{3}{10}$; $\frac{3}{1}$

12. Ermittle die fehlenden Werte.

a) $12 = \frac{x}{12}$ b) $3\frac{1}{3} = \frac{y}{3}$ c) $\frac{a}{10} = 3\frac{3}{10}$ d) $\frac{11}{b} = 1\frac{2}{9}$ e) $\frac{3}{100} = \frac{z}{1000}$

13. Ergänze die fehlenden Werte.

a) $\frac{3}{8} = \frac{x}{24}$ b) $\frac{17}{18} = \frac{a}{36}$ c) $\frac{x}{6} = \frac{24}{36}$

$\frac{1}{3} = \frac{y}{9}$ $\frac{13}{15} = \frac{65}{b}$ $\frac{8}{y} = \frac{64}{b}$

$\frac{4}{7} = \frac{16}{z}$ $\frac{1}{19} = \frac{8}{c}$ $\frac{12}{z} = \frac{120}{110}$

14. Ergänze die fehlenden Werte.

a) $\frac{32}{100} = \frac{x}{25}$ b) $\frac{98}{105} = \frac{a}{15}$ c) $\frac{x}{100} = \frac{7}{10}$

$\frac{20}{32} = \frac{5}{y}$ $\frac{15}{27} = \frac{5}{b}$ $\frac{81}{144} = \frac{y}{16}$

$\frac{64}{56} = \frac{z}{7}$ $\frac{14}{21} = \frac{c}{3}$ $\frac{121}{z} = \frac{11}{15}$

15. Kürze die Brüche vollständig.

a) $\frac{64}{72}$ b) $\frac{25}{120}$ c) $\frac{21}{385}$ d) $\frac{78}{455}$ e) $\frac{51}{208}$ f) $\frac{114}{38}$

16. Vergleiche jeweils die beiden Brüche. Mache diese zuvor gleichnamig.

a) $\frac{5}{16}$ und $\frac{2}{5}$ b) $\frac{12}{25}$ und $\frac{48}{100}$ c) $\frac{55}{96}$ und $\frac{9}{16}$ d) $\frac{5}{3}$ und $\frac{41}{16}$

17. Wandle die folgenden Brüche in Zehnerbrüche um und gib sie als Dezimalzahl an.

a) $\frac{2}{5}$; $\frac{4}{25}$; $\frac{1}{8}$ b) $\frac{3}{2}$; $\frac{17}{20}$; $\frac{54}{75}$ c) $\frac{99}{90}$; $\frac{320}{64}$; $\frac{63}{14}$

18. Vergleiche.

a) 0,12 m und $\frac{1}{8}$ m b) $\frac{3}{4}$ kg und 0,7 kg c) $\frac{5}{4}$ h und 1,15 h

4.1 Die Menge der natürlichen Zahlen

Terme und ihre Beschreibung

Terme sind Rechenausdrücke, in denen Zahlen oder Variable durch Rechenoperationen und Klammern verknüpft werden.

Einfachste Beispiele für Terme sind Summen, Differenzen, Produkte und Quotienten aus je zwei Zahlen.

B $47 + 34$ $38 - 19$ $54 \cdot 6$ $95 : 5$

Terme können aber auch mehr als zwei Zahlen durch mehrere Rechenoperationen verknüpfen.
Für die Berechnung solcher Terme ist es notwendig, deren Struktur genau zu erkennen.

Zum Erkennen der richtigen Reihenfolge der auszuführenden Operationen helfen die beiden folgenden Regeln:

- Potenzrechnung geht vor Punktrechnung und Punktrechnung geht vor Strichrechnung.
- Was in Klammern steht, wird zuerst berechnet.

B $(14 + 35) : 7$ Dieser Term ist ein **Quotient**.
Der Dividend ist eine Summe aus den Summanden 14 und 35.
Der Divisor heißt 7.

$(14 + 35) : 7 = 49 : 7$
$= 7$

B $58 - 3 \cdot 11$ Dieser Term ist eine **Differenz.**
Der Minuend heißt 58.
Der Subtrahend ist das Produkt aus den Faktoren 3 und 11.

$58 - 3 \cdot 11 = 58 - 33$
$= 25$

B $(27 - 3 \cdot 5)^2$ Dieser Term ist eine **Potenz.**
Die Basis ist eine Differenz.
Der Minuend heißt 27; der Subtrahend ist das Produkt der Faktoren 3 und 5.
Der Exponent der Potenz heißt 2.

$(27 - 3 \cdot 5)^2 = (27 - 15)^2$
$= 12^2$
$= 144$

Beim Berechnen von Termen ist auf die richtige Lösungsdarstellung zu achten. Der Rechenweg soll erkennbar sein. Das Gleichheitszeichen darf nur zwischen wertgleichen Termen stehen.

B

Falsch:

$$
\begin{aligned}
135 - 15 \cdot 3 + 78 - 12 &= 135 - 45 \\
&= 90 + 78 \\
&= 168 - 12 \\
&= 156
\end{aligned}
$$

Richtig:

$$
\begin{aligned}
135 - 15 \cdot 3 + 78 - 12 &= 135 - 45 + 78 - 12 \\
&= 90 + 78 - 12 \\
&= 168 - 12 \\
&= 156
\end{aligned}
$$

Marita stellt ihren Freunden das folgende Zahlenrätsel:
Ich bilde das Vierfache meiner gedachten Zahl und subtrahiere es von 137. Anschließend addiere ich 7 und erhalte die Summe 100.

Gertje und Ibrahim setzen für die gesuchte Zahl die Variable x und „übersetzen" Maritas Rätsel jeweils in eine Gleichung. Welche Meinung hast du dazu?

Gertje notiert:
$(137 - 4 \cdot x) + 7 = 100$

Ibrahim schreibt:
$4 \cdot x - 137 + 7 = 100$

Rechengesetze

Für alle natürlichen Zahlen a, b und c gilt:

- Summanden können vertauscht werden. $a + b = b + a$
  Faktoren können vertauscht werden. $a \cdot b = b \cdot a$
  (Kommutativgesetz der Addition bzw. Multiplikation)
- Summanden können durch Klammern beliebig zusammengefasst werden. $(a + b) + c = a + (b + c)$
  Faktoren können durch Klammern beliebig zusammengefasst werden. $(a \cdot b) \cdot c = a \cdot (b \cdot c)$
  (Assoziativgesetz der Addition bzw. Multiplikation)
- Eine Summe kann mit einer Zahl multipliziert werden, indem jeder Summand mit dieser Zahl multipliziert wird und die Produkte addiert werden. $(a + b) \cdot c = a \cdot c + b \cdot c$
  Analog können Differenzen multipliziert oder Summen und Differenzen dividiert werden.
  $(a - b) \cdot c = a \cdot c - b \cdot c$
  $(a + b) : c = a : c + b : c$
  $(a - b) : c = a : c - b : c$
  (Distributivgesetz)

Durch geschicktes Ausnutzen dieser Gesetze lassen sich Rechnungen oft vereinfachen. Der Vorteil besteht darin, dass auf schriftliches Rechnen (oder Nutzen eines Taschenrechners) verzichtet werden kann.
Die Beispiele auf der folgenden Seite demonstrieren ein Ausnutzen solcher Vorteile.

B $720 : 9 + 180 : 9 = (720 + 180) : 9 = 900 : 9 = 100$

$357 : 7 = (350 + 7) : 7 = 350 : 7 + 7 : 7 = 50 + 1 = 51$

$42 \cdot 125 = (40 + 2) \cdot 125 = 40 \cdot 125 + 2 \cdot 125 = 5\,000 + 250 = 5\,250$

$462 : 3 - 42 : 3 = (462 - 42) : 3 = 420 : 3 = 140$

$4 \cdot 7 \cdot 25 = 4 \cdot 25 \cdot 7 = (4 \cdot 25) \cdot 7 = 100 \cdot 7 = 700$

$208 - 35 + 42 - 15 = 208 + 42 - 35 - 15 = 250 - 50 = 200$

$19 + 7 + 23 + 54 + 46 = 19 + (7 + 23) + (54 + 46) = 19 + 30 + 100 = 149$

$84 \cdot 12 - 12 \cdot 14 + 10 \cdot 12 = (84 - 14 + 10) \cdot 12 = 80 \cdot 12 = 960$

$297 \cdot 3 = (300 - 3) \cdot 3 = 300 \cdot 3 - 3 \cdot 3 = 900 - 9 = 891$

Ausführbarkeit von Rechenoperationen

Im Bereich der natürlichen Zahlen (in der Menge $\mathbb{N}$) kann beliebig addiert und multipliziert werden. Eine Summe bzw. ein Produkt von natürlichen Zahlen ist stets wieder eine natürliche Zahl.

B $136 + 9\,304 = 9\,440$ $\quad$ $45 \cdot 1\,057 = 47\,565$ $\quad$ $1\,963\,099 \cdot 2\,490\,777 = \ldots$

Die Subtraktion ist in der Menge der natürlichen Zahlen nur dann ausführbar, wenn der Minuend größer als der Subtrahend oder gleich diesem ist.

B $7\,208 - 5\,435 = 1\,773$ $\quad$ $703 - 703 = 0$ $\quad$ Aber: $217 - 756 = ?$

Die Division zweier natürlicher Zahlen ist nur dann ausführbar, wenn der Divisor ein Teiler vom Dividenden ist.
Beachte: Durch die Zahl 0 kann man nicht dividieren.

B $560 : 70 = 8$ $\quad$ $28\,014 : 3 = 9\,338$ $\quad$ Aber: $8 : 5 = ?$

M Eine Rechenoperation heißt in einem Zahlenbereich **ausführbar,** wenn auch das Ergebnis eine Zahl aus diesem Zahlenbereich ist.
Im Bereich der natürlichen Zahlen sind nur die Addition und die Multiplikation uneingeschränkt ausführbar.

Die Division (außer durch die Zahl 0) wird aber ausführbar im Bereich der gebrochenen Zahlen (in der Menge $\mathbb{Q}_+$).
Auch wenn der Divisor kein Teiler des Dividenden ist, existiert ein Quotient (nämlich ein Bruch).

B $8 : 5 = \frac{8}{5} = 1{,}6$ $\quad$ $12 : 8 = \frac{12}{8} = \frac{3}{2} = 1{,}5$ $\quad$ $47 : 11 = \frac{47}{11} = 4\frac{3}{11}$

Um auch uneingeschränkt subtrahieren zu können, muss ein neuer Zahlenbereich eingeführt werden.
Wenn der Subtrahend größer als der Minuend ist, wird auf der Zahlengeraden (dem nach links verlängerten Zahlenstrahl) die Null überschritten.

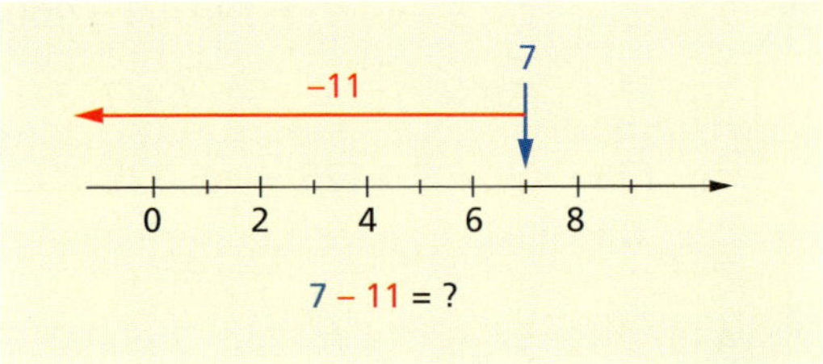

Ausblick: Die ganzen Zahlen

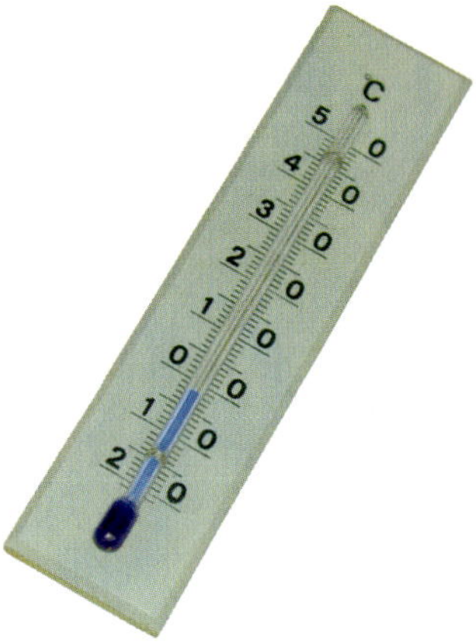

Natürlich weißt du schon, was die Temperatur −2 °C bedeutet: Das Thermometer zeigt eine Temperatur von zwei Grad Celsius unter null an.
Möglicherweise waren es am Abend 3 °C und über Nacht ist die Temperatur um fünf Grad gesunken.
Die Temperatur am Morgen erhält man dann durch die Rechnung 3 − 5 = −2.
Bei der Subtraktion 3 − 5 erhält man also eine Zahl, die kleiner als null ist. Da die Zahl Null die kleinste natürliche Zahl ist, kann das Ergebnis also keine natürliche Zahl sein.

Wegen 3 − 5 = 3 − 3 − 2 = 0 − 2 macht aber die Festlegung der Zahl −2 Sinn. Sie ist um zwei kleiner als die Zahl Null und liegt auf der Zahlengeraden damit weiter links als die Null.
Zur **Zahlengeraden** gelangt man, wenn der Zahlenstrahl nach links erweitert wird. Man kann sich auch vorstellen, dass der Zahlenstrahl an der Null gespiegelt wird.

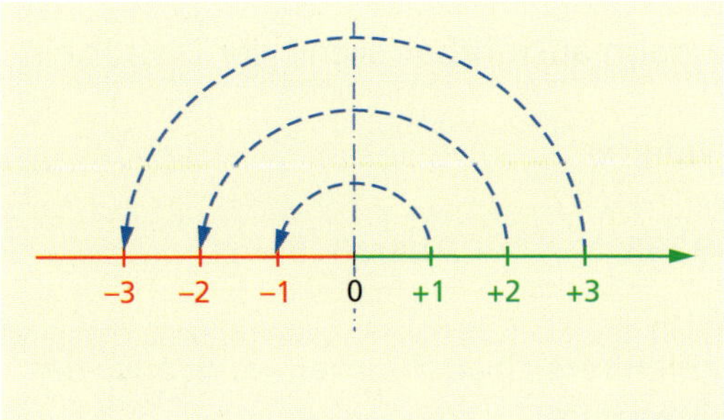

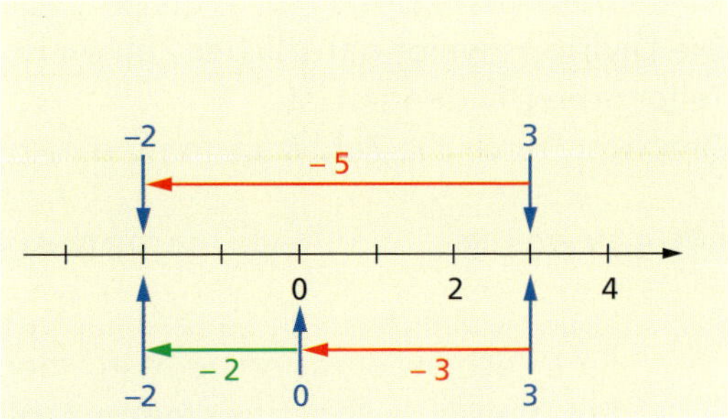

Die Zahlen +3 und −3 liegen auf der Zahlengeraden symmetrisch zur Null.
Allgemein haben die Zahlen +a und −a auf der Zahlengeraden den gleichen Abstand zur Null, sie liegen aber auf verschiedenen Seiten der Null.
Solche Zahlen heißen zueinander entgegengesetzte Zahlen (Gegenzahlen).

M

Zahlen, die größer als null sind, heißen **positive Zahlen**; sie erhalten ein Plus als Vorzeichen. Zahlen, die kleiner als null sind, heißen **negative Zahlen**; sie werden durch ein Minus als Vorzeichen gekennzeichnet.
Der Zahl Null wird kein Vorzeichen zugeordnet.

Erweitert man nun die Menge aller natürlichen Zahlen durch ihre Gegenzahlen (entgegengesetzten Zahlen), erhält man einen umfassenderen Zahlenbereich, den der **ganzen Zahlen** (die Menge $\mathbb{Z}$).
Die ganzen Zahlen enthalten die natürlichen Zahlen als Teilmenge.

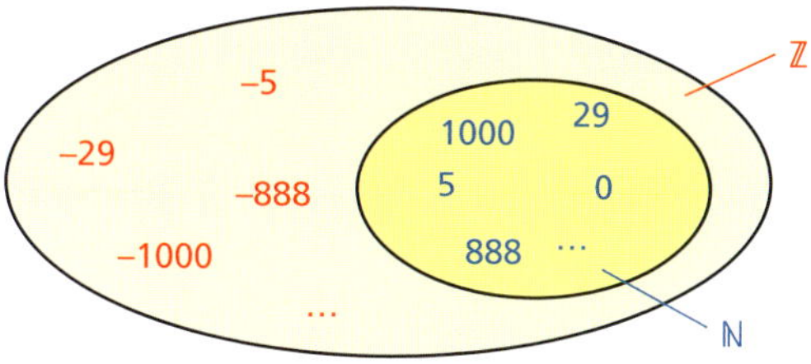

M Zur Menge der ganzen Zahlen gehören alle natürlichen Zahlen und ihre entgegengesetzten Zahlen.

Negative Zahlen begegnen uns bei verschiedenen Sachverhalten.
So werden geographische Höhen und Tiefen mit Angaben *über NN* (Normalnull) und *unter NN* gekennzeichnet. Kontoauszüge weisen Guthaben mit einem Plus (oder einem *H* für Haben) und Schulden mit einem Minus (bzw. einem *S* für Soll) aus. Historische Jahresangaben verwenden die Schreibweisen *v.Chr.* (vor Christus) und mitunter auch *n.Chr.* (nach Christus).

B Die Höhe des Brockens beträgt 1 142 m (über NN). Das Tote Meer hat eine Tiefe von 794 m unter NN.

Michas aktueller Kontostand beträgt –37,05 €.

EUKLID VON ALEXANDRIA lebte etwa 365 v.Chr. bis etwa 300 v.Chr.

Aufgaben

Terme und ihre Beschreibung

1. Beschreibe die Struktur der folgenden Terme.

a) $47 \cdot 11$ b) $47 \cdot 11 + 39$ c) $48 - 7 \cdot 3$ d) $18 + 125 : 5$
e) $138 - (14 + 56)$ f) $89 \cdot (34 - 17)$ g) $(399 + 33) : 18$ h) $77 - (13 - 7)^2$

2. Berechne die Terme aus Aufgabe 1.

3. Schreibe jeweils als Gleichung und löse das Zahlenrätsel.

a) Addiert man zum Vierfachen der gesuchten Zahl den Summanden 5, erhält man 13.
b) Subtrahiere das Zwölffache der gesuchten Zahl von 100. Die Differenz ist die Quadratzahl von 4.
c) Wird die Summe aus 3 und der gesuchten Zahl durch 7 dividiert, ergibt sich die kleinste Primzahl.
d) Der Quotient aus dem Doppelten der gesuchten Zahl und der Zahl 2 ergibt 77.

4. Schreibe als Term und berechne dann.

a) Es wird die Summe der Zahlen 43, 178 und 456 gebildet.

b) Zum Produkt von 198 und 17 wird der Quotient aus 123 und 3 addiert.

c) Man bilde die Differenz aus 999 und der Summe von 344 und 197.

d) Gesucht ist der Quotient. Der Dividend ist eine Summe aus den Summanden 45 und 74. Der Divisor heißt 17.

e) Zu berechnen ist eine Differenz. Der Minuend ist die Zahl 507, der Subtrahend ist eine Potenz mit der Basis 5 und dem Exponenten 3.

f) Eine Potenz hat den Exponenten 2. Die Basis ist das Produkt aus den Faktoren 2 und 5.

g) Bilde einen Quotienten. Der Dividend ist die Summe aus den Summanden 84 und 9. Der Divisor ist die Differenz der Zahlen 37 und 6.

Rechengesetze

5. Berechne vorteilhaft. Nutze, falls möglich, geeignete Rechengesetze.

a) $183 - 52 + 17 - 48$	b) $287 : 7 - 77 : 7$	c) $4 \cdot 53 + 17 \cdot 4$
d) $432 - 166 + 167 - 32$	e) $25 \cdot 13 \cdot 4 \cdot 3$	f) $1\,457 - 563 + 564$
g) $298 \cdot 7$	h) $543 \cdot 6 \cdot 0 \cdot 27$	i) $(800 + 75) : 5$

6. Wo steckt der Fehler?

a) $93 - (54 + 11) = 39 + 11$
$= 50$

b) $78 - 8 \cdot 5 = 70 \cdot 5$
$= 350$

c) $38 + 21 - 18 - 19 = (38 - 18) + (21 + 19)$
$= 20 + 40$
$= 60$

d) $154 - 23 + 46 + 7 = (154 + 46) - (23 + 7)$
$= 200 - 30$
$= 170$

e) $180 - 80 : 5 + 5 = 100 : 10$
$= 10$

f) $3 \cdot 5 + 17 \cdot 3 = (3 + 17) \cdot 3$
$= 20 \cdot 3$
$= 60$

Ausführbarkeit von Rechenoperationen

7. Bilde aus den angegebenen Zahlen, Rechenzeichen und Klammern jeweils eine Aufgabe, die in der Menge der natürlichen Zahlen ausführbar ist, und eine Aufgabe, die in diesem Zahlenbereich nicht ausführbar ist.

Beispiel: 4 7 12 – ( ) :
12 : (7 – 4) ist ausführbar; (12 : 4) – 7 ist nicht ausführbar.

a) 4 37 –	b) 11 12 45 – : ( )	c) 8 12 15 · :
d) 12 300 :	e) 11 40 47 – – ( )	f) 10 15 85 + : ( )

8. Entscheide, ob das Ergebnis der jeweiligen Aufgabe eine natürliche Zahl ist.
Hinweis: Denke an die Teilbarkeitsregeln.
a) 3 213 : 3 b) 5 582 : 4 c) 3 012 : 6 d) 477 : 9 e) 4 077 : 6
f) 5 219 : 3 g) 5 728 : 7 h) 392 : 4 i) 305 : 0 j) 0 : 11

Ausblick: Die ganzen Zahlen

9. Schreibe zu den folgenden Sachverhalten Zahlen mit den Vorzeichen „+“ oder „–“.
a) im Jahre 492 v.Chr.
b) ein Guthaben von 62 €
c) 23 °C über null
d) eine Gipfelhöhe 1 375 m über NN
e) 5,80 € Schulden
f) 75 cm über dem mittleren Wasserstand
g) 14 Pluspunkte
h) das Jahr 2005
i) 762 m unter NN
j) Ausgaben von 237 €
k) 7 °C unter null
l) zwei Tore erzielt; fünf Tore erhalten

10. Wie alt sind die folgenden Personen geworden?
Was weißt du über sie?
Nutze ein Lexikon oder das Internet.
a) ARISTOTELES
(384 v.Chr. bis 322 v.Chr.)
b) Kaiser AUGUSTUS
(63 v.Chr. bis 14 n.Chr.)
c) ARCHIMEDES VON SYRAKUS
(siehe Bild; etwa 287 v.Chr. bis 212 v.Chr.)
d) THALES VON MILET
(etwa 624 v.Chr. bis etwa 548 v.Chr.)

11. Matthias vergleicht die letzten beiden Kontoauszüge.
Auf dem ersten Auszug steht „EUR 81,05 +“, auf dem zweiten „EUR 38,95 –“.
Wie viel Geld hat er abgehoben?

12. Der Baikalsee, die so genannte blaue Perle Sibiriens, ist der tiefste See der Erde. Dieser See liegt 456 m über NN und ist bis zu 1 620 m tief.
Gib die Tiefe in Meter über NN oder in Meter unter NN an.

13. Eine Wetterstation misst um 4 Uhr morgens eine Temperatur von –3 °C. Bis 7 Uhr sinkt die Temperatur um vier Grad, anschließend steigt sie bis 13 Uhr um neun Grad, um dann bis zum frühen Abend (17 Uhr) um weitere drei Grad zu fallen.
Gib die Temperaturen zu den genannten Zeiten an.

14. Mika beobachtet: Fünf Personen gehen in einen Raum, dann kommen drei heraus. Kurz darauf gehen vier Personen hinein und neun kommen heraus.

4.2 Die Menge der gebrochenen Zahlen

Begriff der gebrochenen Zahl

Zur Beschreibung von Sachverhalten aus unserer Umwelt reichen die natürlichen Zahlen nicht aus.
Sollen Teile eines Ganzen bzw. Bruchteile von Größen angegeben werden, so erfolgt das mithilfe von gemeinen **Brüchen** bzw. **Dezimalbrüchen.**

$\frac{5}{6}$ einer Pizza

Inhalt: $0{,}75\ l = \frac{3}{4}\ l$

36 von 100 *oder* 36 %

Wir wissen, dass in der Menge der natürliche Zahlen $\mathbb{N}$ die Division nur dann ausführbar ist, wenn der Dividend ein Vielfaches des Divisors ist. Ansonsten bleibt ein Rest – d.h., das Ergebnis ist keine natürliche Zahl, sondern eine gebrochene Zahl.

B $1:2 = \frac{1}{2} = 0{,}5$ $7:3 = \frac{7}{3} = 2\frac{1}{3}$ $24:20 = \frac{24}{20} = \frac{6}{5} = 1{,}2$

M Zahlen, die sich als gemeiner Bruch in der Form $\frac{a}{b}$ (mit $a, b \in \mathbb{N}$ und $b \neq 0$) oder als Dezimalbruch darstellen lassen, werden **gebrochene Zahlen** (bzw. Bruchzahlen) genannt.
Die Menge der gebrochenen Zahlen wird mit $\mathbb{Q}_+$ bezeichnet.

Die natürlichen Zahlen 0; 1; 2; 3; … sind eine echte Teilmenge der gebrochenen Zahlen, da sie in der Form $\frac{0}{1}; \frac{1}{1}; \frac{2}{1}; \frac{3}{1}; \ldots$ dargestellt werden können.

Es gilt:
$\mathbb{N} \subset \mathbb{Q}_+$

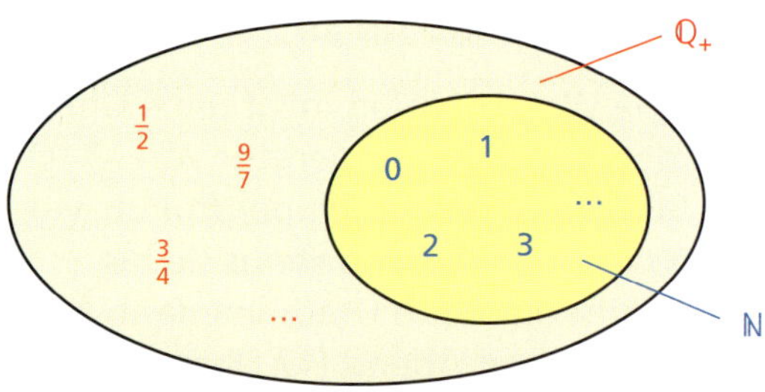

M Brüche mit dem Nenner 1 sind gebrochene Zahlen, die gleichzeitig auch natürliche Zahlen sind.

Wie die natürlichen Zahlen lassen sich auch die gebrochenen Zahlen am Zahlenstrahl veranschaulichen.
Dabei sind für ein und dieselbe Zahl unterschiedliche Bezeichnungen möglich:

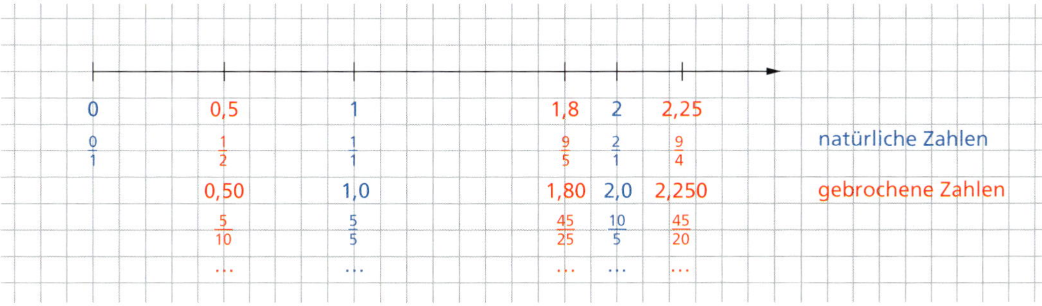

M Brüche, die durch Erweitern oder Kürzen auseinander hervorgehen, sind dem gleichen Punkt des Zahlenstrahles zugeordnet und stellen dieselbe gebrochene Zahl dar.

Wir wissen, dass jede natürliche Zahl genau einen Nachfolger und (bis auf die Null) genau einen Vorgänger hat. Das ist bei den gebrochenen Zahlen nicht der Fall. Sie liegen auf dem Zahlenstrahl **dicht,** d.h., zwischen zwei gebrochenen Zahlen lässt sich stets eine weitere finden.

Hinweis: Zwischen zwei gegebenen Zahlen liegt z.B. deren arithmetisches Mittel.

B Zwischen $\frac{1}{4}$ und $\frac{1}{2}$ liegt $\frac{3}{8}$.

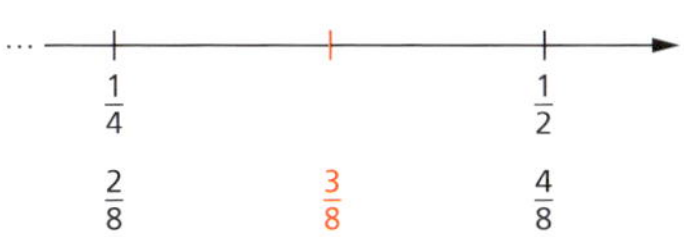

Zwischen 3,1 und 3,2 liegt 3,15.

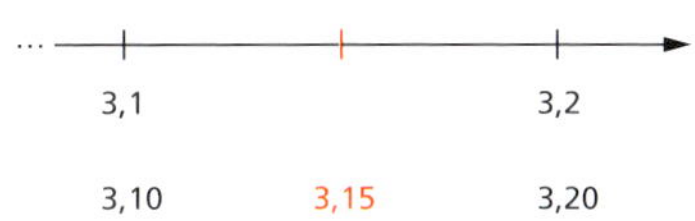

Umwandeln endlicher Dezimalbrüche in gemeine Brüche und umgekehrt

Gemeine Brüche und Dezimalbrüche sind nur verschiedene Darstellungsformen gebrochener Zahlen. Es muss also möglich sein, eine gebrochene Zahl von der einen in die andere Form umzuwandeln.

Wir wissen bereits, dass sich jeder Dezimalbruch mit endlich vielen Dezimalen als Zehnerbruch angeben lässt. Dieser kann gegebenenfalls noch gekürzt werden.

B $0{,}8 = \frac{8}{10} = \frac{4}{5}$ $\quad$ $0{,}096 = \frac{96}{1000} = \frac{12}{125}$ $\quad$ $50{,}5 = \frac{505}{10} = \frac{101}{2}$

Im Folgenden wollen wir nun untersuchen, ob sich umgekehrt auch jeder gemeine Bruch als Dezimalbruch angeben lässt.
Für eine **Umwandlung gemeiner Brüche in Dezimalbrüche** gibt es zwei Möglichkeiten.

(1) Umwandlung über einen Zehnerbruch
Besonders einfach ist wiederum die Umwandlung von Zehnerbrüchen, also von Brüchen, deren Nenner Potenzen von 10 sind.

B $\frac{3}{10} = 0{,}3$ $\quad \frac{27}{100} = 0{,}27$ $\quad \frac{54}{1000} = 0{,}054$ $\quad \frac{301}{10} = 30{,}1$

Darüber hinaus gibt es Brüche, die sich durch Erweitern oder Kürzen in Zehnerbrüche überführen lassen und so ebenfalls leicht als Dezimalbruch angegeben werden können.

B $\frac{2}{5} = \frac{4}{10} = 0{,}4$ $\quad \frac{3}{4} = \frac{75}{100} = 0{,}75$ $\quad \frac{195}{300} = \frac{65}{100} = 0{,}65$ $\quad \frac{108}{360} = \frac{3}{10} = 0{,}3$

Hinweis: Eine Erweiterung zu einem Zehnerbruch ist allerdings nur dann möglich, wenn im Nenner des vollständig gekürzten Bruches ausschließlich Potenzen von 2 und 5 stehen. So lässt sich $\frac{5}{6}$ nicht zu einem Zehnerbruch erweitern.

(2) Umwandlung durch Division
Jeder gemeine Bruch lässt sich bekanntlich auch als Quotient auffassen.

Wir können nun einen Bruch dadurch in einen Dezimalbruch umwandeln, indem wir den Zähler des Bruches durch seinen Nenner dividieren und beim Überschreiten des Einerrestes das Komma setzen.

B $\frac{1}{4} = 1 : 4$ $\qquad \frac{125}{8} = 125 : 8$

```
 1 : 4 = 0,25
-0
 10
- 8
  20
 -20
   0
```

```
 125 : 8 = 15,625
- 8
  45
 -40
   50
  -48
    20
   -16
     40
    -40
      0
```

In den obigen Beispielen bricht die Division nach endlich vielen Schritten ab (was jedoch nicht immer der Fall ist).
Man bezeichnet deshalb die endlichen Dezimalbrüche auch als **abbrechende Dezimalbrüche**.

In der folgenden Tabelle sind einige oft vorkommende echte Brüche als endliche Dezimalbrüche angegeben. Diese Darstellungen solltest du dir merken.

Gemeiner Bruch	$\frac{1}{2}$	$\frac{1}{4}$	$\frac{1}{5}$	$\frac{1}{8}$	$\frac{1}{20}$	$\frac{1}{50}$
Dezimalbruch	0,5	0,25	0,2	0,125	0,05	0,02

Periodische Dezimalbrüche

Ein reicher Kaufmann hatte seinen drei Söhnen 100 Goldstücke vermacht. Die Brüder wollten das Geld gerecht aufteilen und fragten deshalb einen Weisen um Rat. Dieser überlegte kurz und sprach „Jeder von euch nehme sich 33 Goldstücke, sodass ein Stück übrig bleibt. Dieses werde ich in 100 Drachmen wechseln. Dann erhält jeder noch 33 Drachmen und eine Drachme nehme ich als Lohn."
Die Brüder waren damit zufrieden – denn hätte der Weise nicht aufgehört zu wechseln und zu teilen, so täte er es wohl noch heute …

Betrachten wir die zugehörige Aufgabe 100 : 3, so stellen wir fest, die Division bricht nie ab. Es wiederholt sich ständig die Zahl 3.
Ein ähnliches Ergebnis erhalten wir, wenn wir beispielsweise den Bruch $\frac{5}{9}$ mithilfe der Division 5 : 9 in einen Dezimalbruch umwandeln wollen. Auch hier bricht die Division nicht ab und die Zahl 5 wiederholt sich ständig.

```
 100 : 3 = 33,33...              5 : 9 = 0,555...
- 9                             -0
  10                             50
- 9                             -45
   10                             50
 -  9                            -45
     10                            50
   -  9                           -45
      ...                           ...
```

M Ein nicht abbrechender Dezimalbruch, bei dem sich nach dem Komma eine Ziffer bzw. eine Ziffernfolge ständig wiederholt, heißt **periodischer Dezimalbruch.**
Die sich wiederholende Ziffer bzw. Ziffernfolge wird **Periode** genannt.

Die Periode eines Dezimalbruchs wird durch einen waagerechten Strich über den entsprechenden Ziffern nach dem Komma gekennzeichnet.

B $0,\overline{3} = 0,333...$ Dezimalbruch mit der Periode 3 und der Periodenlänge 1
Sprechweise: *null Komma (drei) Periode drei*

$0,\overline{15} = 0,1515151...$ Dezimalbruch mit der Periode 15 und der Periodenlänge 2
Sprechweise: *null Komma (eins fünf) Periode eins fünf*

$0,1\overline{6} = 0,1666...$ Dezimalbruch mit der Periode 6 und der Periodenlänge 1
Sprechweise: *null Komma eins (sechs) Periode sechs*

Beginnt die Periode sofort nach dem Komma, spricht man von einem **rein periodischen Dezimalbruch,** ansonsten von einem **gemischt periodischen Dezimalbruch.**

Nun können wir auch jene gemeinen Brüche als Dezimalbrüche angeben, bei denen die Division des Zählers durch den Nenner nicht abbricht. In der folgenden Tabelle sind die Dezimalbruchdarstellungen für einige dieser Brüche zusammengestellt.

Gemeiner Bruch	$\frac{1}{3}$	$\frac{1}{6}$	$\frac{1}{7}$	$\frac{1}{9}$	$\frac{1}{11}$
Dezimalbruch	$0,\overline{3}$	$0,1\overline{6}$	$0,\overline{142857}$	$0,\overline{1}$	$0,\overline{09}$

M Jeder Bruch der Form $\frac{a}{b}$ (mit $a, b \in \mathbb{N}$ und $b \neq 0$) lässt sich als Dezimalbruch darstellen, indem der Zähler durch den Nenner dividiert wird (d. h. die Division $a : b$ ausgeführt wird).
Treten im Nenner des vollständig gekürzten Bruches nur die Primfaktoren 2 oder 5 auf, so ergibt sich ein abbrechender Dezimalbruch, ansonsten erhält man einen periodischen Dezimalbruch.

B $\frac{3}{8} = 0,375$ $\frac{63}{28} = \frac{9}{4} = 2,25$ $\frac{360}{75} = \frac{24}{5} = 4,8$

$\frac{1}{36} = 0,02\overline{7}$ $\frac{20}{9} = 2,\overline{2}$ $\frac{64}{55} = 1,1\overline{63}$

Hinweis: Es gibt auch unendliche Dezimalbrüche, die nicht periodisch sind, z. B. $\sqrt{2} = 1,414213562...$, die eulersche Zahl $e = 2,718281828459...$ oder die Kreiszahl $\pi = 3,1415926533589...$
Dabei handelt es sich jedoch nicht um gebrochene Zahlen, sondern um so genannte irrationale bzw. reelle Zahlen.

Das Rechnen mit endlichen Dezimalbrüchen bereitet wenig Schwierigkeiten und ist im Allgemeinen einfacher als das Rechnen mit gemeinen Brüchen.
Um dagegen mit periodischen Dezimalbrüchen rechnen zu können, müssen diese entweder durch einen gemeinen Bruch ersetzt werden oder man muss zu gerundeten Werten übergehen.

Aufgaben

Begriff der gebrochenen Zahl

1. Gib für die folgenden gebrochenen Zahlen jeweils drei weitere Darstellungen an.

a) 1,2 b) $\frac{3}{5}$ c) $\frac{75}{10}$ d) $3\frac{1}{4}$ e) 5,0 f) $\frac{3}{12}$

2. Jeweils drei der Brüche bzw. Dezimalbrüche stellen die gleiche gebrochene Zahl dar. Ordne zu.

a) $\frac{13}{5}$; 1,6; $\frac{56}{64}$; $\frac{169}{65}$; 0,875; 2,600; $\frac{77}{88}$; $\frac{40}{25}$; $1\frac{3}{5}$

b) $1\frac{3}{12}$; $\frac{11}{50}$; $\frac{40}{32}$; $\frac{4}{3}$; $\frac{68}{51}$; 0,22; $1\frac{3}{9}$; $\frac{88}{400}$; 1,2500

3. Gib jeweils in Minuten an.

a) $\frac{3}{4}$ h b) $2\frac{1}{2}$ h c) 0,5 h d) 25 s e) $\frac{13}{12}$ h f) 1,2 h

4. Gib das Ergebnis der folgenden Divisionsaufgaben als gemeinen Bruch und als Dezimalbruch an.

a) 6 : 8 b) 3 : 100 c) 3 : 25 d) 46 : 20 e) 6 : 64 f) 100 : 40

5. Schreibe jeweils den Anteil auf.

a) Herr Garbe hat in der 13er-Wette acht Spiele richtig getippt.

b) Katja, Sascha und Matthias teilen sich das Flaschenpfand in Höhe von 3,45 €.

c) Von den 84 Schülerinnen und Schülern der sechsten Klassen der Grundschule am Engelsberg besitzen 35 einen eigenen Computer.

d) 20 % des zehntägigen Urlaubs der Familie Sonnenschein waren verregnet.

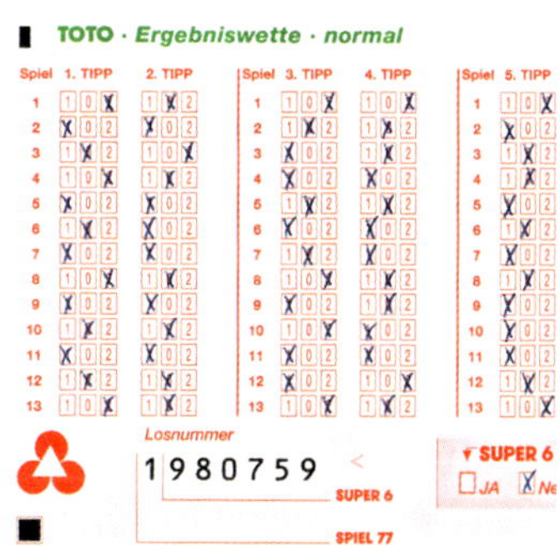

6. Welche der folgenden Darstellungen trifft jeweils auf die Mengen A und B zu?

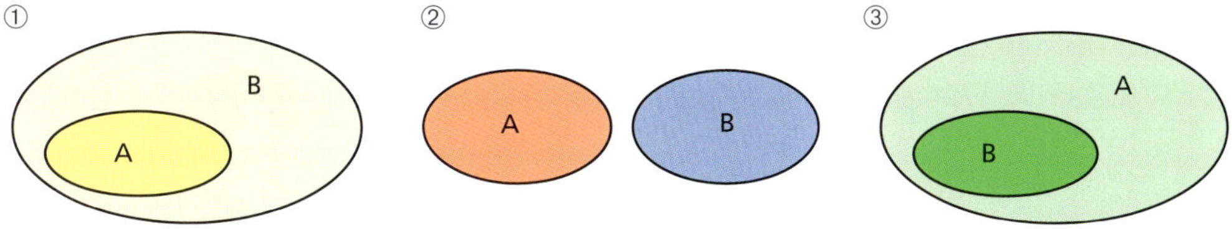

a) A – Menge der Primzahlen
B – Menge der gebrochenen Zahlen

b) A – Menge der gebrochenen Zahlen
B – Menge der ungeraden Zahlen

c) A – Menge der geraden Zahlen
B – Menge der Primzahlen

d) A – Menge der echten Brüche
B – Menge der unechten Brüche

7. Gib jeweils drei gebrochene Zahlen an, die zwischen den Zahlen a und b liegen.

a) $a = 0$; $b = \frac{1}{2}$ b) $a = 0{,}2$; $b = 0{,}4$ c) $a = \frac{1}{2}$; $b = 2$

d) $a = 9{,}9$; $b = 10$ e) $a = 2\frac{7}{10}$; $b = 3{,}0$ f) $a = \frac{7}{4}$; $b = \frac{7}{3}$

Umwandlung endlicher Dezimalbrüche in gemeine Brüche und umgekehrt

8. Gib die folgenden Dezimalbrüche jeweils als Zehnerbruch an. Kürze diesen vollständig.

a) 0,4 b) 0,84 c) 0,015
d) 2,75 e) 72,8 f) 0,998
g) 3,33 h) 6,0 i) 1,67
j) 1,0101 k) 10,08 l) 40,77

9. Gib die folgenden gemeinen Brüche jeweils als Dezimalbruch an. Nutze dazu die Tabelle auf Seite 121.

a) $\frac{3}{8}$ b) $\frac{5}{4}$ c) $\frac{3}{2}$ d) $\frac{7}{8}$ e) $\frac{7}{20}$ f) $5\frac{1}{4}$

10. Erweitere die Brüche auf den Nenner 10 und notiere sie anschließend als Dezimalbruch.

a) $\frac{1}{2}$ b) $\frac{5}{2}$ c) $\frac{3}{2}$ d) $\frac{33}{2}$ e) $2\frac{1}{2}$ f) $10\frac{1}{2}$
g) $\frac{2}{5}$ h) $\frac{8}{5}$ i) $\frac{9}{5}$ j) $1\frac{3}{5}$ k) $3\frac{1}{5}$ l) $4\frac{2}{5}$

11. Erweitere die Brüche auf den Nenner 100 und notiere sie anschließend als Dezimalbruch.

a) $\frac{2}{4}$ b) $\frac{22}{50}$ c) $\frac{23}{20}$ d) $\frac{1}{50}$ e) $\frac{11}{20}$ f) $\frac{3}{20}$
g) $\frac{17}{25}$ h) $\frac{39}{25}$ i) $\frac{13}{10}$ j) $\frac{75}{50}$ k) $\frac{99}{2}$ l) $24\frac{1}{25}$

12. Kürze die Brüche so, dass ein Zehnerbruch entsteht und notiere sie anschließend als Dezimalbruch.

a) $\frac{24}{400}$ b) $\frac{32}{80}$ c) $\frac{39}{130}$ d) $\frac{25}{500}$ e) $\frac{20}{200}$ f) $\frac{39}{300}$
g) $\frac{9}{90}$ h) $\frac{36}{60}$ i) $\frac{444}{200}$ j) $\frac{984}{30}$ k) $\frac{984}{12000}$ l) $\frac{100}{10^5}$

13. Welche der folgenden Brüche lassen sich nicht in einen endlichen Dezimalbruch umwandeln?

a) $\frac{3}{8}$; $\frac{15}{6}$; $\frac{11}{6}$; $\frac{6}{15}$; $\frac{8}{3}$; $\frac{888}{30}$
b) $\frac{4}{25}$; $\frac{2}{11}$; $\frac{3}{75}$; $\frac{9}{28}$; $\frac{255}{99}$; $\frac{57}{80}$

14. Wandle die gemeinen Brüche durch Division in Dezimalbrüche um. Rechne schriftlich oder nutze einen Taschenrechner.

a) $\frac{3}{20}$ b) $\frac{27}{32}$ c) $\frac{15}{16}$ d) $\frac{64}{25}$ e) $\frac{47}{40}$ f) $\frac{8}{625}$
g) $\frac{224}{625}$ h) $\frac{63}{525}$ i) $\frac{66}{550}$ j) $\frac{111}{150}$ k) $\frac{135}{675}$ l) $\frac{189}{105}$

Periodische Dezimalbrüche

15. Wandle die folgenden gemeinen Brüche in Dezimalbrüche um. Verwende bei periodischen Dezimalbrüchen die abkürzende Schreibweise.

a) $\frac{2}{3}$ b) $\frac{5}{6}$ c) $\frac{5}{12}$ d) $\frac{7}{3}$ e) $\frac{42}{30}$ f) $\frac{99}{100}$

g) $\frac{33}{12}$ h) $2\frac{2}{3}$ i) $\frac{10}{9}$ j) $\frac{99}{101}$ k) $1\frac{1}{33}$ l) $\frac{2}{13}$

16. Schreibe ausführlich, indem du jeweils die ersten zehn Stellen hinter dem Komma angibst.

Beispiel: $2,\overline{35} = 2,3535353535\ldots$

a) $0,\overline{123}$ b) $3,\overline{02}$ c) $3,0\overline{20}$ d) $6,\overline{9876}$ e) $1,\overline{67}$ f) $5,555\overline{43}$

17. Vergleiche und setze für $\square$ das richtige Zeichen (<, = oder >) ein.

a) $\frac{1}{3} \square 0,\overline{3}$ b) $0,\overline{30} \square 0,30$ c) $2,67 \square \frac{8}{3}$ d) $\frac{10}{99} \square \frac{1}{9}$

$0,3 \square \frac{1}{3}$ $0,30 \square 0,\overline{03}$ $\frac{8}{3} \square 2,6667$ $\frac{10}{99} \square 0,\overline{101}$

$0,\overline{3} \square \frac{22}{66}$ $0,\overline{30} \square 0,\overline{030}$ $2,\overline{667} \square 2,6\overline{67}$ $0,\overline{10} \square \frac{11}{99}$

18. a) Gib $\frac{1}{9}$, $\frac{1}{99}$ und $\frac{1}{999}$ in Dezimalbruchdarstellung an.

b) Wie sehen die entsprechenden Darstellungen für $\frac{2}{9}, \frac{3}{9}, \ldots, \frac{8}{9}$ aus?

c) Was aber ergibt sich für $9 \cdot \frac{1}{9} = \frac{9}{9}$?

19. Auch periodische Dezimalbrüche können in gemeine Brüche umgewandelt werden. Eine Möglichkeit besteht darin, den Dezimalbruch mit einem geeigneten Vielfachen von 10 zu multiplizieren und davon den Bruch selbst zu subtrahieren (siehe nebenstehendes Beispiel für $0,\overline{6}$).

$$\begin{aligned} 10 \cdot 0,\overline{6} &= 6,666\ldots \\ -\ 1 \cdot 0,\overline{6} &= 0,666\ldots \\ \hline 9 \cdot 0,\overline{6} &= 6 \quad \Rightarrow \quad 0,\overline{6} = \tfrac{6}{9} = \tfrac{2}{3} \end{aligned}$$

Wandle nach diesem Verfahren die folgenden Dezimalbrüche in gemeine Brüche um.

a) $0,\overline{5}$ b) $1,\overline{8}$ c) $2,\overline{6}$ d) $2,\overline{15}$ e) $4,\overline{09}$

20. Für die unendliche nichtperiodische Kreiszahl π wird als Näherungswert mitunter auch der Bruch $\frac{22}{7}$ verwendet.

a) Vergleiche die beiden Zahlen miteinander. In der wievielten Dezimalen weicht $\frac{22}{7}$ von π ab?

b) Berechne mithilfe dieses Näherungswertes den Umfang u und den Flächeninhalt A eines Kreises, der den Durchmesser d = 5,6 cm hat.

Hinweis: Für den Umfang u bzw. den Flächeninhalt A eines Kreises mit dem Durchmesser d gilt:

$u = \pi \cdot d$ $A = \frac{\pi}{4} \cdot d^2$

4.3 Addition und Subtraktion gebrochener Zahlen

Addition und Subtraktion gemeiner Brüche

Das Addieren und Subtrahieren **gleichnamiger Brüche** ist besonders einfach, wie das folgende Beispiel zeigt.

Laura bricht ihre Tafel Schokolade in sechs gleiche Teile. Ihrem Bruder Max schenkt sie einen Teil ($\frac{1}{6}$), ihrer Freundin Mona zwei Teile ($\frac{2}{6}$), den Rest behält Laura für sich.

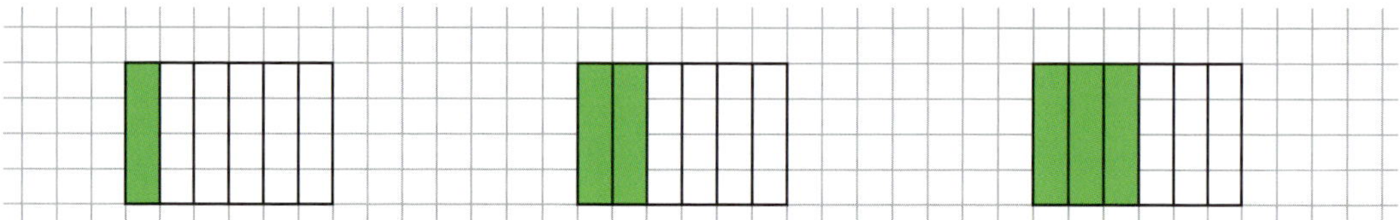

$$\frac{1}{6} + \frac{2}{6} = \frac{1+2}{6} = \frac{3}{6} = \frac{1}{2}$$

Lauras Anteil hättest du auch folgendermaßen berechnen können:
$\frac{6}{6} - \frac{1}{6} - \frac{2}{6} = \frac{3}{6} = \frac{1}{2}$

M Gleichnamige Brüche werden addiert (bzw. subtrahiert), indem man ihre Zähler addiert (bzw. subtrahiert) und den Nenner beibehält.

B $\frac{4}{9} + \frac{2}{9} = \frac{4+2}{9} = \frac{6}{9} = \frac{2}{3}$ $\qquad$ $\frac{11}{8} - \frac{3}{8} = \frac{11-3}{8} = \frac{8}{8} = 1$

Das Addieren bzw. Subtrahieren **ungleichnamiger Brüche** kann auf die Addition bzw. Subtraktion gleichnamiger Brüche zurückgeführt werden, was das folgende Beispiel demonstriert.

Kathleen hat von ihrem Taschengeld eine Pizza gekauft und möchte sie mit ihren beiden Freundinnen teilen. „Gib mir ein Sechstel", meint Nadine, „und Susann ein Viertel, damit für dich auch noch etwas übrig bleibt."

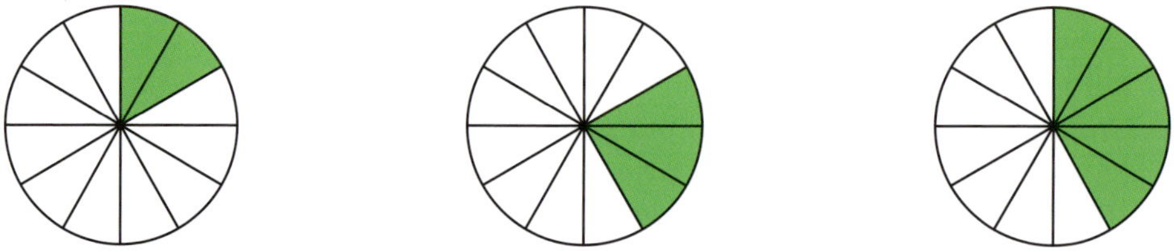

$$\frac{1}{6} + \frac{1}{4} = \frac{5}{12}$$

Um rechnerisch zu einer Lösung des Problems zu kommen, erweitern wir beide Brüche – und zwar so, dass sie danach den gleichen Nenner haben. Dann ist:

$\frac{1}{6} + \frac{1}{4} = \frac{2}{12} + \frac{3}{12} = \frac{5}{12}$

Für Kathleen bleiben also $1 - \frac{5}{12} = \frac{12}{12} - \frac{5}{12} = \frac{7}{12}$ der Pizza übrig.

M Ungleichnamige Brüche werden addiert (bzw. subtrahiert), indem man sie zunächst gleichnamig macht und dann addiert (bzw. subtrahiert).

B $\frac{3}{8} + \frac{2}{3} = \frac{9+16}{24} = \frac{25}{24}$ $\frac{22}{15} - \frac{11}{12} = \frac{88-55}{60} = \frac{33}{60} = \frac{11}{20}$

Treten bei der Addition und Subtraktion von Brüchen gemischte Zahlen auf, so sind diese vor der Rechnung in unechte Brüche umzuwandeln.

B $2\frac{2}{3} + 7\frac{1}{5} = \frac{8}{3} + \frac{36}{5} = \frac{40+108}{15} = \frac{148}{15} = 9\frac{13}{15}$ oder

$2\frac{2}{3} + 7\frac{1}{5} = (2 + 7) + (\frac{2}{3} + \frac{1}{5}) = 9 + \frac{10+3}{15} = 9 + \frac{13}{15} = 9\frac{13}{15}$

Addition und Subtraktion von Dezimalbrüchen

Herr und Frau Boden waren beim Italiener essen. Nach dem Menü serviert ihnen der Kellner die nebenstehend abgebildete Rechnung.

„Das war aber preiswert. Ich hoffe nur, Sie haben sich nicht zu Ihren Ungunsten verrechnet", meint Herr Boden. Er bezahlt mit einem 20-Euro-Schein und sagt: „Stimmt so, haben Sie nochmals vielen Dank."

Und der Kellner freut sich über ein angemessenes Trinkgeld. Wie hoch ist dieses eigentlich?

Pizzeria „PEPE"

1 Pizza Tonno	3,95 €
1 Pizza Misto	4,55 €
1 Orangensaft	1,75 €
1 Mineralwasser	1,20 €
1 kleiner Salat	3,70 €
	15,15 €

Vielen Dank für Ihren Besuch!

Für diese schriftlich oder mit einem Taschenrechner zu lösende Aufgabe erhältst du 4,85 € als Ergebnis.

M Beim schriftlichen Addieren und Subtrahieren von Dezimalbrüchen wird Komma unter Komma geschrieben und dann stellenweise von rechts beginnend addiert bzw. subtrahiert.

Hinweis: Ist die Anzahl der Nachkommastellen unterschiedlich, so können die fehlenden Dezimalen durch Nullen aufgefüllt werden.

	54,880			352,40
+	3,927		−	88,13
+	101,400		−	105,57
	160,207			158,70

Aufgaben

Addition und Subtraktion gemeiner Brüche

1. Berechne möglichst im Kopf.

a) $\frac{3}{10} + \frac{2}{5}$ $\frac{3}{4} - \frac{1}{2}$ $\frac{1}{2} + \frac{1}{4}$

b) $\frac{2}{7} + \frac{9}{14}$ $\frac{9}{14} - \frac{2}{7}$ $\frac{9}{14} + \frac{2}{7}$

c) $\frac{7}{12} - \frac{1}{6}$ $\frac{1}{6} + \frac{2}{3}$ $\frac{17}{18} - \frac{1}{3}$

d) $\frac{1}{6} + \frac{1}{6} - \frac{2}{3}$ $\frac{2}{3} - \frac{6}{15}$ $\frac{4}{9} - \frac{1}{3} + \frac{1}{6}$

2. Berechne. Kürze, wenn möglich, das Ergebnis.

a) $\frac{1}{2} + \frac{1}{5} + \frac{2}{7}$ b) $\frac{1}{2} + \frac{1}{3} + \frac{1}{4} + \frac{1}{5}$ c) $\frac{5}{18} + \frac{1}{3} + \frac{1}{6} + \frac{2}{9}$

d) $\frac{10}{18} - \frac{1}{6} - \frac{2}{9}$ e) $\frac{19}{20} - \frac{3}{4} - \frac{1}{5}$ f) $\frac{9}{10} - \frac{1}{5} - \frac{3}{20}$

g) $\frac{9}{8} - \frac{3}{4} + \frac{3}{2}$ h) $\frac{1}{6} + \frac{15}{12} - \frac{4}{9}$ i) $\frac{7}{5} - \frac{17}{10} + \frac{63}{100}$

3. Milenas ältester Bruder Hans hat zur Silvesterparty eingeladen. Von seinen 24 Gästen trinken ein Drittel Wein, ein Sechstel Bier und ein Viertel Mineralwasser. Der Rest trinkt Apfelschorle.

4. Beim Umbau des Tierparks Hohenreuth wurden auch einige der Gehege vergrößert. Das alte Affenhaus mit einer Größe von 280 m^2 ist um ein Viertel verbreitert worden. Die Giraffen haben jetzt ein Fünftel mehr Platz und tummeln sich nun auf 240 m^2. Der Vogelpark hat seine Fläche sogar um ein Drittel, und zwar um 150 m^2, vergrößert.

5. a) Addiere die Brüche $\frac{4}{9}$ und $\frac{1}{6}$. Ergänze zu 1.

b) Bilde die Summe aus $\frac{3}{8}$, $\frac{4}{5}$ und $\frac{7}{10}$.

c) Ermittle die Differenz der Brüche $\frac{11}{15}$ und $\frac{1}{6}$.

d) Die Summe zweier (dreier) ungleichnamiger Brüche ist 1.

6. Berechne. Du erhältst jeweils eine natürliche Zahl. Ordne jeder Zahl den an dieser Stelle im Alphabet stehenden Buchstaben zu (1 – A, 2 – B usw.). Die Buchstaben ergeben in richtiger Reihenfolge gelesen ein Lösungswort.

• $2\frac{1}{2} + \frac{5}{2}$ • $20\frac{3}{9} - 6\frac{1}{3}$ • $8\frac{9}{12} - 2\frac{3}{4}$ • $15\frac{2}{3} - \frac{60}{9}$ • $\frac{115}{30} + 1\frac{1}{6}$ • $25\frac{3}{8} - 7\frac{9}{24}$

7. Schreibe als Term oder Gleichung und berechne dann.

a) Bilde die Summe aus $1\frac{3}{4}$, $2\frac{1}{5}$ und $5\frac{3}{10}$.

b) Die Differenz ist $\frac{37}{7}$, der Minuend heißt $10\frac{2}{3}$.

c) Subtrahiere von der Summe aus $12\frac{5}{6}$ und $\frac{4}{3}$ die Differenz aus $\frac{41}{8}$ und $\frac{1}{4}$.

d) Die Summanden heißen $25\frac{1}{5}$, 31,9 und $\frac{38}{3}$. Ergänze zu 100.

8. Während des Sports trinken drei Brüder viel Mineralwasser. Paul trinkt $1\frac{3}{4}$ Liter, Jens 1,5 Liter und Tom sogar $2\frac{1}{8}$ Liter.
Wie viele Ein-Liter-Flaschen mussten die Brüder dafür mindestens von zu Hause mitnehmen?

9. Berechne jeweils den Umfang der Rechtecke mit den Seitenlängen a und b.
a) $a = 1\frac{1}{3}$ km; $b = 5\frac{1}{5}$ km b) $a = b = \frac{7}{2}$ dm c) $a = 3\frac{1}{2}$ m; $b = 90$ cm

Addition und Subtraktion von Dezimalbrüchen

10. Schreibe stellengerecht untereinander und rechne schriftlich.
a) 38,7 + 66,6 b) 256,99 – 133,47 c) 102,86 + 290,2
d) 116,003 – 84,06 e) 67,001 + 14,78 f) 9,0912 – 4,345

11. Arbeite wie in Aufgabe 9. Achte aber auf die Maßeinheiten.
a) 25,66 € + 17,09 € + 8,90 € b) 69,01 hl – 44,9 hl – 1,37 hl
c) 100 t – 28,8 t – 2,55 t d) 65,5 km – 5,2 km – 0,9 km
e) 32,85 m + 14,8 m + 109,7 m f) 12,6 kg + 5,9 kg + 4,55 kg

12. Herr Schramm studiert im Supermarkt den Einkaufszettel, den er von seiner Frau mitbekommen hat. „Du liebe Güte", denkt er laut, „da habe ich aber zu schleppen!"

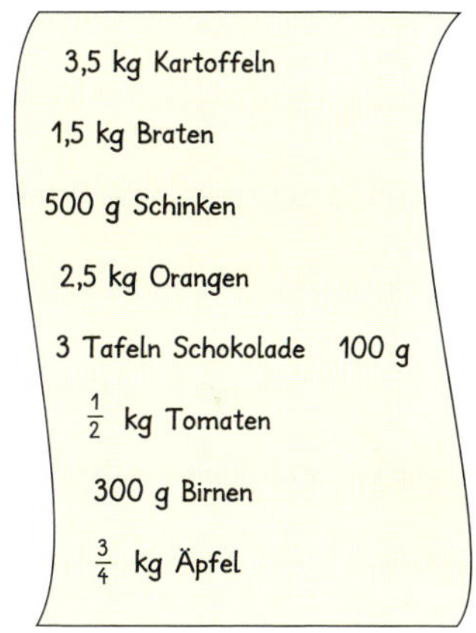

13. Familie Lindner möchte den Schlussverkauf nutzen und nimmt 450 € mit zum Shoppen.
Vater Karl bekommt eine neue Jacke für 79,99 €.
Mutter Irene kauft gleich zwei Paar Schuhe: ein Paar für 49,50 €, das andere für 34,85 €.
Die Zwillinge Tom und Tina möchten jeder eine Jeans für 57,35 € pro Stück sowie schicke Turnschuhe für 69,90 € das Paar.

14. a) Subtrahiere 16,43 von der Summe aus 22,4; 3,95 und 14,9.
b) Berechne die Summe aus 53,99 und 16,1. Ergänze zu 80.
c) Addiere zur Differenz aus 61,8 und 25,13 die Summe aus 34,01 und 53,3.
d) Addiere 131,5 und 98,32. Subtrahiere von der Summe 205,77.

15. Familie Hanelt möchte ihre drei Katzen im Flugzeug mit nach Wien nehmen. Die Fluggesellschaft berechnet dafür pro angefangenes Kilogramm sieben Euro.

Fidor (2 700g)

Wotan (5,9 kg)

Emir (4,25 kg)

4.4 Multiplikation und Division gemeiner Brüche

Multiplizieren gemeiner Brüche mit einer natürlichen Zahl

Mona hat zu ihrer Geburtstagsfeier eingeladen und möchte eine leckere Zitronenspeise zubereiten.
Im Rezept heißt es: „Pro Person nehme man $\frac{1}{8}$ Liter Milch …" Mona überlegt: „$\frac{1}{8}$ Liter Milch pro Person – mit mir sind wir sieben …"
Sie nimmt den Messbecher, misst siebenmal ein Achtel ab und rechnet dann:

$\frac{1}{8}\,l + \frac{1}{8}\,l + \frac{1}{8}\,l + \frac{1}{8}\,l + \frac{1}{8}\,l + \frac{1}{8}\,l + \frac{1}{8}\,l = \frac{7}{8}\,l$

„Das hättest du aber einfacher haben können!", meint ihr älterer Bruder Uli.
Er rechnet einfach folgendermaßen:

$\frac{1}{8}\,l \cdot 7 = \frac{1 \cdot 7}{8}\,l = \frac{7}{8}\,l$

M Ein Bruch wird mit einer natürlichen Zahl multipliziert, indem man den Zähler mit der natürlichen Zahl multipliziert und den Nenner beibehält.

B $\frac{1}{11} \cdot 5 = \frac{1 \cdot 5}{11} = \frac{5}{11}$ $\quad \frac{3}{2} \cdot 3 = \frac{3 \cdot 3}{2} = \frac{9}{2}$ $\quad 4 \cdot \frac{2}{9} = \frac{4 \cdot 2}{9} = \frac{8}{9}$

Wird ein Bruch $\frac{a}{b}$ mit einer natürlichen Zahl n multipliziert, so spricht man auch von einem **Vielfachen** (dem n-fachen) dieses Bruches.

Die Multiplikation eines Bruches mit einer natürlichen Zahl ist vom Erweitern des Bruches mit dieser Zahl zu unterscheiden:

B $5 \cdot \frac{3}{8} = \frac{5 \cdot 3}{8} = \frac{15}{8}$ (Multiplikation mit 5; das 5-fache)

$\frac{3}{8} = \frac{3 \cdot 5}{8 \cdot 5} = \frac{15}{40}$ (Erweitern mit 5)

Bei der Vielfachbildung verändert sich der Wert eines Bruches; für $n > 1$ wird er größer. Dagegen bleibt er beim Erweitern gleich.

Sonderfälle der Vielfachbildung sind die Multiplikation eines Bruches mit 0 und 1.

M Für das Rechnen mit 0 und 1 gilt:

$0 \cdot \frac{a}{b} = \frac{a}{b} \cdot 0 = 0$ $\qquad 1 \cdot \frac{a}{b} = \frac{a}{b} \cdot 1 = \frac{a}{b}$

Auch für die Multiplikation gilt:
Kürze, wenn möglich, das Ergebnis und wandle unechte Brüche in natürliche Zahlen oder Dezimalzahlen (eventuell auch in gemischte Zahlen) um.

B $\frac{2}{5} \cdot 10 = \frac{20}{5} = 4$ $\quad$ $\frac{3}{8} \cdot 2 = \frac{6}{8} = \frac{3}{4} = 0{,}75$ $\quad$ $\frac{8}{11} \cdot 3 = \frac{24}{11} = 2\frac{2}{11}$

Statt im Ergebnis zu kürzen, können wir bereits auf dem langen Bruchstrich Zähler und Nenner, die gemeinsame Teiler haben, miteinander kürzen.
Dazu streichen wir die Zahlen einfach aus und schreiben die gekürzten Zahlen hin.
Manchmal muss man mehrfach kürzen.

B $6 \cdot \frac{1}{4} = \frac{\cancel{6}^{3} \cdot 1}{\cancel{4}_{2}} = \frac{3}{2}$ $\quad$ $\frac{3}{11} \cdot 121 = \frac{3 \cdot \cancel{121}^{11}}{\cancel{11}_{1}} = \frac{33}{1} = 33$

Der Vorteil liegt darin, dass bei dieser Vorgehensweise nicht so große Zahlen zu multiplizieren sind und das Ergebnis immer vollständig gekürzt ist.

Anteile

Im November 2004 mussten sich von den 275 Schülern der Wald-Grundschule zwei Fünftel wegen eines grippalen Infekts in ärztliche Behandlung begeben.
Eine Möglichkeit zur Bestimmung der konkreten Schülerzahl besteht darin, zuerst $\frac{1}{5}$ von 275 zu berechnen ($275 : 5 = 55$) und diesen Wert anschließend mit 2 zu multiplizieren ($55 \cdot 2 = 110$).

Es geht aber auch anders:

$275 \cdot \frac{2}{5} = \frac{\cancel{275}^{55} \cdot 2}{\cancel{5}_{1}} = \frac{110}{1} = 110$

Zwei Fünftel von 275 bedeutet also dasselbe wie $275 \cdot \frac{2}{5}$ bzw. $\frac{2}{5} \cdot 275$.

M Ein **Anteil** einer Zahl bzw. Größe kann berechnet werden, indem das Ganze mit dem entsprechenden Bruch multipliziert wird.

B $\frac{1}{12}$ von 72: $\quad 72 \cdot \frac{1}{12} = \frac{72}{12} = 6$

$\frac{5}{6}$ von 360°: $\quad 360° \cdot \frac{5}{6} = \frac{360° \cdot 5}{6} = 60° \cdot 5 = 300°$

$\frac{3}{8}$ von 184 t: $\quad 184\text{ t} \cdot \frac{3}{8} = \frac{184\text{ t} \cdot 3}{8} = 23\text{ t} \cdot 3 = 69\text{ t}$

$\frac{3}{100}$ von 1284 €: $\quad 1\,284\text{ €} \cdot \frac{3}{100} = \frac{1\,284\text{ €} \cdot 3}{100} = \frac{3\,852\text{ €}}{100} = 38{,}52\text{ €}$

Multiplikation gemeiner Brüche

Ronny hat sich von seinem Taschengeld eine leckere Pizza gekauft.
Als er gerade genüsslich hineinbeißen will, kommt Max um die Ecke und ruft: „Hm …, lecker – Pizza! Gibst du mir die Hälfte ab?" Natürlich erfüllt Ronny seinem besten Freund diesen Wunsch, und Max läuft dankbar davon. Doch Ronny kommt nicht dazu, in das restliche Stück zu beißen – da trifft er seine Schwester Janine. Diese bettelt: „Bitte, bitte – die Hälfte …" Ronny grübelt: „Aber, ich habe doch selbst nur noch eine halbe Pizza …"

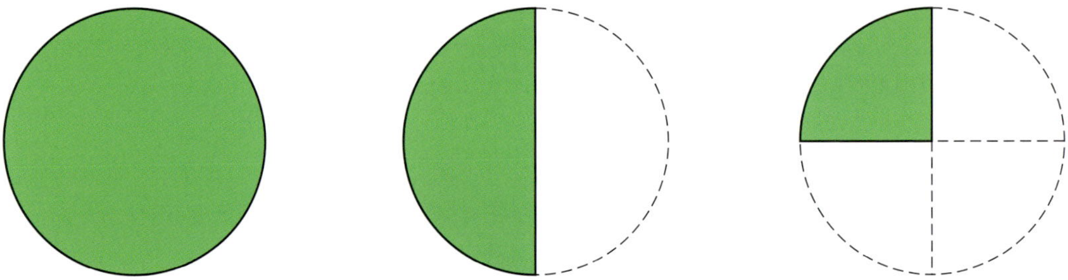

vor dem Treffen mit Max | nach dem Treffen mit Max | nach dem Treffen mit Janine

Wir sehen: Die Hälfte von einem Halben ist ein Viertel, d.h., es gilt:
$\frac{1}{2} \cdot \frac{1}{2} = \frac{1}{4}$

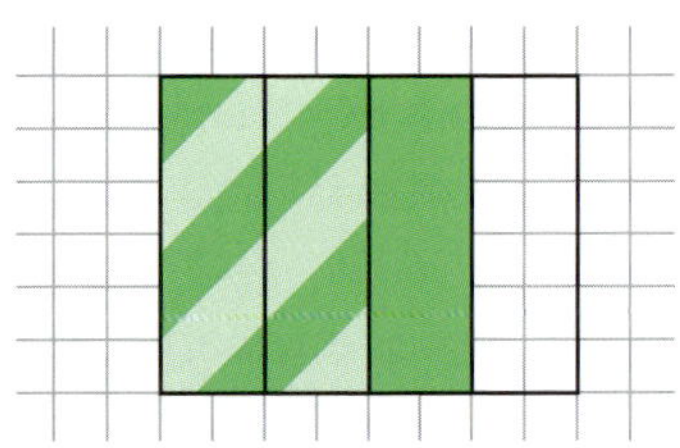

Aber was sind nun zwei Drittel von drei Viertel?
Oder anders gefragt: Wie lautet das Ergebnis der Aufgabe $\frac{3}{4} \cdot \frac{2}{3}$?
Durch Veranschaulichen (siehe nebenstehendes Bild) können wir uns überlegen, dass das Ergebnis $\frac{1}{2}$ lauten muss – also offensichtlich folgendermaßen gerechnet werden kann:

$$\frac{3}{4} \cdot \frac{2}{3} = \frac{3 \cdot 2}{4 \cdot 3} = \frac{6}{12} = \frac{1}{2}$$

M Ein Bruch wird mit einem Bruch multipliziert, indem die Zähler miteinander und die Nenner miteinander multipliziert werden (kurz: *Zähler mal Zähler* und *Nenner mal Nenner*).

B $\frac{5}{9} \cdot \frac{1}{4} = \frac{5 \cdot 1}{9 \cdot 4} = \frac{5}{36}$ $\quad\quad$ $\frac{2}{15} \cdot \frac{5}{8} = \frac{2 \cdot 5}{15 \cdot 8} = \frac{10}{120} = \frac{1}{12}$

Auch mehrere Brüche können in gleicher Weise multipliziert werden.

B $\frac{3}{5} \cdot \frac{3}{4} \cdot \frac{2}{5} = \frac{3 \cdot 3 \cdot 2}{5 \cdot 4 \cdot 5} = \frac{18}{100} = \frac{9}{50}$

Falls es möglich ist, sollte sowohl in den Ausgangsbrüchen als auch im Zwischenschritt (d.h. vor dem Berechnen der Produkte auf bzw. unter dem langen Bruchstrich) gekürzt werden.

B $\frac{1}{2} \cdot \frac{\not{8}^{\,2}}{\not{12}_{\,3}} = \frac{1 \cdot \not{2}^{\,1}}{{}_1\not{2} \cdot 3} = \frac{1}{3}$ $\frac{3}{8} \cdot \frac{2}{9} = \frac{\overset{1}{\not{3}} \cdot \overset{1}{\not{2}}}{\underset{4}{\not{8}} \cdot \underset{3}{\not{9}}} = \frac{1}{12}$ $\frac{2}{5} \cdot \frac{5}{8} \cdot \frac{3}{4} = \frac{\overset{1}{\not{2}} \cdot \overset{1}{\not{5}} \cdot 3}{\underset{1}{\not{5}} \cdot 8 \cdot \underset{2}{\not{4}}} = \frac{3}{16}$

Sind die zu multiplizierenden Brüche in Form gemischter Zahlen gegeben, so sind diese vor der Multiplikation entweder in unechte Brüche umzuwandeln oder als Summe einer natürlichen Zahl und eines echten Bruches zu schreiben.

B $2\frac{1}{2} \cdot \frac{4}{5} = \frac{5}{2} \cdot \frac{4}{5} = \frac{20}{10} = 2$ oder

$2\frac{1}{2} \cdot \frac{4}{5} = (2 + \frac{1}{2}) \cdot \frac{4}{5} = 2 \cdot \frac{4}{5} + \frac{1}{2} \cdot \frac{4}{5} = \frac{8}{5} + \frac{2}{5} = \frac{10}{5} = 2$

Hinweis: Für die Rechnung ist es vorteilhafter, gemischte Zahlen generell in unechte Brüche umzuwandeln.

Potenzen bei Brüchen

Beim Multiplizieren von natürlichen Zahlen wurde für gleiche Faktoren die Potenzschreibweise verwendet.
Potenzen können auch bei Brüchen auftreten. Dabei ist jedoch zu unterscheiden, ob es sich um eine Potenz des gesamten Bruches oder nur um eine Potenz des Zählers bzw. Nenners handelt.

Beispiel	Sprechweise	Bemerkung
$\left(\frac{2}{5}\right)^2 = \frac{2}{5} \cdot \frac{2}{5}$	*zwei Fünftel hoch zwei*	Der Exponent 2 gehört zum gesamten Bruch.
$\frac{2^2}{5} = \frac{2 \cdot 2}{5}$	*zwei hoch zwei geteilt durch fünf*	Der Exponent 2 gehört nur zum Zähler.
$\frac{2}{5^2} = \frac{2}{5 \cdot 5}$	*zwei geteilt durch fünf hoch zwei*	Der Exponent 2 gehört nur zum Nenner.

Wir betrachten nun die **Potenz eines Bruches** genauer. Beispielsweise gilt:

$\left(\frac{a}{b}\right)^2 = \frac{a}{b} \cdot \frac{a}{b} = \frac{a \cdot a}{b \cdot b} = \frac{a^2}{b^2}$ $\left(\frac{a}{b}\right)^3 = \frac{a}{b} \cdot \frac{a}{b} \cdot \frac{a}{b} = \frac{a \cdot a \cdot a}{b \cdot b \cdot b} = \frac{a^3}{b^3}$

M Die Potenz eines Bruches ergibt sich als Quotient der entsprechenden Potenzen des Zählers *und* des Nenners.

B $\left(\frac{4}{5}\right)^2 = \frac{4^2}{5^2} = \frac{16}{25}$ $\left(\frac{9}{4}\right)^2 = \frac{9^2}{4^2} = \frac{81}{16}$ $\left(\frac{1}{3}\right)^3 = \frac{1^3}{3^3} = \frac{1}{27}$

Dividieren gemeiner Brüche durch eine natürlichen Zahl

Carina, Marvin und Nora kommen hungrig aus der Schule nach Hause. Es duftet nach Eierkuchen, denn gerade hat Mutter frischen Teig in die Pfanne gegeben. „Ihr müsst euch noch etwas gedulden“, meint sie, „teilt euch doch zunächst den halben Eierkuchen dort.“
Welchen Bruchteil bekommt jedes Kind?

Das Ergebnis liefert die folgende Veranschaulichung:

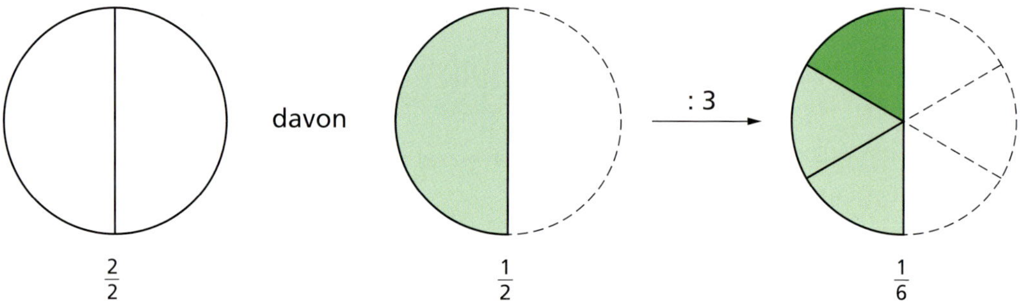

Rechnerisch erhalten wir die Lösung folgendermaßen:
$\frac{1}{2} : 3 = \frac{1}{2 \cdot 3} = \frac{1}{6}$

M Ein Bruch wird durch eine natürliche Zahl dividiert, indem man den Nenner mit der natürlichen Zahl multipliziert und den Zähler beibehält.

B $\frac{1}{5} : 2 = \frac{1}{5 \cdot 2} = \frac{1}{10}$ $\qquad \frac{3}{4} : 5 = \frac{3}{4 \cdot 5} = \frac{3}{20}$ $\qquad \frac{11}{5} : 3 = \frac{11}{5 \cdot 3} = \frac{11}{15}$

Hinweis: Ist der Zähler ein Vielfaches der natürlichen Zahl, so genügt es, diesen durch die Zahl zu dividieren und den Nenner beizubehalten:
$\frac{36}{7} : 9 = \frac{36 : 9}{7} = \frac{4}{7}$

Statt $\frac{1}{2} : 3 = x$ werden auch folgende gleichwertige Schreibweisen verwendet:

$\frac{1}{2} \xrightarrow{:3} x$ oder $\frac{1}{2} \xrightarrow{\cdot \frac{1}{3}} x$ oder $\frac{1}{3}$ von $\frac{1}{2}$

Die Division eines Bruches durch eine natürliche Zahl ist vom Kürzen des Bruches durch diese Zahl zu unterscheiden.

B $\frac{30}{35} : 5 = \frac{30}{35 \cdot 5} = \frac{30 : 5}{35} = \frac{6}{35}$ (Division durch 5)

$\frac{30}{35} = \frac{30 : 5}{35 : 5} = \frac{6}{7}$ (Kürzen durch 5)

Während beim Kürzen eines Bruches dessen Wert erhalten bleibt, wird dieser beim Dividieren durch eine natürliche Zahl n (mit $n > 1$) kleiner.

Dividieren durch einen Bruch

Im Großmarkt „Buy and pay" hat Azubi Matze den Auftrag, Kisten zu je 20 kg Kirschen für die Einzelhändler abzupacken. Dazu sollen die Kirschen in $\frac{2}{5}$-kg-Schalen abgefüllt werden.
Matze möchte nun wissen, wie viele Schalen er für eine 20-kg-Kiste benötigt. Clever, wie er ist, wandelt Matze Kilogramm in Gramm um:
$20\text{ kg} : \frac{2}{5}\text{ kg} = 20\,000\text{ g} : 400\text{ g} = 50$
50 ist also das Ergebnis der zugehörigen Divisionsaufgabe $20 : \frac{2}{5}$. Dieses Ergebnis würden wir auch erhalten, wenn wir 20 mit $\frac{5}{2}$ multiplizieren, d.h., es gilt:
$20 : \frac{2}{5} = 20 \cdot \frac{5}{2}$

Der Bruch $\frac{5}{2}$ heißt **Kehrwert (Reziprokes)** von $\frac{2}{5}$. Den Kehrwert erhält man durch Vertauschen von Zähler und Nenner. Brüche mit dem Zähler 0 haben keinen Kehrwert.

M Eine natürliche Zahl wird durch einen Bruch dividiert, indem man diese mit seinem Kehrwert multipliziert.

B $4 : \frac{2}{3} = 4 \cdot \frac{3}{2} = 6$ $\quad 3 : \frac{1}{5} = 3 \cdot \frac{5}{1} = 3 \cdot 5 = 15$ $\quad 8 : \frac{6}{5} = 8 \cdot \frac{5}{6} = \frac{40}{6} = \frac{20}{3}$

Lässt sich generell die Division durch einen Bruch auf die Multiplikation zurückführen? Wir betrachten als Beispiel $\frac{27}{10} : \frac{3}{4}$ und schreiben diesen Quotienten als gemeinen Bruch:

$$\frac{27}{10} : \frac{3}{4} = \frac{\frac{27}{10}}{\frac{3}{4}}$$

Brüche, in deren Zähler oder Nenner selbst Brüche stehen, nennt man **Doppelbrüche.** Sie lassen sich durch geschicktes Erweitern (und zwar so, dass im Nenner 1 entsteht) vereinfachen.
In unserem Fall ist der entstandene Doppelbruch mit $\frac{4}{3}$ (dem Kehrwert von $\frac{3}{4}$) zu erweitern, und wir erhalten das Ergebnis der Aufgabe wie folgt:

$$\frac{27}{10} : \frac{3}{4} = \frac{\frac{27}{10} \cdot \frac{4}{3}}{\frac{3}{4} \cdot \frac{4}{3}} = \frac{\frac{27}{10} \cdot \frac{4}{3}}{1} = \frac{27}{10} \cdot \frac{4}{3} = \frac{108}{30} = \frac{18}{5}$$

M Ein Bruch wird durch einen Bruch dividiert, indem man ihn mit seinem Kehrwert multipliziert.

B $\frac{3}{5} : \frac{4}{9} = \frac{3}{5} \cdot \frac{9}{4} = \frac{27}{20}$ $\quad \frac{17}{5} : \frac{2}{3} = \frac{17}{5} \cdot \frac{3}{2} = \frac{51}{10}$

Treten als Dividend oder Divisor gemischte Zahlen auf, so sind diese vor der Division in unechte Brüche umzuwandeln.

B $3\frac{1}{5} : \frac{4}{5} = \frac{16}{5} : \frac{4}{5} = \frac{16}{5} \cdot \frac{5}{4} = 4$ $\quad \frac{5}{9} : 1\frac{1}{2} = \frac{5}{9} : \frac{3}{2} = \frac{5}{9} \cdot \frac{2}{3} = \frac{10}{27}$

Aufgaben

Multiplizieren gemeiner Brüche mit einer natürlichen Zahl

1. Schreibe als Summe und berechne.
a) $3 \cdot \frac{1}{2}$ b) $5 \cdot \frac{1}{3}$ c) $7 \cdot \frac{2}{9}$ d) $10 \cdot \frac{1}{10}$ e) $\frac{3}{4} \cdot 3$ f) $\frac{4}{7} \cdot 6$

2. Welche Aufgabe ist jeweils dargestellt?

a)
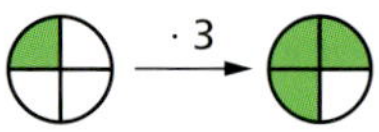

b)
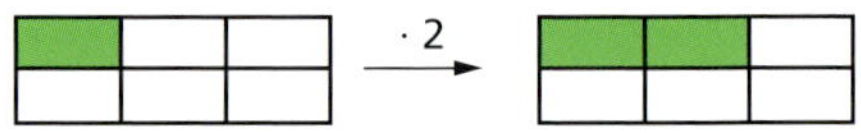

c)
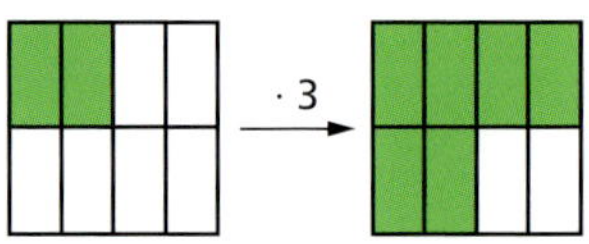

d)
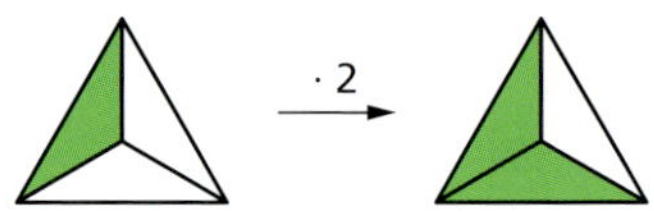

e)
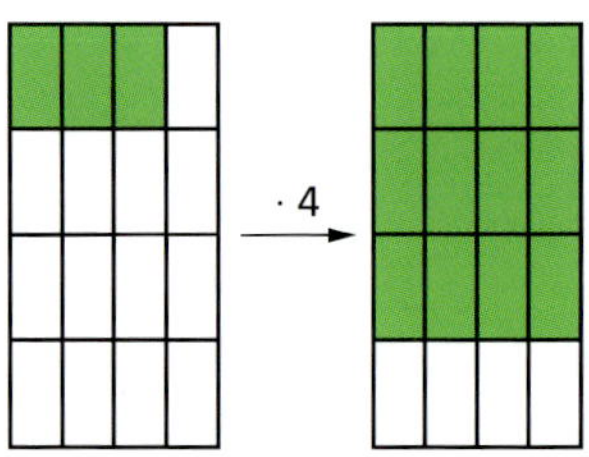

f)
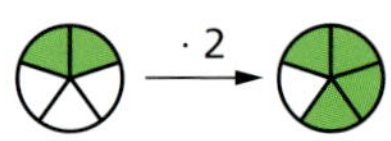

g)
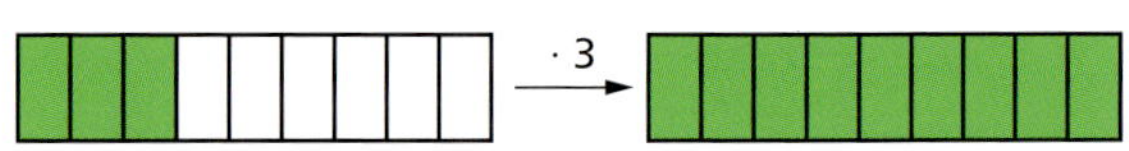

3. Reihe in deinem Heft fünf Strecken von jeweils $\frac{1}{5}$ dm Länge aneinander. Miss und berechne die Länge der Gesamtstrecke.

4. Gib jeweils das Doppelte, das Dreifache und das Zehnfache der Zahl an.
a) $\frac{1}{7}$ b) $\frac{3}{5}$ c) $\frac{2}{3}$ d) $\frac{3}{2}$ e) $\frac{17}{30}$ f) $\frac{99}{100}$

5. Berechne.
a) $3 \cdot \frac{1}{7}$ b) $5 \cdot \frac{10}{15}$ c) $\frac{3}{8} \cdot 6$ d) $\frac{10}{3} \cdot 6$ e) $2\frac{1}{2} \cdot 4$ f) $1\frac{1}{3} \cdot 10$
$2 \cdot \frac{3}{8}$ $6 \cdot \frac{5}{12}$ $\frac{3}{5} \cdot 5$ $10 \cdot \frac{7}{2}$ $15 \cdot 6\frac{2}{3}$ $5 \cdot 3\frac{3}{4}$

6. Sina trinkt fünf Tage lang täglich $1\frac{1}{2}$ Liter Milch.

7. Berechne die folgenden Anteile.
a) $\frac{2}{3}$ von 30 b) $\frac{4}{9}$ von 234 c) $\frac{7}{15}$ von 165 m d) $\frac{5}{6}$ von 180°
$\frac{3}{5}$ von 25 $\frac{11}{12}$ von 108 $\frac{5}{18}$ von 198 € $\frac{3}{100}$ von 5 000 €
$\frac{3}{8}$ von 48 $\frac{5}{6}$ von 786 $\frac{7}{9}$ von 936 t $\frac{1}{8}$ von 1 kg

8. Ein Quadrat hat die gegebene Seitenlänge a. Berechne jeweils seinen Umfang.
a) $a = 1\frac{1}{2}$ cm b) $a = \frac{2}{5}$ dm c) $a = \frac{3}{100}$ km d) a = 3,25 cm

9. Eine Schulstunde dauert eine Dreiviertelstunde. Heute hatte Olaf sechs Stunden Unterricht.

10. Jana übt jeden Tag eine halbe Stunde mit ihrem Skateboard.
Wie viel Zeit verwendet sie innerhalb einer Woche für ihr Hobby?

11. Berechne vorteilhaft.

a) $6 \cdot \frac{7}{60}$ $\quad 25 \cdot \frac{1}{25}$ $\quad 18 \cdot \frac{7}{36}$

b) $13 \cdot \frac{8}{169}$ $\quad 16 \cdot \frac{5}{64}$ $\quad 17 \cdot \frac{6}{85}$

c) $\frac{2}{9} \cdot 9$ $\quad 3 \cdot \frac{1}{6}$ $\quad \frac{21}{15} \cdot 25$

12. Eine rechteckige Weide von $10\frac{1}{2}$ m Länge und $8\frac{3}{4}$ m Breite soll umzäunt werden. Wie viele Meter Zaun werden dazu benötigt, wenn für das Tor 120 cm frei bleiben sollen?

13. Ermittle jeweils den fehlenden Wert.

a) $\frac{1}{2} \cdot a = 18$ b) $y \cdot \frac{1}{2} = 2$ c) $\frac{1}{2} \cdot y = \frac{1}{2}$ d) $2\frac{5}{9} \cdot b = 5\frac{1}{9}$

Multiplikation gemeiner Brüche

14. Berechne jeweils die Produkte.
(*Hinweis:* Kürze stets vor dem Rechnen und wandle im Ergebnis auftretende unechte Brüche in gemischte bzw. natürliche Zahlen um.)

a) $\frac{5}{8} \cdot \frac{1}{3}$ $\quad \frac{1}{4} \cdot \frac{5}{8}$ $\quad \frac{2}{3} \cdot \frac{4}{9}$

b) $\frac{2}{5} \cdot \frac{3}{4}$ $\quad \frac{7}{10} \cdot \frac{2}{7}$ $\quad \frac{1}{4} \cdot \frac{8}{9}$

c) $\frac{5}{4} \cdot \frac{8}{7}$ $\quad \frac{9}{8} \cdot \frac{4}{3}$ $\quad \frac{5}{6} \cdot \frac{13}{10}$

d) $\frac{11}{17} \cdot \frac{17}{11}$ $\quad \frac{11}{9} \cdot \frac{11}{9}$ $\quad 1\frac{1}{2} \cdot 2\frac{1}{2}$

15. Berechne. Ordne jedem Ergebnis einen Buchstaben nach untenstehender Tabelle zu. In der Reihenfolge der Aufgaben gelesen erhältst du einen Lösungssatz.

1. $\frac{9}{11} \cdot \frac{4}{9}$	**5.** $\frac{3}{5} \cdot \frac{5}{9}$	**9.** $\frac{6}{11} \cdot \frac{2}{3}$	**13.** $\frac{3}{7} \cdot 2\frac{1}{3}$	**17.** $\frac{1}{3} \cdot \frac{2}{3}$
2. $\frac{2}{7} \cdot \frac{7}{9}$	**6.** $\frac{14}{36} \cdot \frac{6}{7}$	**10.** $\frac{9}{10} \cdot \frac{5}{9}$	**14.** $\frac{2}{3} \cdot \frac{2}{3}$	**18.** $\frac{4}{7} \cdot \frac{1}{2}$
3. $\frac{3}{5} \cdot \frac{4}{9}$	**7.** $\frac{3}{4} \cdot \frac{8}{9}$	**11.** $\frac{4}{5} \cdot \frac{5}{6}$	**15.** $2 \cdot \frac{5}{8}$	
4. $\frac{2}{3} \cdot \frac{3}{4}$	**8.** $\frac{5}{7} \cdot \frac{2}{5}$	**12.** $\frac{3}{5} \cdot \frac{5}{6}$	**16.** $\frac{10}{11} \cdot 4$	

A	B	D	E	G	H	I	K	M	N	O	R	S	T	U
$\frac{1}{2}$	1	$\frac{4}{11}$	$\frac{4}{9}$	$3\frac{7}{11}$	$\frac{11}{9}$	$\frac{4}{7}$	$\frac{4}{15}$	$\frac{3}{2}$	$\frac{1}{3}$	$1\frac{1}{2}$	$1\frac{1}{4}$	$\frac{2}{3}$	$\frac{2}{7}$	$\frac{2}{9}$

16. Kater Felix ist von Familie Winkler für $3\frac{1}{2}$ Wochen in Pflege genommen worden.
Neben Dosen-und Trockenfutter soll er wöchentlich etwa $\frac{1}{4}$ kg frisches Rindfleisch erhalten. Dieses soll jeweils auf vier Mahlzeiten verteilt werden.

17. Berechne vorteilhaft.

a) $\frac{1}{7}\cdot\frac{2}{3}\cdot\frac{7}{8}$ b) $\frac{2\cdot5\cdot4}{5\cdot8\cdot5}$ c) $\frac{2}{3}\cdot\frac{3}{4}\cdot\frac{1}{8}\cdot\frac{6}{9}$

$\frac{2}{9}\cdot\frac{5}{10}\cdot\frac{3}{6}$ $\frac{8\cdot7\cdot9}{3\cdot10\cdot7}$ $\frac{2}{11}\cdot\frac{121}{20}\cdot\frac{10}{14}\cdot\frac{7}{8}$

$\frac{1}{12}\cdot\frac{6}{11}\cdot\frac{11}{12}$ $\frac{5\cdot4\cdot14}{2\cdot10\cdot8}$ $\frac{4\cdot5\cdot3\cdot8}{3\cdot8\cdot4\cdot5}$

18. Berechne folgende Anteile.

a) $\frac{1}{5}$ von 75 b) $\frac{2}{3}$ von $\frac{6}{7}$ c) $\frac{3}{4}$ von $\frac{8}{5}$ d) $\frac{3}{100}$ von $\frac{1}{10}$

$\frac{3}{4}$ von 20 $\frac{2}{5}$ von $\frac{10}{3}$ $\frac{5}{6}$ von $\frac{12}{7}$ $1\frac{1}{2}$ von $\frac{1}{3}$

$\frac{7}{8}$ von 100 $\frac{3}{8}$ von $\frac{24}{100}$ $\frac{5}{4}$ von $\frac{8}{7}$ $1\frac{1}{2}$ von $1\frac{1}{2}$

Potenzen bei Brüchen

19. Berechne. Gib das Ergebnis vollständig gekürzt an.

a) $\frac{2^2}{8}$ b) $\frac{3^3}{54}$ c) $\frac{4^2}{8}$ d) $\frac{3}{5^2}$ e) $\frac{15}{5^2}$ f) $\frac{2}{8^2}$

20. Quadriere die folgenden Brüche (d.h., multipliziere sie mit sich selbst).

a) $\frac{2}{3}$ b) $\frac{11}{12}$ c) $\frac{1}{100}$ d) $\frac{3}{2}$ e) $\frac{16}{9}$ f) $\frac{11}{10}$

21. In Aufgabe 20 wurden Quadrate sowohl echter als auch unechter Brüche gebildet. Was fällt dir auf?

22. Berechne.

a) $\left(\frac{3}{4}\right)^2$ b) $\left(\frac{3}{4}\right)^3$ c) $\left(\frac{1}{10}\right)^3$ d) $\left(\frac{15}{16}\right)^2$ e) $\left(\frac{2^2}{3}\right)^2$ f) $\left(\frac{2}{3^2}\right)^2$

Dividieren gemeiner Brüche durch eine natürlichen Zahl

23. Löse die folgenden Aufgaben mithilfe der jeweiligen Darstellung.

a) $\frac{4}{6}:3$

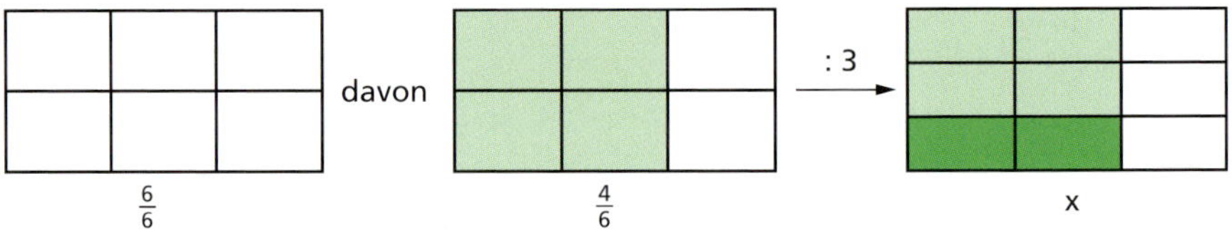

b) $\frac{1}{5}:5$

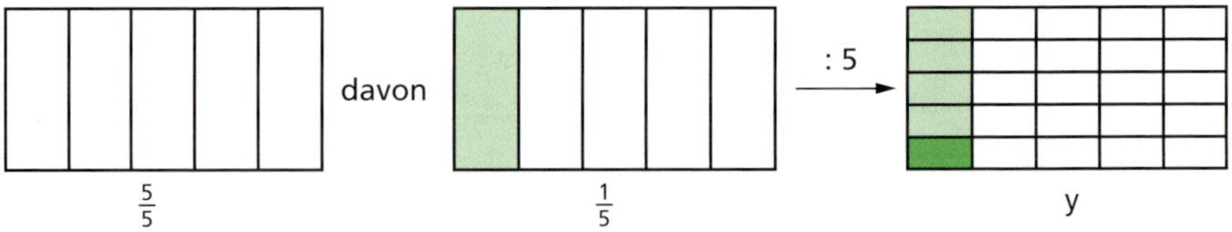

24. Veranschauliche analog zu Aufgabe 23 die Lösung der Aufgabe $\frac{3}{4}:2$.

25. Berechne.

a) $\frac{3}{4}:6$; $\frac{2}{5}:4$; $\frac{7}{8}:14$

b) $\frac{4}{5}:8$; $\frac{9}{10}:3$; $\frac{7}{9}:2$

c) $\frac{12}{13}:4$; $\frac{13}{15}:39$; $\frac{7}{11}:77$

26. Berechne.

a) $\frac{12}{7}:4$; $3\frac{3}{7}:6$; $\frac{20}{15}:8$

b) $\frac{24}{7}:8$; $\frac{6}{5}:42$; $10\frac{1}{4}:22$

c) $\frac{16}{11}:4$; $\frac{15}{8}:22$; $7\frac{1}{2}:5$

27. Berechne.

a) die Hälfte von $\frac{1}{3}$ ($\frac{1}{4}$; $\frac{2}{5}$; $\frac{5}{3}$)

b) den dritten Teil von $\frac{6}{11}$ ($\frac{12}{15}$; $\frac{1}{6}$; $1\frac{1}{2}$)

c) den vierten Teil von $\frac{8}{17}$ ($\frac{5}{6}$; $\frac{4}{9}$; $4\frac{3}{4}$)

d) den zehnten Teil von $\frac{500}{3}$ ($\frac{3}{2}$; $\frac{78}{5}$; $\frac{11}{10}$)

28. Dividiere den Bruch jeweils durch die angegebenen Zahlen.

a) $\frac{1}{2}$ (durch 1; 2; 3; 4; 5; 6)

b) $\frac{2}{3}$ (durch 2; 4; 6; 8; 9; 10)

c) $\frac{3}{8}$ (durch 3; 6; 9; 12; 15; 18)

d) $\frac{25}{7}$ (durch 5; 10; 15; 20; 50; 100)

29. Berechne (Ermittle jeweils den Wert der fehlenden Größe).

a) $\frac{2}{13}\xrightarrow{:4}a$; $\frac{8}{9}\xrightarrow{:4}b$; $\frac{6}{11}\xrightarrow{:12}c$

b) $\frac{1}{4}$ von $\frac{1}{5}$; $\frac{1}{5}$ von $\frac{1}{4}$; $\frac{1}{7}$ von $\frac{7}{12}$

c) $\frac{5}{16}\xrightarrow{:x}\frac{1}{16}$; $\frac{2}{9}\xrightarrow{:y}\frac{1}{18}$; $\frac{1}{10}\xrightarrow{:z}\frac{1}{70}$

d) $\frac{1}{8}$ von $\frac{6}{9}$; $\frac{15}{8}\xrightarrow{:\frac{1}{3}}u$; $\frac{5}{2}\xrightarrow{:v}\frac{1}{2}$

Dividieren durch einen Bruch

30. Gib jeweils den Kehrwert der folgenden Brüche an.

a) $\frac{3}{11}$ b) $\frac{1}{4}$ c) $\frac{9}{2}$ d) $\frac{27}{10}$ e) 5 f) $1\frac{1}{10}$

31. Wie oft ist der Bruch jeweils in den angegebenen natürlichen Zahlen enthalten?

a) $\frac{1}{3}$ in 12 (15; 18; 20)

b) $\frac{1}{6}$ in 6 (8; 10; 20)

c) $\frac{3}{4}$ in 3 (6; 12; 30)

d) $\frac{4}{3}$ in 4 (1; 6; 10)

32. Berechne.

a) $6:\frac{1}{2}$; $6:\frac{2}{3}$; $6:\frac{3}{2}$

b) $5:\frac{10}{11}$; $14:\frac{21}{25}$; $16:\frac{24}{25}$

c) $28:\frac{35}{39}$; $21:\frac{14}{17}$; $18:\frac{24}{5}$

d) $48:\frac{16}{17}$; $57:\frac{38}{3}$; $13:\frac{13}{14}$

33. Ermittle jeweils die fehlenden Werte.

a) $a : \frac{1}{2} = 12$ b) $20 : \frac{x}{1} = 2$ c) $4 : \frac{1}{5} = p$ d) $1 : u = 2$

$b : \frac{2}{3} = \frac{15}{2}$ $9 : \frac{y}{4} = 12$ $5 : \frac{1}{3} = q$ $1 : v = \frac{1}{2}$

$c : \frac{7}{2} = 2$ $15 : \frac{z}{2} = 12$ $10 : \frac{5}{2} = r$ $3 : w = \frac{1}{10}$

34. Katjas Opa möchte seinen selbst gemachten Apfelwein aus dem 10-Liter-Ballon in Flaschen mit einem Fassungsvermögen von $\frac{7}{10}$ *l* umfüllen.
Wie viele solcher Flaschen muss er dazu mindestens aus dem Keller holen?

35. Berechne.

a) $300\ \text{km} : \frac{1}{3}$ b) $125\ \text{kg} : \frac{5}{8}$ c) $240\ \text{cm}^2 : \frac{12}{5}$

$300\ \text{km} : \frac{3}{5}$ $125\ \text{kg} : \frac{5}{9}$ $120\ \text{cm}^2 : \frac{12}{5}$

$300\ \text{km} : \frac{5}{3}$ $125\ \text{kg} : \frac{5}{11}$ $40\ \text{cm}^2 : \frac{12}{5}$

36. Berechne im Kopf.

a) $\frac{1}{3} : \frac{1}{2}$ b) $\frac{1}{4} : \frac{1}{4}$ c) $\frac{3}{4} : \frac{1}{4}$ d) $\frac{3}{4} : \frac{1}{2}$ e) $\frac{3}{6} : \frac{1}{2}$ f) $\frac{6}{5} : \frac{1}{5}$

37. Berechne.

a) $\frac{1}{3} : \frac{5}{6}$ b) $\frac{2}{5} : \frac{3}{10}$ c) $\frac{3}{8} : \frac{15}{16}$ d) $\frac{3}{5} : \frac{5}{3}$ e) $\frac{2}{5} : \frac{10}{12}$ f) $\frac{10}{15} : \frac{20}{30}$

g) $\frac{7}{9} : \frac{28}{18}$ h) $\frac{3}{5} : \frac{3}{5}$ i) $\frac{5}{100} : \frac{25}{75}$ j) $\frac{2}{15} : \frac{14}{45}$ k) $\frac{16}{23} : \frac{80}{46}$ l) $1\frac{1}{3} : \frac{4}{6}$

38. Aus den Zahlen 3, 4, 5 und 6 sollen Doppelbrüche gebildet werden.

a) Gib drei Doppelbrüche an und berechne deren Wert.

b) Wie viele verschiedene derartige Doppelbrüche gibt es?

c) Welches sind die Doppelbrüche mit dem größten bzw. mit dem kleinsten Wert?

39. Schreibe die folgenden Doppelbrüche jeweils als Divisionsaufgabe und löse diese.

a) $\frac{\frac{3}{5}}{\frac{4}{9}}$ b) $\frac{\frac{3}{5}}{\frac{5}{3}}$ c) $\frac{\frac{4}{7}}{\frac{4}{7}}$ d) $\frac{\frac{9}{7}}{3}$ e) $\frac{9}{\frac{3}{7}}$

40. Welche Zahl ist größer: *ein halb von ein viertel* oder *ein viertel durch ein halb*?

41. Ergänze die fehlenden Werte.

a) $\frac{1}{8} : \frac{\square}{2} = \frac{1}{4}$ b) $\frac{6}{7} : \frac{3}{\square} = \frac{4}{7}$ c) $\frac{4}{5} : \frac{\square}{5} = \frac{1}{2}$ d) $\frac{2}{3} : \frac{\square}{10} = \frac{20}{21}$

42. Dividiere nacheinander.
Zur Kontrolle: Die Summe der Ergebnisse der Teilaufgaben a) bis d) beträgt 70.

a) $\frac{2}{3} : \frac{1}{6} : \frac{4}{9} : \frac{3}{11}$ b) $\frac{1}{2} : \frac{1}{8} : \frac{4}{10} : \frac{2}{6}$ c) $\frac{1}{5} : \frac{2}{12} : \frac{3}{10} : \frac{2}{3}$ d) $\frac{9}{8} : \frac{3}{8} : 4 : \frac{3}{4}$

4.5 Multiplikation und Division von Dezimalbrüchen

Multiplizieren und Dividieren mit bzw. durch Zehnerpotenzen

Besonders einfach ist das Multiplizieren eines Dezimalbruchs mit einer Zehnerpotenz (10, 100, 1000 usw.) bzw. das Dividieren durch eine solche.

$3{,}85 \cdot 10 = 38{,}5$

$71{,}444 \cdot 100 = 7144{,}44$

$0{,}155 \cdot 10 = 1{,}55$

$366{,}91 : 10 = 36{,}691$

$814{,}7 : 100 = 8{,}147$

$2{,}5 : 10 = 0{,}25$

Das zugrunde liegende Prinzip hast du doch sicher schnell erkannt?!

Beim **Multiplizieren** eines Dezimalbruchs mit 10, 100, 1 000, ... wird das Komma um eine, zwei, drei, ... Stellen nach *rechts* verschoben.
Beim **Dividieren** eines Dezimalbruchs durch 10, 100, 1000, ... wird das Komma um eine, zwei, drei, ... Stellen nach *links* verschoben.

Multiplikation eines Dezimalbruchs mit einer natürlichen Zahl

Zirkus „Baronissimum" mit dem Highlight einer Pandabären-Dressur ist in der Stadt. Myriam und drei ihrer Freundinnen möchten in die Nachmittagsvorstellung gehen. Eine Eintrittskarte kostet 5,95 Euro. Wie viel müssen die Mädchen insgesamt bezahlen?

5,95 ist mit 4 zu multiplizieren. Dafür gibt es die folgenden Möglichkeiten:

(1) Der Dezimalbruch wird in einen gemeinen Bruch umgewandelt und entsprechend den Regeln der Bruchrechnung multipliziert:

$$5{,}95 \cdot 4 = \frac{595}{100} \cdot 4 = \frac{2380}{100} = 23{,}80$$

(2) Das Komma wird zunächst nicht beachtet und es wird wie mit natürlichen Zahlen gerechnet:
$595 \cdot 4 = 2380$
Dann setzen wir im Ergebnis das Komma so, dass es genau so viele Dezimalstellen wie der „Dezimalbruchfaktor" hat:
5,**95** · 4 = 23,**80**

Die vier Freundinnen müssen also insgesamt 23,80 Euro bezahlen.

M Ein Dezimalbruch wird mit einer natürlichen Zahl multipliziert, indem man zunächst das Komma unbeachtet lässt und wie mit natürlichen Zahlen rechnet. Das Ergebnis bekommt dann so viele Dezimalen wie der Dezimalbruch hat.

B

0,75 · 9	17,333 · 8
6,75	138,664

Multiplikation zweier Dezimalbrüche

Sascha soll im Supermarkt acht Bananen kaufen. Der Preis pro Kilogramm beträgt heute 0,89 €. Die elektronische Waage zeigt ein Gewicht von 1,364 kg an und weist einen Preis von 1,21 € aus.
Ist das korrekt?

Eine Überprüfung der zu lösenden Multiplikationsaufgabe 1,364 · 0,89 mithilfe eines Taschenrechners liefert den Wert 1,21396, aus dem sich durch Runden der oben angegebene Preis ergibt.
Das Ergebnis hat fünf Dezimalstellen, also genauso viele wie die beiden Faktoren zusammen.

M Zwei (oder mehr) Dezimalbrüche werden multipliziert, indem man zunächst das Komma unbeachtet lässt und wie bei der Multiplikation natürlicher Zahlen vorgeht.
Das Ergebnis erhält dann so viele Dezimalen wie die Faktoren zusammen haben.

B

17,4 · 5,9	1,181 · 92,5
870	10629
1566	2362
102,66	5905
	109,2425

Schlaufüchse bedienen sich beim Multiplizieren von Dezimalbrüchen folgender „Tricks“:

- Der Faktor mit den meisten Ziffern wird an die erste Stelle geschrieben, das verkürzt die Rechnung. (Beispiel: $1{,}87094 \cdot 24{,}6$ statt $24{,}6 \cdot 1{,}87094$)
- Überflüssige Nullen werden beim schriftlichen Multiplizieren weggelassen, das spart Platz und Schreibarbeit. (Beispiel: $354 \cdot 16{,}5$ statt $354{,}000 \cdot 16{,}50$)
- Auch sollte vor dem Rechnen ein Überschlag gemacht werden, um das ungefähre Ergebnis abschätzen zu können. (Beispiel: $5 \cdot 2 = 10$ als Überschlag für $4{,}8 \cdot 1{,}99$)

Division eines Dezimalbruchs durch eine natürliche Zahl

Gewonnen und doch verloren! Nicole, Babette, Jens und René haben das Fußballspiel gegen die Kids aus der Waldstraße mit 8 : 7 für sich entschieden. Leider ist dabei auch eine Fensterscheibe zu Bruch gegangen.
Nun kommt die Rechnung: 74,60 Euro! Als echtes Team wollen sie gemeinsam für den Schaden aufkommen. Wie viel muss jedes der vier Kids von seinem Taschengeld opfern?

„20 Euro pro Nase werden reichen“, meint Jens, „denn der Überschlag 80 : 4 liefert 20.“

Um jedoch den genauen Betrag zu ermitteln, ist die Divisionsaufgabe 74,60 : 4 zu lösen.
Hierzu gibt es wieder verschiedene Möglichkeiten:

(1) Der Dezimalbruch wird in einen gemeinen Bruch umgewandelt und dann durch 4 dividiert:

$$74{,}60 : 4 = \frac{7460}{100} : 4 = \frac{7460 : 4}{100} = \frac{1865}{100} = 18{,}65$$

(2) Es wird gleich wie mit natürlichen Zahlen gerechnet, wobei beim Überschreiten des Kommas im Dividenden (d.h. nach der Division des Einers) auch im Quotienten das Komma gesetzt wird.

```
  7 4,6 0 : 4 = 1 8,6 5
- 4
  3 4
- 3 2
    2 6
  - 2 4
      2 0
    - 2 0
        0
```

Jedes der vier Kinder muss also 18,65 Euro zahlen.

M Ein Dezimalbruch wird durch eine natürliche Zahl dividiert, indem man zunächst wie beim Rechnen mit natürlichen Zahlen vorgeht. Wird das Komma im Dividenden überschritten, so ist auch im Quotienten ein Komma zu setzen.

An den Dividenden können beliebig viele Nullen als Dezimalen angehängt werden, um das Divisionsverfahren bei Bedarf fortzusetzen und gegebenenfalls abzuschließen.

B

```
 8,25 : 5 = 1,65          33,80 : 5 = 6,76
-5                       -30
 32                        38
-30                       -35
  25                        30
 -25                       -30
   0                         0
```

Division zweier Dezimalbrüche

Theas Hund frisst in der Woche 5,5 kg Fleisch für insgesamt 14,85 Euro. Wie viel kostet 1 kg Fleisch?

Um den „Kilopreis" zu ermitteln, ist die Divisionsaufgabe 14,85 : 5,5 zu lösen.
Zunächst multiplizieren wir Dividend *und* Divisor mit 10, sodass im Divisor kein Komma steht:
148,5 : 55
Nun können wir wie bei der Division durch eine natürliche Zahl rechnen:
148,5 : 55 = 2,7

Ein Kilogramm des verfütterten Fleisches kostet also 2,70 Euro.

M Dezimalbrüche werden dividiert, indem der Dividend und der Divisor so mit der gleichen Zehnerpotenz multipliziert werden, dass der Divisor eine natürliche Zahl wird. Dann verfährt man wie bei der Division eines Dezimalbruches durch eine natürliche Zahl.

B

3,159 : 0,26
Multiplikation mit 100:
315,9 : 26 = 12,15

25,0614 : 1,224
Multiplikation mit 1000:
25061,4 : 12224 = 20,475

Hinweis: Hat der Divisor mehr Dezimalen als der Dividend, so sind beim Dividenden entsprechend Nullen anzuhängen.

B

8,4 : 0,16
Multiplikation mit 100:
84**0** : 16 = 52,5

3 : 0,0012
Multiplikation mit 10 000:
3**0 000** : 12 = 2 500

Aufgaben

Multiplizieren und Dividieren mit bzw. durch Zehnerpotenzen

1. Verwandle den Dezimalbruch in einen Zehnerbruch und rechne dann.

a) $0{,}4 \cdot 10$; $1{,}8 \cdot 10$; $23{,}91 \cdot 10$

b) $58{,}1 : 10$; $12{,}4 : 10$; $3{,}5 : 10$

c) $0{,}066 \cdot 100$; $0{,}33 \cdot 100$; $5{,}1 \cdot 100$

d) $38{,}44 : 100$; $99{,}5 : 100$; $0{,}7 : 100$

2. Berechne (ohne Zwischenschritt).

a) $1{,}111 \cdot 1\,000$; $12{,}05 \cdot 1\,000$; $6{,}3 \cdot 10\,000$; $0{,}07 \cdot 10\,000$

b) $199{,}3 : 1\,000$; $3{,}14 : 1\,000$; $27{,}46 : 10\,000$; $0{,}1 : 10\,000$

c) $1{,}3 \cdot 10^2$; $0{,}067 \cdot 10^4$; $57{,}3 : 10^3$; $2\,000 : 10^6$

d) $432{,}3$ kg $\cdot 10$; $61{,}09$ m $\cdot 100$; $0{,}2\ l \cdot 1\,000$

e) $45{,}40$ € $: 10$; $123{,}45$ t $: 100$; $6{,}5$ km $: 10\,000$

f) $0{,}204$ t $\cdot 10^2$; 540 kg $: 10^3$; $0{,}09$ km $\cdot 10^6$

3. Notiere die zugehörige Aufgabe und rechne.

a) 10 *l* Apfelschorle kosten 15,80 €. Wie teuer ist ein Liter?

b) Ein Stapel von 1 000 Holzplatten ist 8,4 m hoch. Wie dick ist eine Platte?

c) Eine Obstkiste wiegt 33,55 kg. Wie viel wiegen 100 Kisten?

d) Eine Dose enthält 475 g Ananasstückchen. Wie viel sind dann in 10 (100; 1 000) Dosen?

e) 10 kg Mehl reichen für 15 Blechkuchen. Wie viele Kuchen können mit 1 kg (100 kg bzw. 1000 kg) Mehl gebacken werden?

Multiplikation eines Dezimalbruchs mit einer natürlichen Zahl

4. Berechne.

a) $3{,}9 \cdot 7$; $6{,}8 \cdot 5$; $2{,}4 \cdot 3$

b) $77{,}11 \cdot 4$; $109{,}6 \cdot 2$; $31{,}98 \cdot 6$

c) $16{,}5 \cdot 12$; $27{,}881 \cdot 15$; $35{,}18 \cdot 23$

d) $0{,}174 \cdot 5$; $0{,}06 \cdot 9$; $0{,}1082 \cdot 14$

5. Rechne im Kopf.

a) $1{,}5 \cdot 3$; $2{,}1 \cdot 4$; $2{,}2 \cdot 3$; $9{,}1 \cdot 2$

b) $0{,}125 \cdot 6$; $0{,}75 \cdot 5$; $4{,}225 \cdot 2$; $0{,}25 \cdot 8$

c) $6{,}6 \cdot 2$; $30{,}5 \cdot 4$; $9 \cdot 0{,}1$; $3 \cdot 3{,}11$

d) $200 \cdot 0{,}1$; $0{,}015 \cdot 30$; $12{,}202 \cdot 4$; $50 \cdot 0{,}02$

6. Daniel soll für seinen Onkel fünf Briefmarken zu 55 ct und drei Marken zu 1,44 € von der Post mitbringen. Wie viel muss er zahlen?

7. Berechne. Achte auf die Maßeinheiten.

a) 19,55 € · 6	b) 2,51 m · 17	c) 0,851 km · 8	d) 6,6 t · 66
0,89 € · 16	109,8 *l* · 13	0,199 m · 6	0,5 min · 29
25,15 m^2 · 19	0,45 t · 248	0,82 € · 23	12,62 kg · 35

8. Schreibe ab und setze im Ergebnis das dort fehlende Komma an die richtige Stelle.

a) 1,97 · 7 = 1 379	b) 0,07 · 60 = 42	c) 0,5051 · 11 = 55 561
6,09 · 3 = 1 827	128,01 · 9 = 115 209	0,0268 · 12 = 3 216
0,081 · 5 = 405	25,9999 · 3 = 779 997	0,0041 · 6 = 246

9. Sascha möchte die Entfernung von Altendorf nach Ebershagen ermitteln und benutzt dazu eine Karte im Maßstab 1 : 85 000.
Mit dem Lineal misst er 5,9 cm Luftlinie.

10. Herr Lenner ist für seine Firma viel mit dem eigenen Auto unterwegs. Im Fahrtenbuch notierte er sich für die 35. Kalenderwoche folgende Entfernungen:
128 km; 209 km; 119 km; 321 km; 198 km
Pro gefahrenen Kilometer erhält er 0,38 €.

Multiplikation von Dezimalbrüchen

11. Rechne schriftlich. Mache zuvor einen Überschlag.

a) 6,6 · 8,5	b) 2,87 · 7,26	c) 0,9 · 1,3	d) 3,001 · 4,123
17,4 · 5,9	3,3 · 6,8	1,6 · 1,1	6,6 · 7,7
30,15 · 40,25	1,9 · 8,111	80,4 · 7,9	105,2 · 29,3

12. Rechne im Kopf.

a) 0,9 · 0,5	b) 0,009 · 0,7	c) 6,1 · 0,3	d) 1,5 · 1,5
1,7 · 0,3	3,5 · 0,02	125,1 · 0,4	0,01 · 0,01
0,25 · 0,4	1,8 · 0,4	5,1 · 0,5	0,1 · 0,1 · 0,1

13. Julians Zimmer soll mit Teppich neu ausgelegt werden. Das Zimmer hat eine quadratische Grundfläche mit einer Seitenlänge von 3,85 m.
Ein Quadratmeter der Auslegeware, die sich Julian gemeinsam mit seinen Eltern ausgesucht hat, kostet 5,80 Euro.

14. Rechne schriftlich.

a) 3,75 · 2,59	b) 17,9 · 26,5	c) 26,003 · 0,4	d) 8,8 · 1,234
0,18 · 7,6	21,35 · 32,79	8,309 · 0,03	9,25 · 0,0108
4,33 · 3,44	63,04 · 10,08	0,98 · 0,89	0,750 · 75,00

Division eines Dezimalbruchs durch eine natürliche Zahl

15. Rechne schriftlich.

a) 82,5 : 5	b) 36,1 : 2	c) 29,436 : 12	d) 219,752 : 16
73,11 : 3	174,9 : 5	152,75 : 13	0,65448 : 18
226,6 : 4	71,73 : 9	222,45 : 15	5 555,55 : 11

16. Katja möchte die Dicke eines 2-Cent-Stückes möglichst genau bestimmen und hat deshalb insgesamt 40 derartige Münzen übereinander gestapelt. Gerade noch, bevor dieser „Turm" zusammenfällt, kann sie seine Höhe mit 6,7 cm messen.

17. Rechne schriftlich. Mache zuvor einen Überschlag. Runde das Ergebnis jeweils auf drei Dezimalen.

a) 78,821 : 3
33,177 : 7
67,07 : 9

b) 39,68 : 17
101,55 : 13
625,17 : 26

18. Berechne. Achte auf die Maßeinheiten. Runde sinnvoll.

a) 212,64 € : 3
212,64 € : 5
212,64 € : 7

b) 386,8 km : 6
705,1 t : 7
299,3 kg : 8

c) 0,48 g : 11
400 min : 9
10^3 s : 6

d) 14,2 ha : 3
484 m^2 : 16
12,4 dt : 9

Division zweier Dezimalbrüche

19. Rechne im Heft.

a) 25,11 : 0,3
1,85 : 0,04
4,8 : 1,2

b) 4,284 : 0,7
0,501 : 0,3
72,2505 : 1,05

c) 0,07 : 12,5
0,0026 : 1,3
0,33 : 1,5

d) 3 : 0,02
10 000 : 6,25
5,4843 : 1,01

20. Berechne.
Hinweis: Durch Überlegen kannst du dir Arbeit sparen.

a) 3 822 : 3
382,2 : 30
3,822 : 0,3
0,3822 : 0,03
38,22 : 300
0,03822 : 0,003

b) 2 676 : 6
26,76 : 6
2,676 : 0,6
267,6 : 0,06
0,02676 : 6
0,002676 : 0,006

c) 37 590 : 15
37,590 : 15
37,590 : 0,15
3,7590 : 1,5
0,37590 : 0,15
375,90 : 0,0015

21. Rechne schriftlich. Mache zuvor einen Überschlag. Runde das Ergebnis jeweils auf drei Dezimalen.

a) 8,4 : 3,6
12,3 : 7,2
0,1 : 9,9

b) 3,6 : 8,4
7,2 : 12,3
9,9 : 0,1

c) 9,2 : 0,014
1,2 : 0,013
0,004 : 6,112

d) 0,014 : 9,2
0,013 : 1,2
6,112 : 0,004

22. Das rechteckige Baugrundstück der Familie Brandenburger hat laut Kaufvertrag eine Fläche von exakt 449,82 m^2.
Ermittle den Umfang dieser Fläche, wenn die an die Hauptstraße grenzende Seite eine Länge von 15,12 m hat.

23. Rechne so lange, bis die Periode erkennbar wird.

a) 19,4 : 0,03
14,26 : 0,7
8,504 : 0,6

b) 9,12 : 0,9
11,1 : 1,1
64 : 1,5

c) 0,257 : 0,3
1,405 : 0,009
1,25 : 1,1

d) 50,2 : 2,1
0,07 : 0,13
12,34 : 7,2

4.6 Ausblick in die Prozentrechnung

Im täglichen Leben stoßen wir häufig auf Prozentangaben, wie etwa die folgenden:

- Der Fruchtsaftanteil beträgt 60 %.
- Die Beteiligung an der Landtagswahl lag bei 55,6 %.
- Die Wahrscheinlichkeit, dass beim Werfen einer Münze „Zahl" oben liegt, beträgt 50 %.
- Jedes Paar Schuhe 40 % billiger!

Das Wort „Prozent" leitet sich aus den lateinischen Wörtern *pro* (svw. für, je) sowie *centum* (svw. hundert) ab und bedeutet „von Hundert".
Mithilfe von Prozentangaben lassen sich Bruchteile von Größen vergleichen, indem sie als gleichnamige Brüche mit dem Nenner 100 ausgedrückt werden.

M Prozent bedeutet Hundertstel. Es gilt: $1\ \% = \frac{1}{100} = 0{,}01$

Prozentangaben sind somit nur andere Darstellungen von gemeinen Brüchen bzw. von Dezimalbrüchen. Die folgende Tabelle gibt einige Beispiele dafür an:

Prozentangabe	Bedeutung	gemeiner Bruch	Dezimalbruch
1 %	1 von 100	$\frac{1}{100}$	0,01
25 %	25 von 100	$\frac{25}{100} = \frac{1}{4}$	0,25
50%	50 von 100	$\frac{50}{100} = \frac{1}{2}$	0,50
75 %	75 von 100	$\frac{75}{100} = \frac{3}{4}$	0,75
100 %	100 von 100	$\frac{100}{100} = 1$	1,00

Prozentangaben lassen sich durch Streifen- oder Kreisdiagramme veranschaulichen.

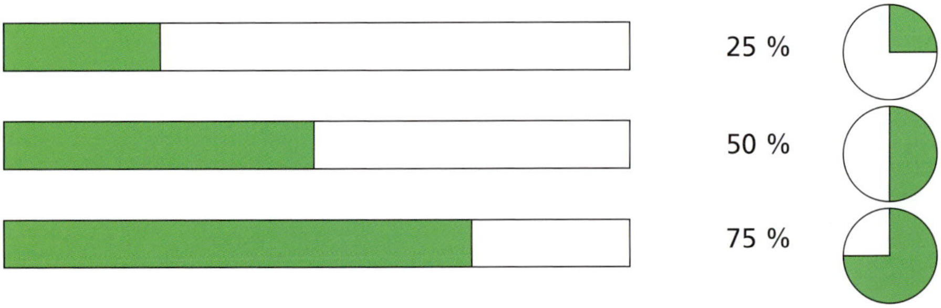

Aufgaben

1. Gib jeweils den gefärbten Anteil als Bruch und in Prozent an.

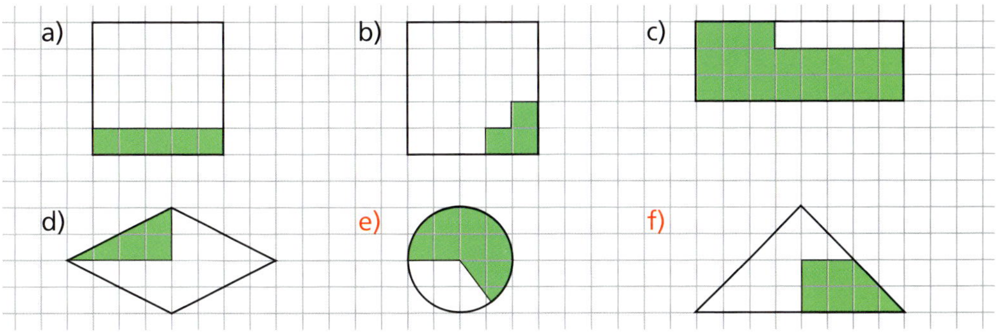

2. Gib folgende Anteile in Prozent an.

a)	b)	c)	d)
15 von 100	23,5 von 100	25 von 100	60 von 300
7 von 100	0,9 von 100	25 von 50	225 von 360
99 von 100	150 von 100	25 von 200	25 von 1 000

3. Gib in Prozent an.

a) $\frac{1}{8}$; $\frac{3}{8}$; $\frac{5}{8}$; $\frac{9}{8}$ b) $\frac{3}{20}$; $\frac{3}{40}$; $\frac{3}{120}$; $\frac{3}{2}$ c) $\frac{1}{6}$; $\frac{2}{12}$; 0,6; 0,12

4. Berechne.

a)	b)	c)
10 % von 40	5 % von 250 m	5,5 % von 2 000 €
20 % von 200	7 % von 49 €	1 % von 6 t
2 % von 180	200 % von 50 km	80 % von 1 h

5. Rechne.

a) Von 360 Teilnehmern der Bundesjugendspiele haben 60 % eine Urkunde bekommen.
b) Von den 65 Schülern der Klassen 6 a und 6 b besitzen 40 % einen eigenen Computer.
c) Von den 540 Kindern der Tannenbaum-Grundschule sind genau 60 % Mädchen.
d) In der Klasse 6 c (30 Schüler) sind 10 % Fahrtenschwimmer.
e) An der Vogelberg-Schule sind 80 % der 40 Lehrkräfte Frauen.
f) Etwa 62 % der 2 043 Wahlberechtigten der Stadt gaben ihre Stimme ab.

6. Gib die Wahrscheinlichkeit der folgenden Ereignisse sowohl als gebrochene Zahl als auch in Prozent an.

a) Ereignis A: *Beim Werfen einer Münze liegt „Wappen" oben.*
b) Ereignis B: *Mit einem Spielwürfel wird eine Sechs gewürfelt.*
c) Ereignis C: *Die aus einem vollständigen Skat-Blatt zufällig gezogene Karte ist das Herz-As.*

4.7 Gemischte Aufgaben

1. Bananen bestehen zu drei Vierteln aus Wasser.
Wie viel Wasser enthalten die folgenden Mengen?

a) 1 kg; 2 kg; 3 kg; 6 kg

b) $\frac{1}{2}$ kg; $\frac{1}{4}$ kg; $\frac{2}{3}$ kg

c) 1,2 kg; 0,75 kg; 130 g

2. Jeweils zwei der folgenden Aufgaben haben das gleiche Ergebnis. Rechne und ordne zu.

A $\frac{3}{8} : \frac{1}{24}$	B $\frac{8}{5} \cdot \frac{5}{8}$	C $\frac{2}{5} : \frac{3}{5}$	D $\frac{1}{7} : \frac{3}{7}$
E $\frac{2}{9} \cdot 3$	F $\frac{2}{3} \cdot \frac{1}{2}$	G $\frac{2}{3} \cdot 6$	H 3^2
I $\frac{5}{8} : \frac{15}{24}$	J $\frac{3}{8} : 3$	K $2{,}5 : \frac{5}{8}$	L $\frac{1}{2^3}$

3. Berechne.

a) $\frac{1^2}{2} + \left(\frac{2}{3}\right)^2$

$\frac{2^2}{5} \cdot \left(\frac{2}{3}\right)^2$

$\frac{5^2}{6} + 5\frac{1}{3}$

b) $\frac{2^3}{12} + 5\frac{1}{3}$

$\left(\frac{1}{2}\right)^2 + \frac{2^2}{3}$

$\left(\frac{2}{5}\right)^2 \cdot \frac{1^2}{4}$

c) $\left(\frac{7}{3}\right)^2 - 5$

$\frac{2^3}{3} \cdot 3^2$

$\frac{2^2}{7} \cdot \frac{14}{20}$

4. Berechne.

a) $\left(\frac{5}{2} + \frac{5}{3}\right) \cdot \frac{1}{4}$

$\frac{5}{2} + \frac{5}{3} \cdot \frac{1}{4}$

$\left(\frac{2}{5} + \frac{3}{5}\right) : \frac{1}{4}$

b) $\frac{1}{6} \cdot \left(\frac{1}{8} + \frac{1}{2}\right)$

$\left(\frac{7}{6} - \frac{1}{3}\right) \cdot \frac{4}{3}$

$4 : \left(\frac{4}{3} - \frac{3}{4}\right)$

c) $\left(\frac{5}{2} + \frac{1}{4}\right) \cdot \left(\frac{5}{2} - \frac{1}{4}\right)$

$\frac{5}{2} + \frac{1}{4} \cdot \frac{5}{2} - \frac{1}{4}$

$\left(\frac{7}{3} - \frac{1}{6}\right) \cdot \left(\frac{7}{6} - \frac{1}{3}\right)$

5. Ein Schwimmbecken ist 21,00 m breit und hat eine Länge von 50,01 m. Für einen Wettkampf werden drei der acht Bahnen abgetrennt.
Welcher Anteil der Gesamtfläche bleibt für die anderen Badegäste übrig, und wie groß ist dieser?

6. Wie viele Dreiviertelliterflaschen kann man mit 4,5 *l* Apfelsaft füllen?

7. Schreibe als gemeinen Bruch und als Dezimalbruch. Kürze die gemeinen Brüche vollständig.

a) acht Zehntel
78 Hundertstel
450 Tausendstel

b) 37 Zehntel
drei Hundertstel
26 Tausendstel

c) 3 611 Tausendstel
100 Zehntausendstel
125 Hunderttausendstel

8. **Würfelspiel „Triff die 1!“**
Für dieses Spiel zu zweit werden vier Würfel und zwölf Spielmarken benötigt. Zu Beginn des Spieles erhält jeder sechs Spielmarken.
Nun würfelt der erste Spieler mit allen vier Würfeln. Aus den erzielten Augenzahlen „bastelt“ er sich zwei gemeine Brüche, die zu multiplizieren sind (Beispiele: • $\frac{2}{5} \cdot \frac{6}{4} = \frac{12}{20} = 0{,}6$ • $\frac{5}{2} \cdot \frac{4}{6} = \frac{20}{12} = 1{,}6\overline{6}$).
Dann ist der Mitspieler an der Reihe.
Derjenige, dessen Produkt am dichtesten an der Zahl 1 liegt, bekommt vom Partner eine Spielmarke.
Gespielt wird so lange, bis einer der Mitspieler keine Spielmarken mehr hat.

Hinweis: Die Spielregeln können auch verändert werden. Varianten wären z.B., dass die Zahl 1 nicht überschritten werden darf bzw. dass die Brüche statt zu multiplizieren zu dividieren sind.

9. Ermittle die Höhen der folgenden Berge. Nutze dazu ein Nachschlagewerk bzw. das Internet. Gib die Höhe jeweils in Kilometer auf zwei Dezimalstellen gerundet an.

a) Zugspitze (Deutschland, s. Bild)
b) Montblanc (Frankreich)
c) Ararat (Türkei)
d) Olymp (Griechenland)
e) Mount Everest (Nepal; Tibet)
f) Kilimandscharo (Tansania)

10. Ergänze die Daten aus Aufgabe 9 für die höchste Erhebung deines Bundeslandes. Nutze gegebenenfalls das Internet.

11. In den folgenden Aufgaben sind verschiedene Rechenoperationen miteinander verknüpft.
Berechne unter Beachtung der Vorrangregeln.

a) $\frac{1}{2} : 8 \cdot 4$
$\frac{3}{4} : 9 \cdot 6$
$\frac{2}{5} : 4 \cdot 10$

b) $\frac{3}{8} \cdot \left(\frac{1}{5} : 6\right)$
$2 \cdot \left(\frac{18}{7} : 6\right)$
$\left(\frac{20}{10} : 11\right) \cdot 3$

c) $\frac{6}{5} : 9 + \frac{12}{5} : 9$
$\frac{24}{13} : 8 - \frac{3}{13} : 3$
$\frac{20}{8} : 4 - \frac{25}{8} : 5$

?! Au weia ...
„Auf unseren Lehrer ist auch kein Verlass“, beschwert sich Heinz. „Gestern behauptet er, $\frac{1}{2} \cdot \frac{1}{2}$ sei $\frac{1}{4}$, heute nun $\frac{1}{2} - \frac{1}{4}$.“

12. Zum Grundstück der Familie Hinkelmann gehört auch eine Rasenfläche von 64 m^2. Diese muss dringend erneuert werden.
„Heute werde ich gleich die Hälfte umgraben, morgen die Hälfte des verbliebenen Teiles und an den folgenden Tagen immer die Hälfte der Restfläche", sagt Herr Hinkelmann zu seiner Frau, worauf diese entgegnet: „Dann wirst du ja nie fertig ..."

13. Ordne jeweils der Größe nach. Beginne mit dem kleinsten Wert.
a) 1,74; 4,71; 1,47; 1,4; $1,\overline{4}$; $7,\overline{4}$; $4,\overline{7}$; $4,7\overline{1}$
b) 6,5 m; 5,60 m; 65,0 m; 56,0 m; $6,\overline{5}$; $5,\overline{6}$; 56,5 m; 65,6 m
c) 0,802 g; 0,082 g; 0,028 g; 0,208 g; 0,82 g; 0,28 g; 0,882 g; 2,808 g

14. Gib als Dezimalbruch an. Entscheide vor dem Rechnen, ob das Ergebnis ein abbrechender oder ein periodischer Dezimalbruch sein wird; kürze dazu so weit wie möglich.
a) $\frac{50}{330}$ b) $\frac{15}{63}$ c) $\frac{6}{32}$ d) $\frac{28}{36}$ e) $\frac{14}{30}$
f) $\frac{12}{120}$ g) $\frac{22}{160}$ h) $\frac{18}{70}$ i) $\frac{5}{125}$ j) $\frac{18}{48}$

15. Berechne bis zum „bitteren Ende".
a) $\frac{1}{7}$ b) $\frac{1}{9}$ c) $\frac{1}{13}$ d) $\frac{1}{99}$ e) $\frac{1}{81}$

Hinweis: Das „bittere Ende" wird im ungünstigsten Fall dadurch bestimmt, dass die Periode nach so vielen Dezimalen auftritt, wie der Wert im Nenner angibt (also bei $\frac{1}{7}$ nach der siebenten Dezimalen, bei $\frac{1}{11}$ nach der elften Dezimalen usw.)

16. Fred Brausewind betankt seinen Flitzer mit 55,6 *l* Superbenzin zu 1,169 € pro Liter.
Herr Wiesejahn braucht für seine „Familienkutsche" 64,3 *l* Normalbenzin (Literpreis 1,109 €).
Lisa Lässig fährt einen Diesel und tankt 45,3 *l* für insgesamt 45,25 €.

Hinweis: Runde sinnvoll.

17. Ein Fahrradhändler senkt den Preis eines Mountain-Bikes zunächst um 20 % und dann nochmals um 30 %.
„Aha", meint Klaus, „nun kostet es also nur noch die Hälfte." Hat er Recht?

18. Multipliziere die folgenden Dezimalbrüche jeweils mit 4, 6, 7 und 11.
a) 2,7 b) 3,9 c) 11,19 d) 43,07
e) 0,101 f) 112,01 g) 186,003 h) 276,1057

19. Multipliziere jeden der folgenden Dezimalbrüche mit sich selbst.
a) 2,5 b) 7,2 c) 0,33 d) 7,002 e) $0,\overline{6}$

20. Preiskampf bei den Telefonanbietern:

- „Ringeling“ bietet die Minute für 0,9 Cent an.
- „DingDong“ kassiert pro Minute 1,1 Cent; ab der fünften Minute jedoch nur noch 0,5 Cent.
- „Schrilly“ berechnet für alle angefangenen zehn Minuten 8,4 Cent.

Berechne die Kosten bei den einzelnen Anbietern, wenn jeweils fünf, elf, 19 Minuten bzw. eine Stunde telefoniert wird.

21. Durch welchen Bruch muss man $\frac{5}{6}$ dividieren, um $\frac{20}{21}$ zu erhalten?

22. Schreibe die Glieder der Zahlenfolgen jeweils als periodische Dezimalbrüche. Findest du die Regel?

a) $\frac{1}{9}$; $\frac{1}{99}$; $\frac{1}{999}$; $\frac{1}{9999}$; … b) $\frac{1}{11}$; $\frac{1}{101}$; $\frac{1}{1001}$; $\frac{1}{10001}$; …

23. Setze die Zahlenfolgen durch Angabe von drei weiteren Gliedern fort.

a) 3; 7,4; 11,8; 16,2; 20,6 b) 11,1; 10,2; 9,3; 8,4; 7,5
c) 0,01; 0,02; 0,04; 0,08; 0,16 d) 81,92; 40,96; 20,48; 10,24; 5,12
e) 2; 2,2; 2,42; 2,662; 2,9282 f) 31,25; 12,5; 5; 2; 0,8

24. Das 5-Cent-Stück der europäischen Gemeinschaftswährung hat einen Durchmesser von 21,25 mm, eine Dicke von 1,67 mm und ein Gewicht (eine Masse) von 3,92 g.

a) Wie schwer und wie hoch (bzw. lang) ist eine Rolle aus fünfzig 5-Cent-Stücken?
b) Wie viele 1-Cent-Stücke wiegen einen Euro auf? Schätze zuerst und rechne dann.
Hinweis: Ermittle die benötigten Daten aus dem Internet oder bestimme sie durch Messen.

25. Frau Krysler wohnt in Ludwigsfelde und arbeitet in Berlin-Mitte. Zur Fahrt in die Firma und zurück benutzt sie im Allgemeinen öffentliche Verkehrsmittel. Dazu benötigt sie Fahrausweise des Tarifes *Berlin ABC*.
Ein Einzelticket kostet 2,60 €, die Tageskarte 6,00 €, die Monatskarte 79,50 € und die Jahreskarte 755,50 €.

a) Unter welchen Bedingungen lohnt der Kauf einer Jahreskarte?
b) Frau Krysler hat sich gegen den Kauf einer Jahreskarte entschieden und plant den Erwerb von Fahrkarten von Monat zu Monat neu. Im Monat Dezember wird sie ihren restlichen Urlaub von zehn Tagen nehmen.

Teste dich selbst!

1. Gib die folgenden Dezimalbrüche jeweils als gemeinen Bruch an. Kürze so weit wie möglich.

a) 0,08 b) 2,4 c) 1,625 d) 6,66 e) 75,75 f) $33,\overline{3}$

2. Gib die folgenden gemeinen Brüche jeweils als Dezimalbruch an.

a) $\frac{7}{10}$ b) $\frac{625}{100}$ c) $\frac{7}{5}$ d) $\frac{240}{25}$ e) $\frac{75}{6}$ f) $\frac{88}{9}$

3. Auf dem Zahlenstrahl sind gebrochene Zahlen markiert.
Gib diese sowohl als gemeinen Bruch als auch in Dezimaldarstellung an.

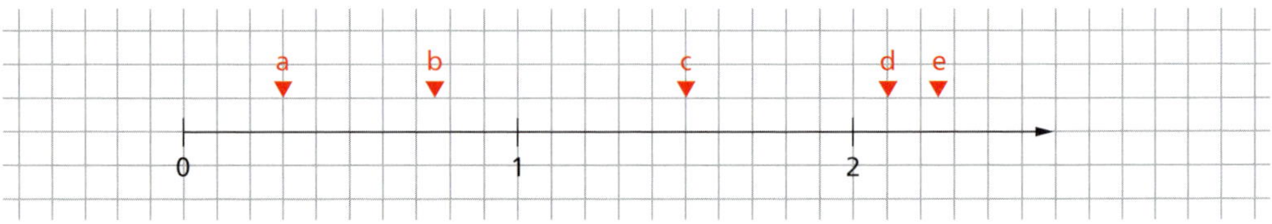

4. Ordne die folgenden gebrochenen Zahlen der Größe nach.
Beginne mit der kleinsten.

$1\frac{1}{3}$ **H** $1,\overline{30}$ **A** $\frac{13}{69}$ **P** $\frac{10}{3}$ **L** $\frac{3}{10}$ **R** $\frac{2}{3}$ **M** $0,\overline{3}$ **I** 0,67 **Z**

Hinweis: In der geordneten Reihenfolge ergeben die Buchstaben hintereinander gelesen ein Lösungswort.

5. Gib jeweils drei Zahlen an, die zwischen den gegebenen Zahlen a und b liegen.

a) a = 0,75; b = 0,8 b) $a = \frac{5}{4}$; $b = \frac{11}{4}$ c) $a = \frac{8}{3}$; b = 3

6. In der Fleischerei Körner sind von einem $1\frac{1}{2}$-kg-Bratenstück im Laufe eines Tages drei Fünftel verkauft worden.
Wie viel ist übrig geblieben?

7. Gib jeweils das 2,5-fache und den dritten Teil der folgenden Zahlen an.

a) 60 b) 100 c) $\frac{6}{5}$ d) 1,2
e) 0,75 f) $\frac{3}{8}$ g) $2\frac{1}{2}$ h) $1,\overline{3}$

8. Bestimme jeweils den fehlenden Wert.

a) $\frac{3}{4} \xrightarrow{\cdot \frac{5}{2}} x$ b) $\frac{5}{6} \xrightarrow{: \frac{2}{3}} y$ c) $\frac{3}{10} \xrightarrow{\cdot z} 0,75$ d) $1,75 \xrightarrow{\cdot \frac{4}{3}} u$

9. Welcher Anteil der Figur ist jeweils gefärbt? Gib diesen auch in Prozent an.

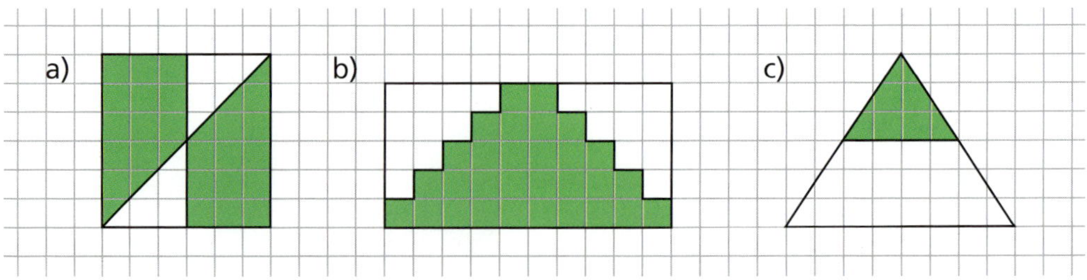

10. Rechne möglichst im Kopf.

a) $\frac{1}{2} \cdot \frac{2}{3} \cdot \frac{3}{4}$ b) $\frac{9}{4} : \frac{1}{16}$ c) $\frac{1}{2} + \frac{1}{4} + \frac{1}{8}$

d) $\left(2 - \frac{1}{2}\right)^2$ e) $\left(\frac{2}{3} + \frac{4}{3}\right) \cdot \frac{3}{2}$ f) $\left(\frac{2}{10} - \frac{1}{6}\right) \cdot \left(\frac{8}{9} + \frac{4}{9}\right)$

11. Kevin und Jana haben für die geplante Gartenparty 1,2 kg Tomaten, 1,5 kg Weintrauben, 320 g Schinken, 250 g Butter und 12 Brötchen eingekauft. Wie viel mussten sie dafür bezahlen?

Unser Angebot

Weintrauben	1,95 €/kg
Schinken	21,75 €/kg
Butter	4,80 €/kg
Tomaten	1,90 €/kg
Brötchen	0,45 €/Stück

12. Wie viel sind

a) 50 % von 50 %; b) 25 % von 75 %;

c) 75 % von 25 %; d) 200 % von 50 %?

13. Berechne jeweils für die gebrochenen Zahlen $a = \frac{4}{3}$; $b = \frac{5}{6}$ und $c = \frac{7}{4}$.

a) $a + b$ b) $c - a$ c) $a \cdot c$ d) $c : a$

e) $2 \cdot c - 3 \cdot b$ f) $(a + b) : c$ g) $\frac{b + c}{2}$ h) $\frac{4}{5} \cdot c - \frac{1}{3} \cdot a$

14. Felix gratuliert seiner Oma zum 60. Geburtstag. „Heute bin ich fünfmal so alt wie du," meint diese daraufhin zu Felix, „aber wann werde ich nur noch dreimal so alt sein?"

15. Ein Quadrat hat einen Umfang von 20,8 cm. Wie groß ist sein Flächeninhalt?

16. a) Gib die Koordinaten der Punkte A und B an.

b) Welche Koordinaten hat der Mittelpunkt der Strecke $\overline{AB}$?

c) Finde einen Punkt C so, dass die Figur ABC ein rechtwinkliges Dreieck ist.

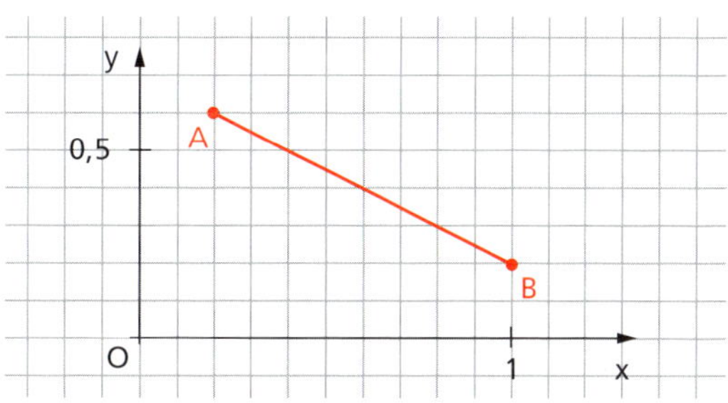

17. a) Wievielmal ist $\frac{1}{16}$ in 1,5 enthalten?

b) Subtrahiert man von einer Zahl 2,7 und dividiert die Differenz durch 3, so erhält man 2,4. Wie heißt die Zahl?

c) Wie groß ist der Unterschied zwischen $\frac{1}{4}$ *l* und $\frac{3}{8}$ *l*?

18. Einem Rechteck ABCD mit den Seitenlängen a = 4,3 cm und b = 2,6 cm ist ein Parallelogramm einbeschrieben.

a) Berechne den Umfang und den Flächeninhalt des Rechtecks.

b) Wie groß ist der Flächeninhalt des einbeschriebenen Parallelogramms EFGH?

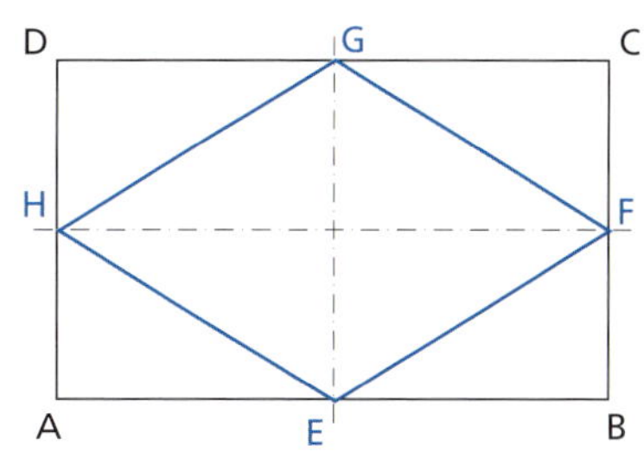

Super-BINGO

Vorbereitung

Notiert für fünf Zahlen jeweils fünf verschiedene Darstellungen (gemeine Brüche, Dezimalbrüche bzw. Prozentsätze), zum Beispiel:

- $\frac{1}{2}$; 50 %; 0,5; $\frac{5}{10}$; $\frac{4}{8}$
- $1\frac{1}{2}$; 1,50; $\frac{60}{40}$; 150 %; $\frac{3}{2}$
- 25 %; $\frac{1}{4}$; 0,25; $\frac{16}{64}$; $\frac{500}{2000}$
- $\frac{25}{250}$; 10 %; 0,1; $\frac{3}{30}$; $\frac{100}{1000}$
- $\frac{3}{4}$; 0,75; $\frac{36}{48}$; 75 %; $\frac{63}{84}$

Stellt euch nun jeder einen individuellen Spielplan nach nebenstehend abgebildetem Muster her.
Tragt dazu die obigen Werte beliebig angeordnet in die 25 Felder des großen Quadrates ein.

Fertigt jeweils noch einen zweiten Spielplan an und zerschneidet diesen.
Bewahrt die so erhaltenen 25 Kärtchen z.B. in einem Kästchen auf.

0,75	$\frac{60}{40}$	$1\frac{1}{2}$	1,50	$\frac{3}{30}$
0,1	50 %	$\frac{63}{84}$	$\frac{100}{1000}$	$\frac{4}{8}$
150 %	$\frac{500}{2000}$	$\frac{3}{2}$	$\frac{36}{48}$	0,5
$\frac{3}{4}$	75 %	25 %	10 %	$\frac{16}{64}$
$\frac{5}{10}$	$\frac{1}{4}$	$\frac{25}{250}$	$\frac{1}{2}$	0,25

Durchführung

Spielt das Super-BINGO in Gruppen von drei bis vier Personen wie im Folgenden angegeben:
Die 25 Kärtchen werden gut gemischt so in ein Gefäß gegeben bzw. so auf den Tisch gelegt, dass die Zahlenwerte nicht sichtbar sind. Im Wechsel ziehen die Mitspieler ein Kärtchen.
Jeder kreuzt dann auf seinem Spielschein die jeweils gezogene oder einen anderen dieser Zahl entsprechenden Wert an. (Achtung: Es darf nach jeder Ziehung von jedem nur ein Kreuz gemacht werden.)
Anschließend wird die gezogene Karte wieder zurückgelegt und das Spiel fortgesetzt.
Gewonnen hat derjenige, der zuerst fünf zusammenhängende Felder

- waagerecht (eine *Zeile*),
- senkrecht (eine *Spalte*) oder
- schräg (eine *Diagonale*)

angekreuzt hat – das ist ein BINGO.

Hinweis: Wenn ihr statt anzukreuzen die Felder mit Spielmarken (Münzen, o.Ä.) belegt, könnt ihr die Spielpläne immer wieder benutzen.

Erstellen eines Memory-Spiels

Vorbereitung (Gruppenarbeit)

Nehmt eine Overhead-Folie und unterteilt sie in der Mitte.
Setzt in die linke Hälfte elf Felder, in die ihr die zu lösenden Aufgaben schreibt.
In den rechten Teil zeichnet ihr ebenfalls elf Felder, in die ungeordnet die Lösungen der Aufgaben eingetragen werden.

Hinweis: Es können auch 13, 15 oder mehr Felder sein – wichtig ist nur eine ungerade Anzahl, damit es nach dem Spiel mit Sicherheit einen Sieger gibt.

Verziert nun die Folie nach eurem Geschmack (Beispiel siehe Abbildung).

Aufgaben für das Memory-Spiel

Im Folgenden sind Beispiele für mögliche Aufgaben angegeben:

- $\frac{1}{2} : \frac{1}{4}$
- $\frac{5}{6} : \frac{1}{12}$
- 3^3
- $\frac{4}{9} \cdot \frac{3}{8}$
- $1\frac{1}{2} \cdot \frac{1}{3}$
- $\frac{1}{4^2}$
- $\frac{1}{5} : \frac{1}{6}$
- $\frac{7}{9} - \frac{2}{3}$
- $\frac{2}{7} \cdot \frac{14}{15}$
- $\frac{2}{3} + \frac{2}{5}$
- $\frac{1}{8} + \frac{1}{3}$

Hinweis: Ihr könnt euch natürlich in der Gruppe auch eigene Aufgaben ausdenken. Beachtet aber, dass jedes Ergebnis nur einmal vorkommen darf. Lasst deshalb die Aufgaben von mehreren Mitgliedern eurer Gruppe nachrechnen.

Durchführung

Legt eure Folie auf einen Overheadprojektor und deckt vor dem Einschalten die einzelnen Felder durch Kärtchen oder Ähnliches ab.

Ihr seid die Spielleiter, eure restlichen Mitschüler treten nun in zwei Gruppen gegeneinander an.
Ein Schüler der ersten Gruppe kommt nach vorn, deckt eine Aufgabe der linken Seite auf, rechnet und versucht, auf der rechten Seite die entsprechende Lösung durch Aufdecken eines Feldes zu finden. (Dies kann beim ersten Mal nur Zufall sein. Oder hat etwa jemand vorher geschmult?)
Stimmen (richtiges) Rechenergebnis und aufgedeckter Wert überein, bekommt die Gruppe einen Punkt und darf weitermachen.

Wenn nicht, dann ist die andere Gruppe an der Reihe.

Zusammenfassung

Die Menge der gebrochenen Zahlen

Die Menge der gebrochenen Zahlen wird mit $\mathbb{Q}_+$ bezeichnet. Sie enthält als echte Teilmenge die Menge $\mathbb{N}$ der natürlichen Zahlen.
Gemeine Brüche und Dezimalbrüche sind nur verschiedene Darstellungsformen gebrochener Zahlen.

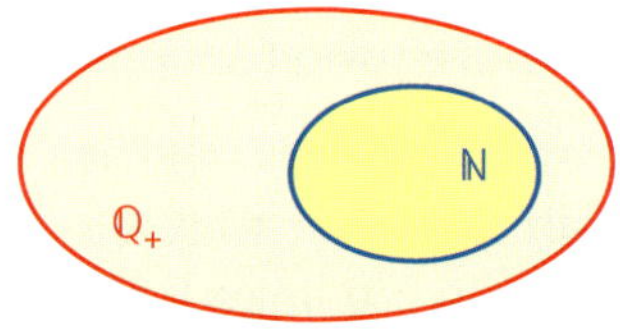

Jeder gemeine Bruch lässt sich in einen Dezimalbruch umwandeln, indem der Zähler durch den Nenner dividiert wird. Treten in der Primfaktorzerlegung des Nenners nur Potenzen von 2 und 5 auf, erhält man einen endlichen (abbrechenden) Dezimalbruch. Ansonsten entstehen periodische Dezimalbrüche.

B $\frac{5}{4} = 1{,}25$ $\quad \frac{33}{50} = 0{,}66$ $\quad \frac{8}{3} = 2{,}666\ldots = 2{,}\overline{6}$ $\quad \frac{60}{11} = 5{,}454545\ldots = 5{,}\overline{45}$

Umgekehrt lässt sich auch jeder endliche Dezimalbruch als gemeiner Bruch angeben. Für endliche Dezimalbrüche erfolgt dies über eine Darstellung als Zehnerbruch.

B $0{,}875 = \frac{875}{1000} = \frac{7}{8}$ $\quad 34{,}5 = \frac{345}{10} = \frac{69}{2}$ $\quad 4{,}67 = \frac{467}{100}$

Rechnen mit gebrochenen Zahlen

In der Menge der gebrochenen Zahlen sind die **Addition**, die **Multiplikation** und die **Division** (außer durch Null) uneingeschränkt ausführbar. Die **Subtraktion** ist nur dann möglich, wenn der Minuend größer als der Subtrahend oder gleich diesem ist.
Speziell für die **Bruchrechnung** gelten die folgenden Regeln.

Operation	allgemeine Regel	Beispiel
Addition (bzw. Subtraktion)	Brüche zuerst gleichnamig machen; dann Zähler addieren (bzw. subtrahieren) und Nenner beibehalten	$\frac{3}{5} + \frac{4}{5} = \frac{7}{5}$ $\frac{8}{3} - \frac{4}{5} = \frac{40}{15} - \frac{12}{15} = \frac{28}{15}$
Multiplikation	Zähler miteinander multiplizieren und Nenner miteinander multiplizieren	$\frac{4}{9} \cdot \frac{3}{7} = \frac{12}{63} = \frac{4}{21}$
Division	Dividend mit dem Kehrwert des Divisors multiplizieren	$\frac{12}{5} : \frac{3}{4} = \frac{12}{5} \cdot \frac{4}{3} = \frac{48}{15} = \frac{16}{5}$

Die ganzen Zahlen

Zu den ganzen Zahlen gehören alle natürlichen Zahlen und ihre Gegenzahlen.
Ganze Zahlen (mit Ausnahme der Null) sind entweder positiv (Vorzeichen: plus) oder negativ (Vorzeichen: minus). Die Null hat kein Vorzeichen.

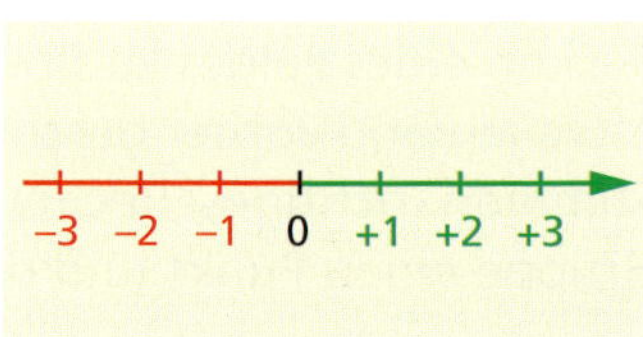

5 Arbeiten mit Größen

Klar oder nicht klar?

„Vierecke mit gleicher Grundlinie und gleicher Höhe haben den gleichen Flächeninhalt", meint Mona. „Und Körper mit gleicher Grundfläche und gleicher Höhe haben dann gleiches Volumen", fügt Felix hinzu.
„Ja, tickt ihr denn noch richtig?", ist Joanas einziger Kommentar.

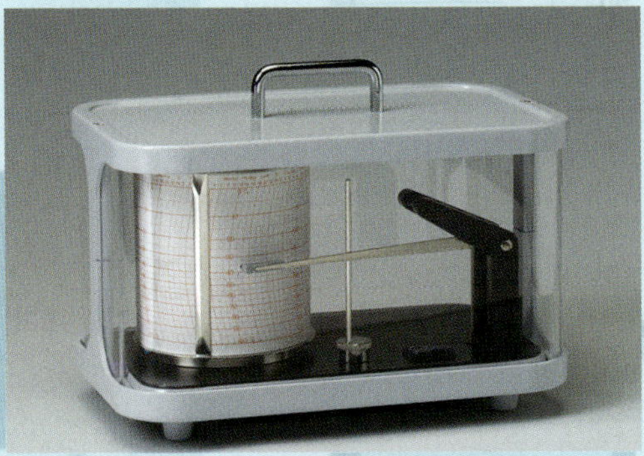

Eindeutig oder nicht?

Mithilfe eines Temperaturschreibers lässt sich der Temperaturverlauf über 24 Stunden aufzeichnen. „Das Diagramm ordnet jeder Uhrzeit genau eine Temperatur zu", stellt Ines fest. – „Und jeder Temperatur genau eine Zeit", ergänzt Phil, ohne zu überlegen…

Genau, genauer, am genauesten

„Mein Zimmer hat eine Größe von genau 12 m²", sagt Corinna zu ihrer Freundin Katja. „Ob meins wohl größer ist?", fragt sich Katja. Sie misst mit Unterstützung ihres kleinen Bruders Matthias ganz genau nach und multipliziert die Länge 3,64 m mit der Breite 3,29 m.
„Schade, zu klein: nur 11,9756 m² …"

Größen und ihre Einheiten

Größen sind Angaben, die sich als Produkt eines Zahlenwertes (der Maßzahl) und einer Einheit (der Maßeinheit) darstellen lassen.

B $54{,}3\ \text{km} = 54{,}3 \cdot 1\ \text{km}$ $3{,}2\ \text{dm}^3 = 3{,}2 \cdot 1\ \text{dm}^3$ $0{,}45\ \text{t} = 0{,}45 \cdot 1\ \text{t}$

Durch das Internationale Einheitensystem (SI) sind für die physikalischen Größen **Länge, Masse** und **Zeit** als Basiseinheiten die folgenden Einheiten festgelegt worden: ein **Meter** (1 m), ein **Kilogramm** (1 kg) bzw. eine **Sekunde** (1 s)

Durch Vorsätze können dezimale Vielfache und Teile von Einheiten gebildet werden. In der folgenden Tabelle sind die gebräuchlichsten dieser Vorsätze angegeben.

Vorsatz	Bedeutung	Faktor	Beispiel
Kilo	Tausendfaches	$1\,000 = 10^3$	1 km = 1000 m
Hekto	Hundertfaches	$100 = 10^2$	1 ha = 100 a
Dezi	Zehntel	$\frac{1}{10} = 0{,}1$	1 dm = 0,1 m
Zenti	Hundertstel	$\frac{1}{100} = 0{,}01$	1 cl = 0,01 *l*
Milli	Tausendstel	$\frac{1}{1000} = 0{,}001$	1 mg = 0,001 g

Umrechnen von Größenangaben

Schrittfolge	Rechne um: 3,45 m in cm	Rechne um: 60 g in kg
(1) Ist in eine größere oder kleinere Einheit umzurechnen?	in eine kleinere Einheit	in eine größere Einheit
(2) Auswählen der Rechenoperation (bzw. des Faktors)	Multiplizieren mit 100 (Faktor 100)	Dividieren durch 1 000 (Faktor 0,001)
(3) Ausführen der Operation	$3{,}45\ \text{m} = 3{,}45 \cdot 100\ \text{cm}$ $= 345\ \text{cm}$	$60\ \text{g} = (60 : 1\,000)\ \text{kg}$ $= 0{,}06\ \text{kg}$ bzw. $60\ \text{g} = (60 \cdot 0{,}001)\ \text{kg}$ $= 0{,}06\ \text{kg}$

Bei der Umrechnung von Zeitangaben ist zu beachten, dass die Einheiten nicht nach dem dekadischen System aufgebaut sind. Hier gilt:
1 d = 24 h 1 h = 60 min 1 min = 60 s

Umfang, Flächeninhalt und Volumen

Unter dem **Umfang** u eines Vielecks versteht man die Summe aller Seitenlängen. Der Umfang einer ebenen Figur wird in einer Längeneinheit (km, m, dm, cm bzw. mm) angegeben.

Für ein **Rechteck**
mit den Seitenlängen a und b gilt:
$u = 2 \cdot a + 2 \cdot b = 2 \cdot (a + b)$

Für ein **Quadrat**
mit der Seitenlänge a gilt:
$u = 4 \cdot a$

B Rechteck
$a = 3{,}2\ \text{cm};\ b = 4{,}8\ \text{cm}$
$u = 2 \cdot 3{,}2\ \text{cm} + 2 \cdot 4{,}8\ \text{cm} = 16{,}0\ \text{cm}$

Quadrat
$a = 24\ \text{mm}$
$u = 4 \cdot 24\ \text{mm} = 96\ \text{mm}$

Die Größe einer Fläche wird **Flächeninhalt** genannt und mit A bezeichnet. Gebräuchliche Einheiten des Flächeninhalts sind die folgenden:
Quadratkilometer (km^2), Hektar (ha), Ar (a), Quadratmeter (m^2), Quadratdezimeter (dm^2), Quadratzentimeter (cm^2), Quadratmillimeter (mm^2)

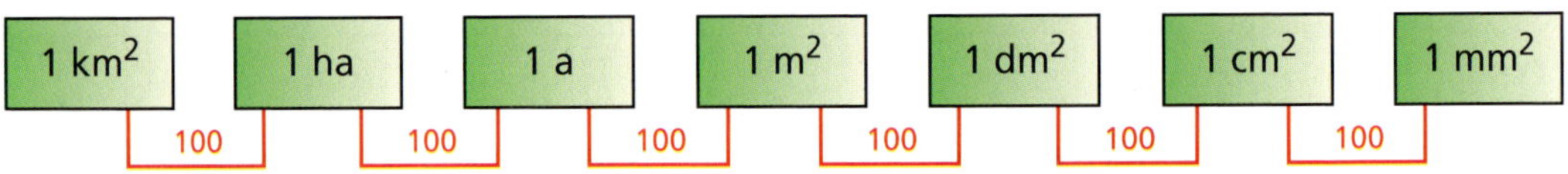

Für ein **Rechteck**
mit den Seitenlängen a und b gilt:
$A = a \cdot b$

Für ein **Quadrat**
mit der Seitenlänge a gilt:
$A = a \cdot a = a^2$

B Rechteck
$a = 3{,}2\ \text{cm};\ b = 4{,}8\ \text{cm}$
$A = 3{,}2\ \text{cm} \cdot 4{,}8\ \text{cm} = 15{,}36\ \text{cm}^2$

Quadrat
$a = 24\ \text{mm}$
$u = 24\ \text{mm} \cdot 24\ \text{mm} = 576\ \text{mm}^2$

Die Größe des Raumes, den ein Körper einnimmt, wird **Volumen (Rauminhalt)** genannt und mit V bezeichnet. Gebräuchliche Einheiten des Volumens sind die folgenden:
Kubikmeter (m^3), Kubikdezimeter (dm^3), Kubikzentimeter (cm^3), Kubikmillimeter (mm^3)

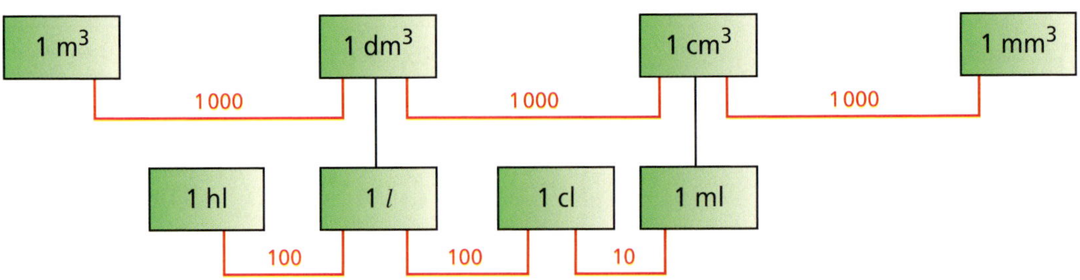

Für das Volumen von Flüssigkeiten und Gasen werden oft die so genannten **Hohlmaße,** wie Hektoliter (hl), Liter (*l*), Zentiliter (cl) und Milliliter (ml), verwendet.
Ein Liter entspricht einem Kubikdezimeter.

Für einen **Quader**
mit den Kantenlängen a, b und c gilt:
$V = a \cdot b \cdot c$

Für einen **Würfel**
mit der Kantenlänge a gilt:
$V = a \cdot a \cdot a = a^3$

B Quader
a = 32 mm; b = 18 mm; c = 12 mm
$V = 32\ \text{mm} \cdot 18\ \text{mm} \cdot 12\ \text{mm} = 6\,912\ \text{mm}^3$

Würfel
a = 2,4 cm
$V = 2{,}4\ \text{cm} \cdot 2{,}4\ \text{cm} \cdot 2{,}4\ \text{cm} = 13{,}824\ \text{cm}^3$

Aufgaben

Größen und ihre Einheiten

1. In welchen Einheiten würdest du die folgenden Größen angeben?
   a) Länge eines Bleistifts
   b) Durchmesser des Kopfes einer Reißzwecke
   c) Anzahl der Schülerinnen und Schüler einer Schule
   d) Inhalt einer Saft-Packung (siehe Bild)
   e) Fläche eines deutschen Bundeslandes
   f) Zeit für das Lesen eines Romans
   g) Geschwindigkeit eines Überschallflugzeuges

2. Ordne den Gegenständen jeweils einen der folgenden Schätzwerte für die Masse zu: 0,5 g; 2 g; 10 g; 50 g; 450 g; 1 kg; 7,5 kg; 1 t; 20 t; 300 t
   a) 2-Euro-Münze
   b) Kugel beim Kugelstoßen (Männer)
   c) PKW „VW Lupo"
   d) ein Paar Wiener Würstchen
   e) Handball
   f) dieses Mathematiklehrbuch

3. Gib einen Schätzwert für die folgenden Größen an. Nutze dazu Nachschlagewerke oder das Internet.
   a) Durchmesser der Erde
   b) Geschwindigkeit eines ICE
   c) Höhe des Berliner Fernsehturms
   d) mittlere Lebensdauer eines Hundes
   e) Masse eines PC
   f) Durchmesser einer CD
   g) Entfernung Erde – Mond
   h) Anzahl der Rillen einer Schallplatte

4. Gib jeweils die Umrechnungszahlen zwischen den Einheiten an.
   a) Meter – Kilometer
   b) Minute – Sekunde
   c) Dezitonne – Kilogramm
   d) Zentiliter – Milliliter
   e) Kubikdezimeter – Liter
   f) Quadratmeter – Ar

5. Schreibe ab und setze dabei für ☐ jeweils das richtige Zeichen (<; =; >) ein.
   a) 530 mm ☐ 3,5 m
   b) 5,4 mm ☐ 54 cm
   c) 7 200 s ☐ 2 h
   d) 2,5 dt ☐ 25 kg
   e) 823 g ☐ 0,83 kg
   f) 183 s ☐ 3 min
   g) 675 a ☐ 67,5 ha
   h) 2,4 cl ☐ 2,4 mm^3
   i) 50 m^2 ☐ 0,5 dm^2

6. Rechne jeweils in die in Klammern angegebene Maßeinheit um.
a) 0,025 kg (in g) b) 45 dm (in m) c) 1250 ct (in €) d) 690 s (in min)
e) 25 000 g (in dt) f) 4,03 m (in mm) g) 1,03 l (in ml) h) 40 m^2 (in a)

Umfang, Flächeninhalt und Volumen

7. Berechne jeweils den Umfang der Rechtecke mit den Seitenlängen a und b.
a) a = 24 mm; b = 36 mm b) a = 2,5 m; b = 36 dm c) a = 0,36 m; b = 0,18 m
d) $a = b = 2\frac{1}{2}$ km e) a = 0,035 km; b = 15 m f) a = 3,8 dm; b = 380 mm

8. Berechne jeweils den Flächeninhalt der in Aufgabe 7 gegebenen Rechtecke.

9. Berechne den Umfang und den Flächeninhalt folgender Figuren.

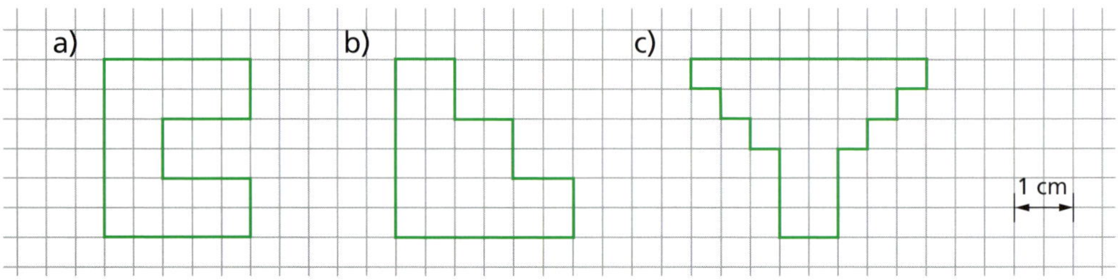

10. Übertrage die Tabelle in dein Heft und ergänze sie für ein Rechteck mit den Seitenlängen a und b.

Länge der Seite a	12 cm	4,5 dm	3,5 m		
Länge der Seite b	10 cm	6,0 dm		80 m	64 m
Umfang u				500 m	
Flächeninhalt A			12,25 m^2		64 m^2

11. Wie verändern sich Umfang und Flächeninhalt eines Rechtecks, wenn die Längen der Seiten a und b jeweils vervierfacht werden?

12. Ein Rechteck ABCD hat die Seitenlängen $\overline{AB} = a = 8$ cm und $\overline{BC} = b = 6$ cm.
a) Zeichne das Rechteck und verbinde die Mittelpunkte der Seiten, sodass eine neue Figur EFGH entsteht. Wie heißt diese Figur?
b) Berechne die Flächeninhalte von ABCD und EFGH. Was fällt dir auf?

13. Berechne jeweils das Volumen der Quader mit den Seitenlängen a, b und c.
a) a = 10 mm; b = 15 mm; c = 30 mm b) a = 7,2 cm; b = c = 3,0 cm
c) a = b = c = 1,4 dm d) a = b = 3,6 dm; c = 18 cm

14. Eine Säule mit quadratischem Querschnitt hat ein Volumen von 1,2 m^3.
Wie hoch ist sie, wenn der Inhalt der Grundfläche 1 600 cm^2 beträgt?

15. Von einem Quader ist bekannt, dass sein Volumen 24 cm^3 beträgt.
Gib alle möglichen ganzzahligen Kantenlängen (in cm) an.

5.1 Flächeninhalt von Vielecken

Flächeninhalt von Dreiecken

Maritta und Felix möchten den Flächeninhalt des in der Abbildung rot hervorgehobenen Dreiecks ermitteln. „Das kann doch so schwer nicht sein", meint Felix. „Jedes Viereck lässt sich bekanntlich in zwei Dreiecke zerlegen, und umgekehrt kann jedes Dreieck zu einem Viereck ergänzt werden. Dann teile ich einfach den Flächeninhalt des Vierecks durch 2." – „Ja, aber dazu müssen beide Dreiecke gleich groß sein", ergänzt Maritta, „und der Flächeninhalt des entstehenden Vierecks muss bekannt sein bzw. berechnet werden können …"

„Na, genau das ist doch in unserem Beispiel der Fall!", stellt Felix fest.
„Nehmen wir an, dass das Dreieck etwa 5,80 m hoch und 2,20 m breit ist, dann dürfte sein Flächeninhalt annähernd 6,5 m^2 betragen."

Allgemein kann jedes rechtwinklige Dreieck als ein halbes Rechteck aufgefasst werden. Wir betrachten dazu ein Dreieck ABC mit rechtem Winkel im Punkt C.
Hinweis: Die zueinander senkrechten Seiten a und b heißen Katheten des Dreiecks, die längste Seite c wird Hypotenuse genannt.

Das Dreieck ABC lässt sich zu einem Rechteck mit den Seiten a und b ergänzen (siehe Abbildung).
Bezeichnen wir den Flächeninhalt des Dreiecks mit A_D und den des Rechtecks mit A_R, dann gilt:

$A_D = \frac{1}{2} \cdot A_R = \frac{a \cdot b}{2}$

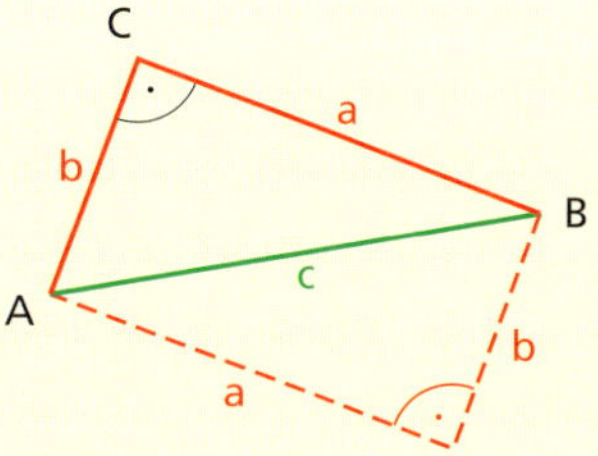

M Der **Flächeninhalt eines rechtwinkligen Dreiecks** ABC (mit $\gamma = 90°$) ist halb so groß wie der Flächeninhalt des von den Seiten a und b gebildeten Rechtecks.
Es gilt:
$A = \frac{a \cdot b}{2}$

B Gegeben: $a = 36$ mm; $b = 24$ mm; $\gamma = 90°$

Gesucht: A (in mm^2)

Lösung:
$$A = \frac{a \cdot b}{2} = \frac{36\text{ mm} \cdot 24\text{ mm}}{2} = 432\text{ mm}^2$$

Skizze:

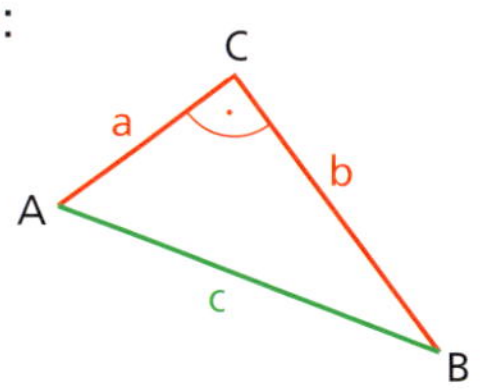

Ist nun ein beliebiges Dreieck ABC gegeben, so lässt es sich durch Einzeichnen einer im Inneren liegenden Höhe in zwei rechtwinklige Dreiecke zerlegen.

In der Abbildung wurde die Höhe h_c gewählt. Der Flächeninhalt des Dreiecks ABC ergibt sich dann als Summe der Flächeninhalte A_1 und A_2 der beiden Teildreiecke folgendermaßen:

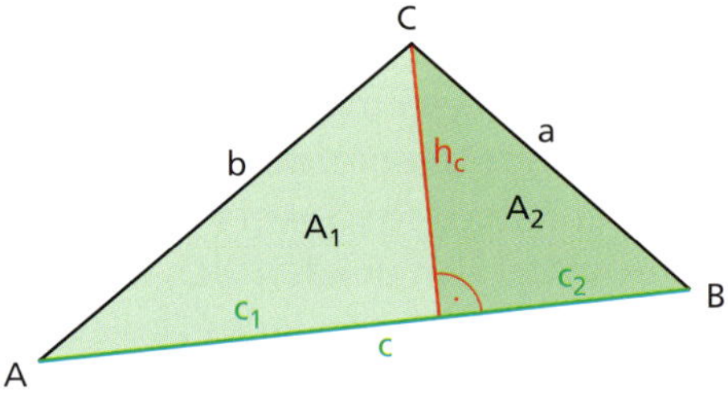

$$A = A_1 + A_2 = \frac{c_1 \cdot h_c}{2} + \frac{c_2 \cdot h_c}{2} = \frac{c_1 \cdot h_c + c_2 \cdot h_c}{2} = \frac{(c_1 + c_2) \cdot h_c}{2} = \frac{c \cdot h_c}{2}$$

Zur Berechnung des Flächeninhalts eines Dreiecks ABC kann eine beliebige der drei Höhen h_a, h_b und h_c gewählt werden. Es gilt:

$$A = \frac{a \cdot h_a}{2} = \frac{b \cdot h_b}{2} = \frac{c \cdot h_c}{2}$$

Üblicherweise wird nur von der **Höhe** h und der zugehörigen **Grundseite** g des Dreiecks gesprochen und die Formel $A = \frac{g \cdot h}{2}$ für den Flächeninhalt angegeben.

M Der **Flächeninhalt eines beliebigen Dreiecks** ist gleich der Hälfte des Produkts aus einer Seitenlänge (der Grundlinie) g und der zugehörigen Höhe h. Es gilt: $A = \frac{g \cdot h}{2}$

B

Gegeben: $b = 4{,}2\text{ cm}$; $h_b = 2{,}7\text{ cm}$

Gesucht: A (in cm^2)

Lösung:
$$A = \frac{g \cdot h}{2} = \frac{b \cdot h_b}{2} = \frac{4{,}2\text{ cm} \cdot 2{,}7\text{ cm}}{2} = 5{,}67\text{ cm}^2$$

Skizze:

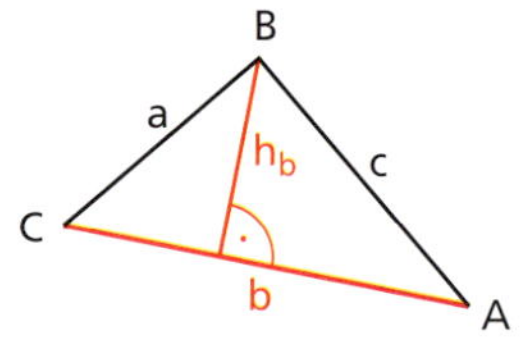

Flächeninhalt von Vierecken

Wir kennen bereits Formeln zur Berechnung des Flächeninhalts von Rechtecken und speziell von Quadraten.

Allgemein lässt sich der **Flächeninhalt** eines Vierecks ABCD folgendermaßen ermitteln:

1. Das Viereck wird in zwei Dreiecke, etwa ABC und BDC, zerlegt.
2. Die Flächeninhalte A_1 und A_2 der beiden Teildreiecke werden berechnet und dann addiert:
   $A = A_1 + A_2$

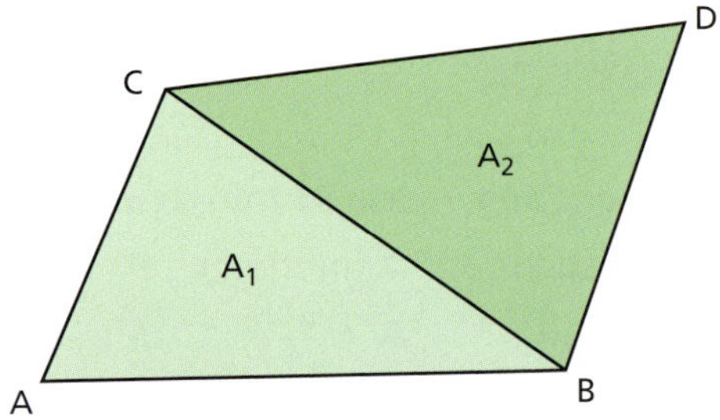

Hinweis: Dieses Verfahren kann auch zur Berechnung des Flächeninhalts anderer Vielecke (Fünfecke, Sechsecke, …) angewandt werden.

Für die Berechnung des Flächeninhalts **spezieller Vierecke** (s. Seiten 58 und 59) lassen sich ebenfalls entsprechende Formeln angeben. Diese erhält man durch geschicktes Zerlegen bzw. Ergänzen der Figuren und Zurückführen auf bekannte Formeln.

Flächeninhalt eines Parallelogramms

Jedes Parallelogramm ABCD kann durch Zerlegen und Ergänzen in ein flächengleiches Rechteck EFCD überführt werden (siehe Abbildung). Die Dreiecke AED und BFC sind zueinander kongruent.
Somit gilt:
$A = a \cdot h_a$

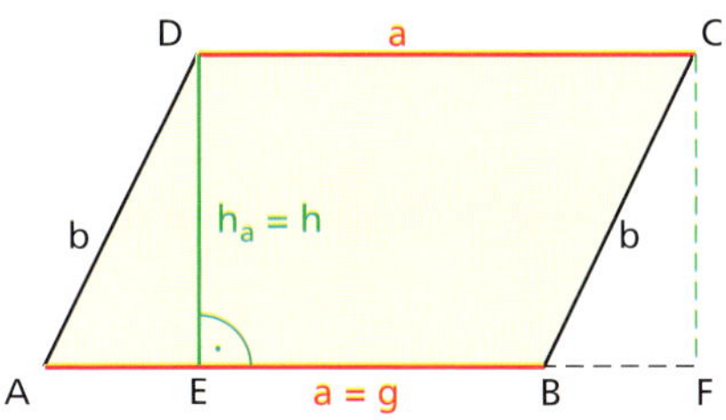

Ebenso wie bei Dreiecken wird die gewählte Seitenlänge (a oder b) **Grundlinie** genannt. Diese wird mit g, die zugehörige Höhe (h_a bzw. h_b) kurz mit h bezeichnet.

M Der **Flächeninhalt eines Parallelogramms** ist gleich dem Produkt aus einer Seitenlänge (der Grundlinie) g und der zugehörigen Höhe h. Es gilt:
$A = g \cdot h$

B

Gegeben: $a = 6{,}2\text{ cm}$; $h_a = 2{,}8\text{ cm}$

Gesucht: A (in cm^2)

Lösung: $A = g \cdot h = a \cdot h_a$
$= 6{,}2\text{ cm} \cdot 2{,}8\text{ cm} = 17{,}36\text{ cm}^2$

Skizze:

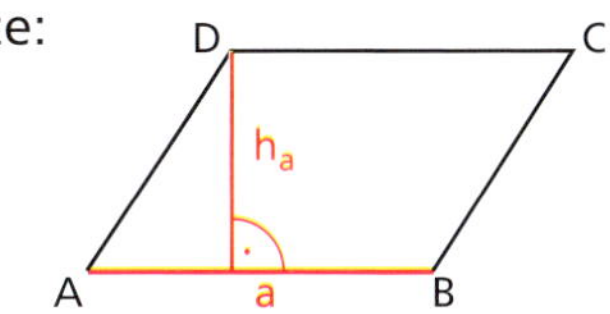

Flächeninhalt eines Trapezes

Durch Drehung des Trapezes ABCD um den Mittelpunkt M der Seite $\overline{BC}$ um 180° entsteht ein Parallelogramm AD'A'D mit doppelt so großem Flächeninhalt.
Für diesen gilt:
$A_P = g \cdot h = (a + c) \cdot h$
Somit ergibt sich der Flächeninhalt des Trapezes folgendermaßen:
$A = \frac{1}{2} \cdot A_P = \frac{1}{2} \cdot (a + c) \cdot h = \frac{a + c}{2} \cdot h$

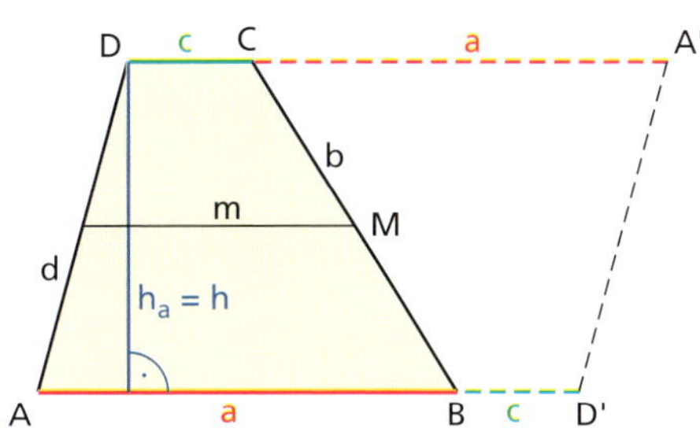

M Der **Flächeninhalt eines Trapezes** ist gleich dem Produkt aus dem arithmetischen Mittel der zueinander parallelen Seiten a und c sowie der Höhe h. Es gilt:
$A = \frac{a + c}{2} \cdot h$

Hinweis: Der Flächeninhalt kann auch mithilfe der so genannten **Mittellinie** m (siehe Bild) angegeben werden. Wegen $m = \frac{a + c}{2}$ gilt $A = m \cdot h$.

Flächeninhalt eines Drachenvierecks

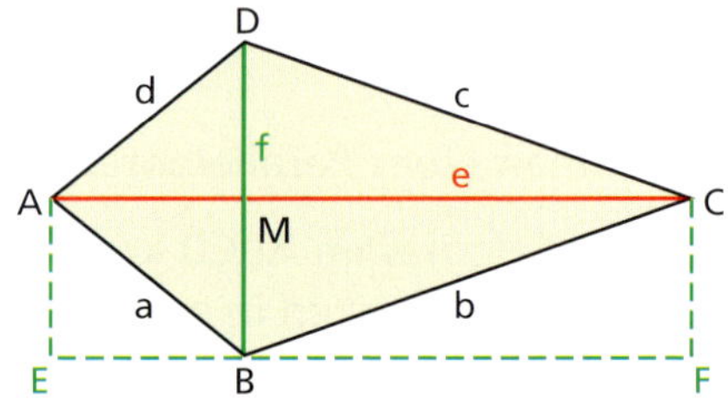

Jedes Drachenviereck ABCD lässt sich in vier Dreiecke zerlegen und zu einem Rechteck mit gleichem Flächeninhalt zusammensetzen (siehe Abbildung). Die Dreiecke AMD und AEB sowie DMC und BFC sind jeweils zueinander kongruent. Für den Flächeninhalt des Rechtecks AEFC gilt dann:

$$A = \overline{AC} \cdot \overline{AE} = \overline{AC} \cdot \overline{MB} = \overline{AC} \cdot \frac{\overline{BD}}{2} = e \cdot \frac{f}{2} = \frac{e \cdot f}{2}$$

M Der **Flächeninhalt eines Drachenvierecks** ist gleich dem halben Produkt aus den Längen der Diagonalen e und f. Es gilt:

$$A = \frac{e \cdot f}{2}$$

Hinweis: Auch der Flächeninhalt eines Rhombus (einer Raute) als Spezialfall des Drachenvierecks lässt sich nach dieser Formel berechnen.

Aufgaben

Flächeninhalt von Dreiecken

1. Wie groß ist jeweils der Flächeninhalt? Ermittle diesen durch Auszählen der Kästchen und überprüfe anschließend durch Rechnung.

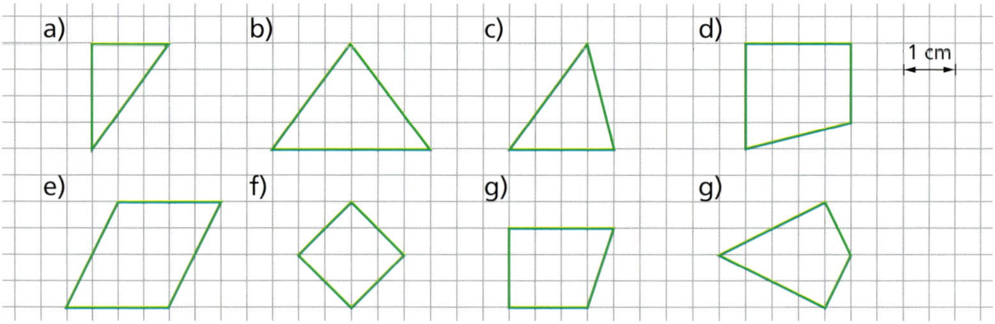

2. Berechne den Flächeninhalt des Dreiecks ABC mit den angegebenen Größen. Ermittle auch den Umfang des jeweiligen Dreiecks.
   a) $a = 5$ cm; $b = 3$ cm; $c = 4$ cm; $\alpha = 90°$
   b) $a = 35$ mm; $b = 12$ mm; $c = 37$ mm; $\gamma = 90°$
   c) $a = 5{,}4$ cm; $b = 9$ cm; $c = 7{,}2$ cm; $\beta = 90°$
   d) $a = 4{,}2$ dm; $b = 56$ cm; $c = 700$ mm; $\gamma = 90°$
   e) $\overline{AB} = 3{,}5$ cm; $\overline{AC} = 9{,}1$ cm; $\overline{BC} = 8{,}4$ cm; $\beta = 90°$

3. Trage die Punkte A(1; 1), B(5; 1) und C(1; 5) in ein Koordinatensystem (Einheit: 1 cm) ein und verbinde sie. Berechne den Flächeninhalt des Dreiecks ABC und ermittle auch seinen Umfang.

4. a) Zeichne jeweils ein rechtwinkliges Dreieck, ein spitzwinkliges Dreieck und ein stumpfwinkliges Dreieck und ergänze sie zu Rechtecken.
b) Welche Größen müssen bekannt sein, um den Flächeninhalt der Rechtecke berechnen zu können?
c) Welche Beziehung besteht zwischen den Flächeninhalten der Rechtecke und der Dreiecke?

5. Ein rechtwinkliges Dreieck ABC (mit $\gamma = 90°$) hat einen Flächeninhalt von 24 cm^2. Untersuche, wie sich die Länge der Seite b ändert, wenn die Länge der Seite a verändert wird. Trage mögliche Wertepaare (a; b) in ein Koordinatensystem ein.

6. Gib für die folgenden Dreiecke Formeln zur Berechnung des Flächeninhaltes an.

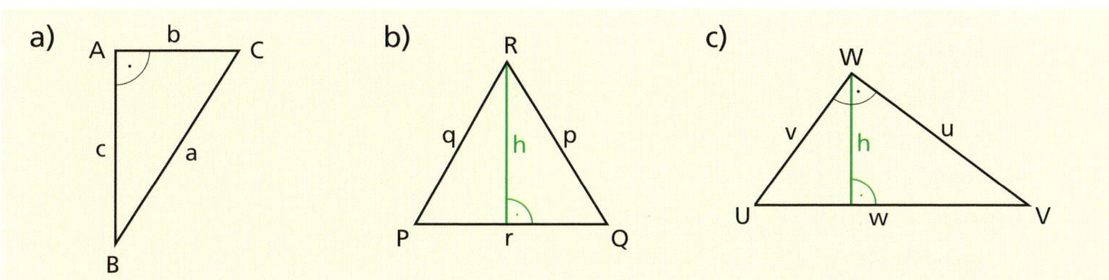

7. Erkläre an nebenstehendem Bild die Formel für den Flächeninhalt eines (gleichschenkligen) Dreiecks.

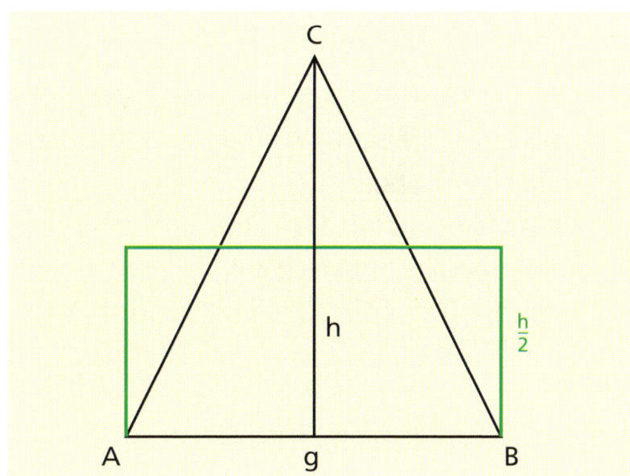

8. Ermittle den Umfang und den Flächeninhalt des Dreiecks ABC. Trage dazu die Punkte A, B, C in ein Koordinatensystem (Einheit: 1 cm) ein und verbinde sie.
a) A(1; 1), B(4; 1), C(4; 4)
b) A (1; 4,5), B(4; 4,5), C(4; 0)

9. Berechne den Flächeninhalt der Vielecke.

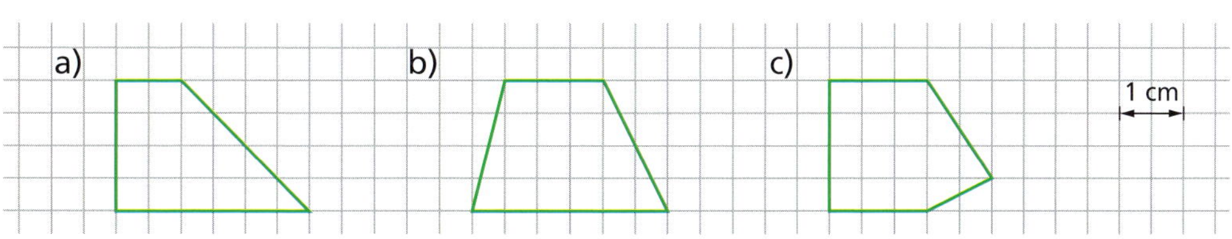

10. Zeichne jeweils das Dreieck ABC und ermittle Umfang sowie Flächeninhalt. Entnimm zur Berechnung fehlende Größen den Zeichnungen.
a) a = 3 cm; b = 6 cm; $\gamma = 90°$ b) b = 7,5 cm; c = 3,4 cm; $\alpha = 75°$

11. Trage die folgenden Punkte in ein Koordinatensystem ein und verbinde sie in der angegebenen Reihenfolge:
A(2; 2), B(2; 5), C(3; 7), D(6; 7), E(6; 8), F(8; 11), G(10; 8), H(10; 2), I(6; 2), A(2; 2)
Ermittle den Flächeninhalt und den Umfang dieser Figur.

12. Wie ändert sich der Flächeninhalt eines Dreiecks bei der angegeben Änderung für eine Seite und die dazugehörige Höhe?
a) Die Seite wird verdoppelt, die Höhe bleibt unverändert.
b) Die Höhe wird halbiert, die Seite bleibt unverändert.
c) Seite und Höhe werden verdoppelt.
d) Die Höhe wird verdoppelt, die Seite halbiert.
e) Die Seite wird geviertelt, die Höhe gedrittelt.

Flächeninhalt von Vierecken

13. Axel verwandelt ein beliebiges Trapez in ein Rechteck (siehe Bild).
a) Begründe, dass die von Axel durchgeführte Umwandlung des Trapezes ein flächengleiches Rechteck erzeugt.
b) Begründe, dass $\frac{a+c}{2}$ eine Seitenlänge des Rechtecks ist.

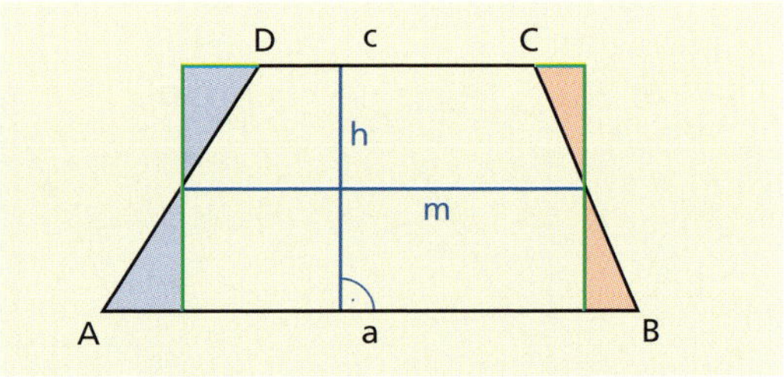

c) Leite anhand der Abbildung die Formel für die Berechnung des Flächeninhalts des Trapezes her.

14. Die Giebelfläche eines Gebäudes soll mit einer neuen Werbeplakatwand versehen werden.
Wie viele Quadratmeter Giebelwand sind dafür vorhanden?
Warum ist es sinnvoll zu runden?

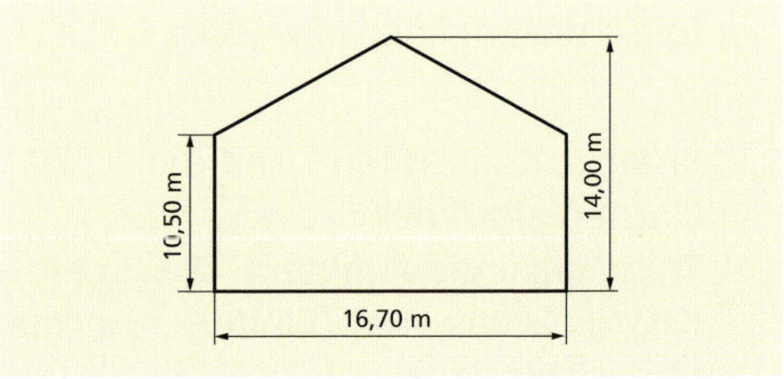

15. Berechne den Flächeninhalt des Trapezes mit den nachfolgenden Angaben für die zueinander parallelen Seiten a und c sowie die Höhe h.
a) a = 5,6 cm; c = 3,2 cm; h = 4 cm
b) a = 34 m; c = 112 m; h = 45 m
c) a = 0,025 km; c = 71 m; h = 0,032 km
d) a = 22 mm; c = 34 mm; h = 43 mm

16. Zeichne das Viereck ABCD und ermittle Umfang und Flächeninhalt.
Entnimm die erforderlichen Größen gegebenenfalls deiner Zeichnung.
a) a = 5,5 cm; b = 3,5 cm; c = 6,4 cm, $\beta = 60°$; $\gamma = 120°$
b) a = 4,0 cm; b = 2,5 cm; c = 3,5 cm; $\alpha = 80°$; $\beta = 70°$

17. Zeichne die Drachenvierecke mit den Diagonalen e und f.
Berechne den Flächeninhalt dieser Vierecke.
a) e = 4,5 cm; f = 4 cm
b) e = f = 4,8 cm

5.2 Oberflächeninhalt und Volumen von Körpern

Oberflächeninhalt von Polyedern

Geometrische Körper, die nur von ebenen Flächen begrenzt sind, heißen **Polyeder** (Vielflächner).
Beispiele für Polyeder sind Würfel, Quader, Prismen und Pyramiden.

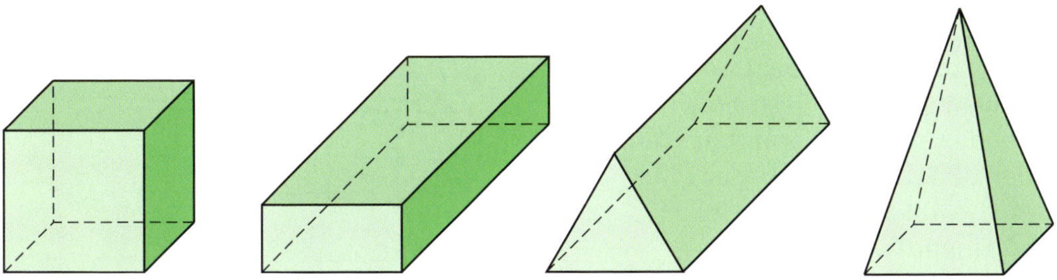

Würfel Quader dreiseitiges Prisma quadratische Pyramide

M Der Inhalt der Oberfläche (kurz: **Oberflächeninhalt**) A_O eines Polyeders ist die Summe der Inhalte aller Begrenzungsflächen.

Um einen Überblick über die Art und die Anzahl der Begrenzungsflächen eines Polyeders zu bekommen, empfiehlt es sich, das zugehörige Netz zu skizzieren.

B

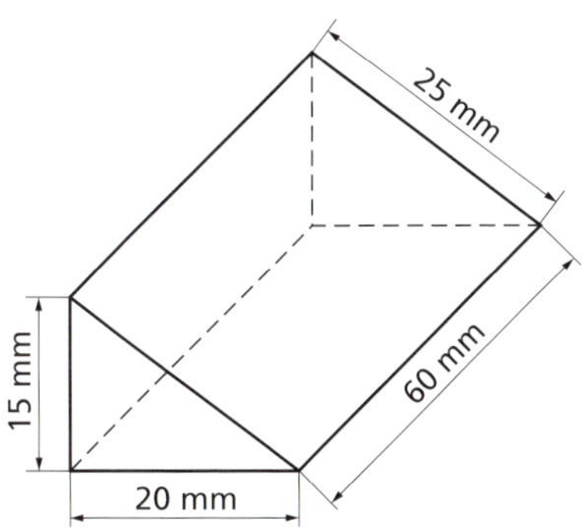

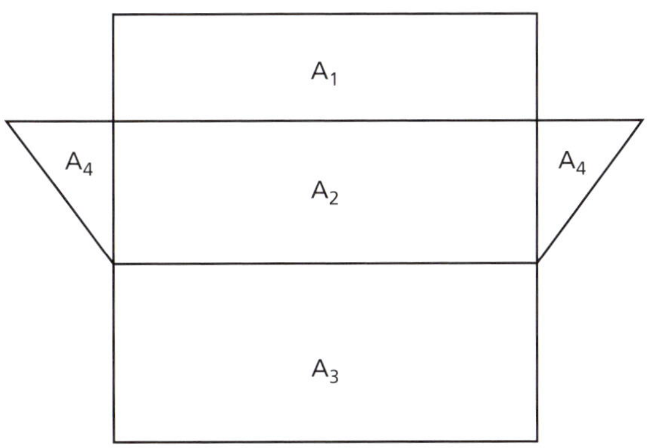

$A_O = A_1 + A_2 + A_3 + 2 \cdot A_4$

$A_O = 15\text{ mm} \cdot 60\text{ mm} + 20\text{ mm} \cdot 60\text{ mm} + 25\text{ mm} \cdot 60\text{ mm} + 2 \cdot (\frac{1}{2} \cdot 15\text{ mm} \cdot 20\text{ mm})$

$A_O = 900\text{ mm}^2 + 1\,200\text{ mm}^2 + 1\,500\text{ mm}^2 + 2 \cdot 150\text{ mm}^2 = 3\,900\text{ mm}^2$

M Für den **Oberflächeninhalt von Quadern** bzw. **Würfeln** gilt:
$A_O = 2 \cdot (a \cdot b + a \cdot c + b \cdot c)$ bzw. $A = 6 \cdot a^2$

Volumen von Quadern und daraus zusammengesetzten Körpern

Das Volumen (der Rauminhalt) eines Quaders ist gleich dem Produkt aus den Längen seiner Kanten a, b und c. Das gilt auch für den Würfel, der ein spezieller Quader ist.

M Das **Volumen eines Quaders** bzw. **Würfels** berechnet sich folgendermaßen:
$V = a \cdot b \cdot c$ bzw. $V = a^3$

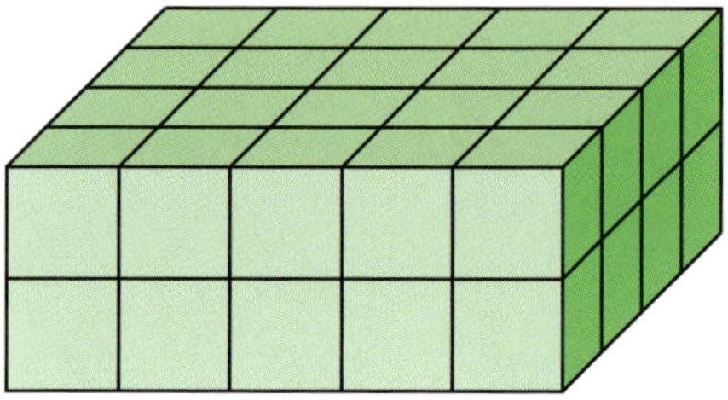

Sind Quader aus gleich großen Einheitswürfeln zusammengesetzt, so kann ihr Volumen auch durch Bestimmen der Anzahl dieser Würfel ermittelt werden.
Für den abgebildeten Quader gilt:
$V = (4 \cdot 5 + 4 \cdot 5)$ Einheitswürfel
$= 40$ Einheitswürfel

Auch das Volumen von Körpern, die nur aus Quadern bzw. Würfeln zusammengesetzt sind, kann durch Zerlegen in Teilkörper berechnet werden.

B Es ist das Volumen des nebenstehend abgebildeten Körpers zu berechnen.

$V = V_{\text{Quader}} + V_{\text{Würfel}}$
$= 50\ \text{mm} \cdot 20\ \text{mm} \cdot 12\ \text{mm} + (20\ \text{mm})^3$
$= 12\,000\ \text{mm}^3 + 8\,000\ \text{mm}^3$
$= 20\,000\ \text{mm}^3 = 20\ \text{cm}^3$

Das Volumen beträgt $20\ \text{cm}^3$.

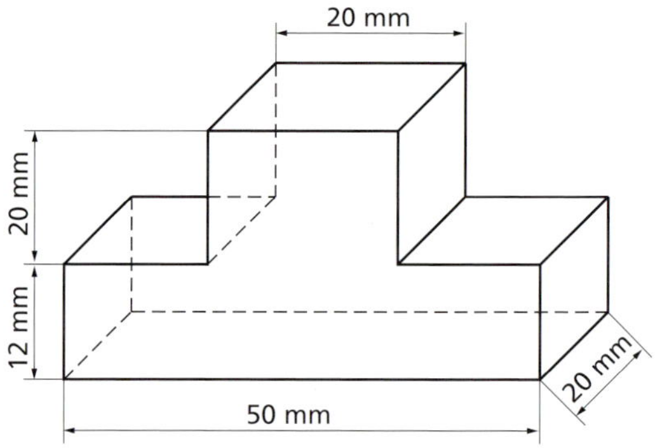

Aufgaben

1. Berechne jeweils Oberflächeninhalt und Volumen des Quaders.
a) a = 24 mm; b = 32 mm; c = 16 mm
b) a = 5,6 cm; b = c = 3,2 cm
c) a = 0,34 m; b = 5,1 dm; c = 27 cm
d) a = b = 2,4 dm; c = 24 cm

2. Im Zoo befindet sich ein großes quaderförmiges Wasserbecken aus Glas, in dem Seekühe von allen Seiten zu beobachten sind.
Das Becken ist 15 m lang, 12 m breit und 3 m hoch. Berechne das Volumen der darin befindlichen Wassermenge, wenn das Becken bis zu $\frac{9}{10}$ seiner Höhe mit Wasser gefüllt ist.

3. Kartons, die zur Verpackung dienen, sind oft quaderförmig. Suche zu Hause einen solchen Karton und miss seine Länge, Breite und Höhe.
Berechne dann das Volumen und den Oberflächeninhalt des Kartons.

4. Nathalie und Linda haben unterschiedliche Bausteine. Bei ihren Berechnungen kommen sie beide auf das Volumen von 24 cm^3.
Welche Maße können diese Bausteine haben?

5. Ein quaderförmiger Ziegelstein hat die Abmessungen 240 mm, 115 mm und 71 mm.
Berechne sein Volumen und seinen Oberflächeninhalt.

6. Eine Serviette ist 16,5 cm lang und ebenso breit.
   a) Wie viele Servietten werden zum Auslegen eines Quadratmeters benötigt?
      Schätze erst und rechne dann.
   b) Wie groß müsste eine Serviette mindestens sein, wenn darin eine quaderförmige Schachtel mit den Abmessungen 11 cm, 9 cm und 5 cm eingepackt werden soll?

7. Eine Dokumentenmappe wiegt 1500 g. Azubi Mike soll 175 derartige Mappen in den zweiten Stock des Bürohochhauses befördern.
Was meinst du, wie oft er laufen muss, wenn er keine technischen Hilfsmittel zur Beförderung nutzen kann?

8. a) Zeichne ein Schrägbild des nebenstehend abgebildeten Körpers mit symmetrischer Grundfläche.
      Hinweis: Vergiss die verdeckten Kanten nicht.
   b) Berechne das Volumen und den Oberflächeninhalt des Körpers.

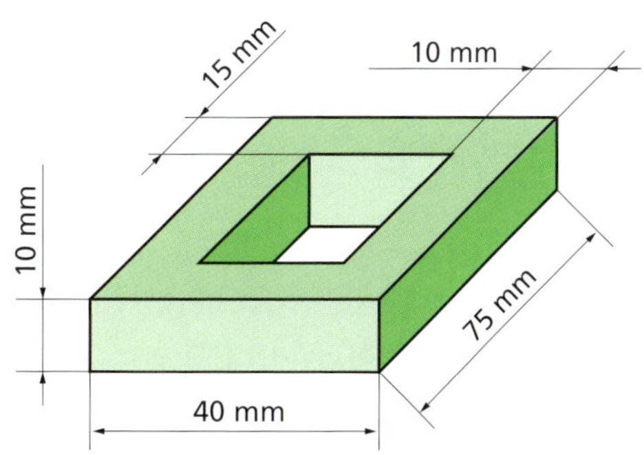

9. Eine rechteckige Tischtennisplatte ist 274 cm lang und 152,5 cm breit. Sie muss dunkel sein und außen einen 2 cm breiten weißen Rand haben.
   a) Wie groß ist die Fläche einer Tischtennisplatte insgesamt?
   b) Wie groß ist die dunkle Fläche?
   c) Wie lang ist die weiße Linie außen? Wie lang ist sie innen? Wie groß ist die weiße Fläche?
   d) Max, Robert und Christoph möchten an ihrer Schule ein Tischtennisturnier veranstalten. Jede Klasse soll ihre besten zwei Spieler schicken. Die Schule hat insgesamt 14 Klassen.
      Welche Überlegungen sollten vor Spielbeginn angestellt werden?

5.3 Zuordnungen und Proportionalität

Darstellen und Untersuchen von Zuordnungen

Bei vielen Sachverhalten findet man Tabellen, Diagramme oder andere Darstellungen, in denen es darum geht, bestimmte Zusammenhänge zu veranschaulichen. Oft werden dabei Größen so wie in den folgenden Beispielen einander zugeordnet.

Beispiel 1:
Nebenstehendes Diagramm zeigt den Zusammenhang zwischen dem **Alter** und der **Körpergröße** eines Menschen bis zum 20. Lebensjahr.
(Hierbei handelt es sich um Durchschnittswerte, wobei nicht zwischen Jungen und Mädchen unterschieden wurde.)

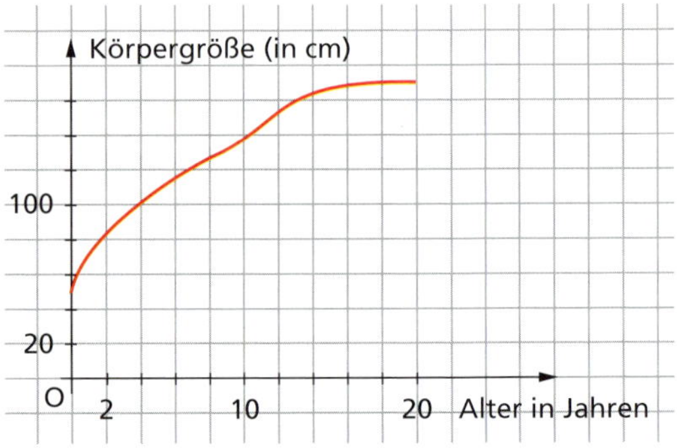

Beispiel 2:
Mithilfe eines so genannten Notenspiegels wird den sechs möglichen **Zensuren** ihre (absolute) **Häufigkeit** zugeordnet.
Die folgende Tabelle gibt das Ergebnis einer Klassenarbeit wieder.

Zensur	1	2	3	4	5	6	Durchschnitt
Häufigkeit	4	7	10	3	1	0	2,6

Beispiel 3:
Gemüsehändler Grünfrucht bietet Kartoffeln in verschiedenen Mengen an.
Er verkauft Abpackungen zu 2,5 kg, 5 kg, 10 kg und 25 kg.
Jeder **Menge** hat er einen **Preis** zugeordnet.

In den drei Beispielen wird jeweils der Zusammenhang zwischen zwei Größen x und y dargestellt. Es handelt sich um **Zuordnungen** $x \to y$.
Solche Zuordnungen haben im Alltag, aber auch in der Mathematik und in den Naturwissenschaften, eine große Bedeutung.

Zur Veranschaulichung von Zuordnungen sind besonders grafische Darstellungen in Form von **Diagrammen** geeignet.

B Das Diagramm zeigt, welchen Weg Jan mit seinem Fahrrad nach einer bestimmten Zeit zurückgelegt hat. Sogar die Pausen sind in diesem Diagramm erkennbar.
Hier wird jeder **Fahrzeit** (in Stunden) eindeutig der zurückgelegte **Weg** (in Kilometern) zugeordnet.
Man spricht kurz von einem Weg-Zeit-Diagramm.

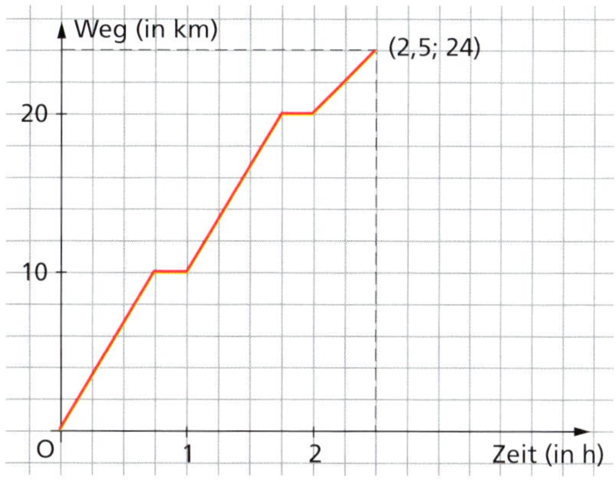

Im obigen Beispiel ist die Zeit die **vorgegebene Größe** (waagerechte Achse), der Weg die **zugeordnete Größe** (senkrechte Achse).
Jedem Wert der ersten Größe ist ein Wert der zweiten Größe zugeordnet. So ist erkennbar, dass Jan nach 2,5 Stunden 24 Kilometer zurückgelegt hat. Das wird durch das **Wertepaar** (2,5; 24) zum Ausdruck gebracht.

M Eine **Zuordnung** ist eine Beziehung zwischen den Elementen zweier Mengen A und B. Es ist die Menge aller Wertepaare (a; b), wobei a zur Menge A und b zur Menge B gehört.

Es gibt verschiedene Arten von Zuordnungen. Besonders wichtig sind Zuordnungen der Art *Je größer – desto größer* (bzw. *Je mehr – desto mehr*) und *Je größer – desto kleiner* (bzw. *Je mehr – desto weniger*).

B Je mehr Brötchen Lina kauft, desto mehr muss sie bezahlen.

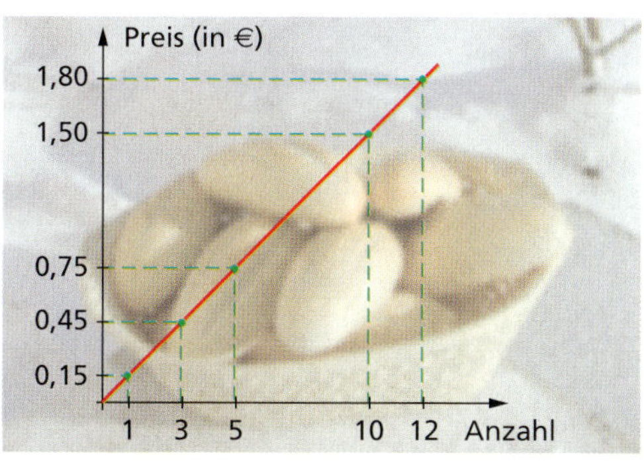

Je mehr Personen sich eine Pizza teilen, desto weniger bekommt jeder.

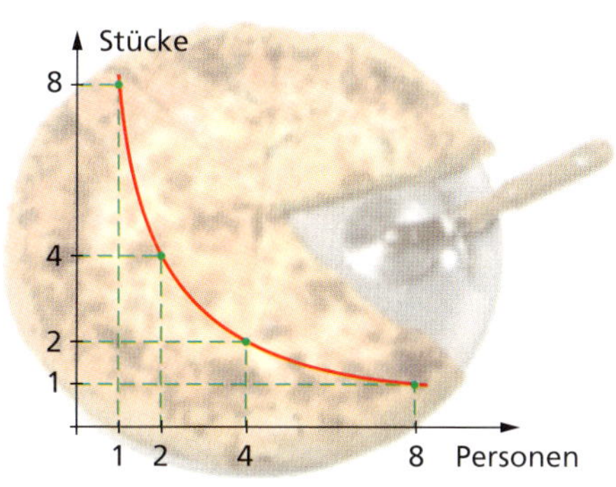

Die Art der Zuordnung ist anhand des Diagramms leicht erkennbar, weil die Wertepaare entweder auf einer ansteigenden oder einer abfallenden Kurve liegen.

Proportionale Zuordnungen

Ein Messzylinder hat in regelmäßigen Abständen Markierungen für das Volumen. Der Füllhöhe h (in cm) ist die Flüssigkeitsmenge V (in ml) zugeordnet.

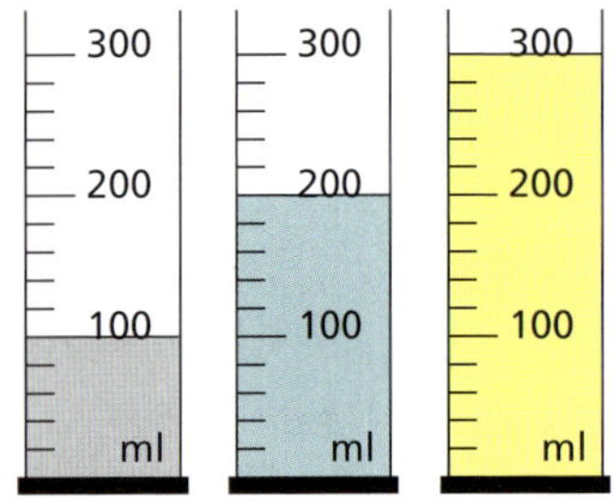

Höhe h (in cm)	2	4	6	8	10
Volumen (in ml)	100	200	300	400	500

Mit zunehmender Höhe h wächst die Flüssigkeitsmenge V im selben Maße. Sie ist **(direkt) proportional** zur Höhe.

Proportionale Zusammenhänge lassen sich an bestimmten Merkmalen erkennen:

Allgemein	Beispiel: Füllhöhe – Flüssigkeitsmenge
(1) Wird die eine Größe verdoppelt (verdreifacht, vervierfacht, ...), so verdoppelt (verdreifacht, vervierfacht, ...) sich auch die andere Größe.	Doppelte Höhe bedeutet auch doppelte Flüssigkeitsmenge usw.
(2) Alle Quotienten einander zugeordneter Werte sind gleich groß. Diese Eigenschaft wird als **Quotientengleichheit** bezeichnet. Der zugeordnete Wert ist immer das gleiche Vielfache des vorgegebenen Wertes. Dieser stets gleiche Faktor heißt **Proportionalitätsfaktor**.	$\frac{100 \text{ ml}}{2 \text{ cm}} = \frac{200 \text{ ml}}{4 \text{ cm}} = \ldots = \frac{500 \text{ ml}}{10 \text{ cm}} = 50 \frac{\text{ml}}{\text{cm}}$ Der Proportionalitätsfaktor ist $50 \frac{\text{ml}}{\text{cm}}$. (Lies: *Fünfzig Milliliter pro Zentimeter*) Zum Beispiel: $400 \text{ ml} = 50 \frac{\text{ml}}{\text{cm}} \cdot 8 \text{ cm}$
(3) Werden proportionale Zuordnungen in einem Koordinatensystem veranschaulicht, so liegen die entsprechenden Punkte alle auf einer Geraden. Diese verläuft durch den Koordinatenursprung O.	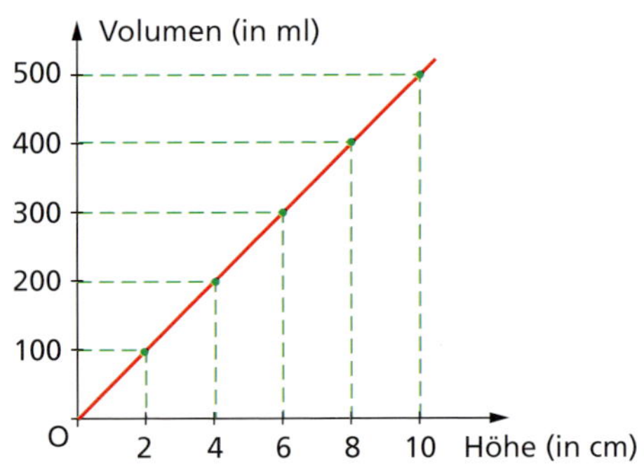

Um nachzuweisen, dass eine Zuordnung proportional ist, genügt es eines der drei Merkmale zu überprüfen. Dann sind auch die anderen beiden Merkmale erfüllt und können zum Lösen von Aufgaben genutzt werden.

Indirekt proportionale Zuordnungen

Leo soll ein Rechteck zeichnen, dessen Flächeninhalt 240 cm^2 beträgt.
Er legt dazu eine Tabelle mit einigen möglichen Längen und Breiten an.

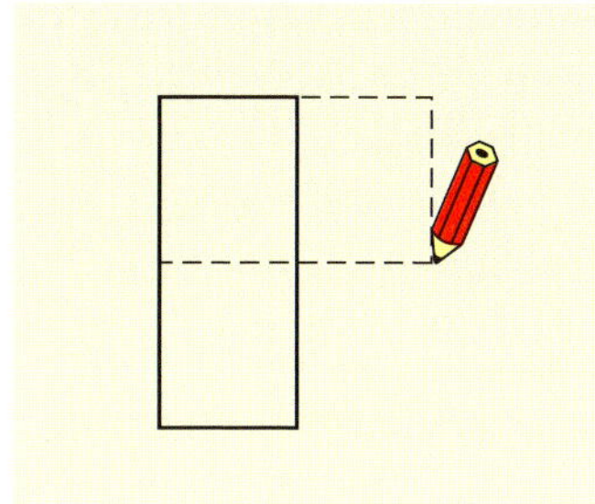

Länge a (in cm)	5	10	20	30	40
Breite b (in cm)	48	24	12	8	6

Es ist erkennbar, dass mit zunehmender Länge a die Breite b des Rechtecks immer kleiner wird. Sie ist **indirekt proportional** (bzw. **umgekehrt proportional**) zur Länge.

Indirekt proportionale Zusammenhänge lassen sich ebenfalls anhand verschiedener Merkmale erkennen:

<table>
<tr><th>Allgemein</th><th>Beispiel: Länge-Breite</th></tr>
<tr><td>(1) Wird die eine Größe verdoppelt (verdreifacht, vervierfacht, ...), so wird die andere Größe halbiert (gedrittelt, geviertelt, ...).</td><td>Wird die Länge a von 10 cm auf 20 cm verdoppelt, dann halbiert sich die Breite b von 24 cm auf 12 cm.</td></tr>
<tr><td>(2) Das Produkt einander zugeordneter Werte ist immer gleich.
Dies wird als Produktgleichheit bezeichnet.</td><td>$5\ cm \cdot 48\ cm = 10\ cm \cdot 24\ cm = \ldots = 240\ cm^2$

Das gemeinsame Produkt ist hier der Flächeninhalt des Rechtecks.</td></tr>
<tr><td>(3) Veranschaulicht man den Zusammenhang indirekt proportionaler Größen in einem Koordinatensystem, so liegen die entsprechenden Punkte alle auf einer fallenden Kurve. Diese heißt Hyperbel.</td><td>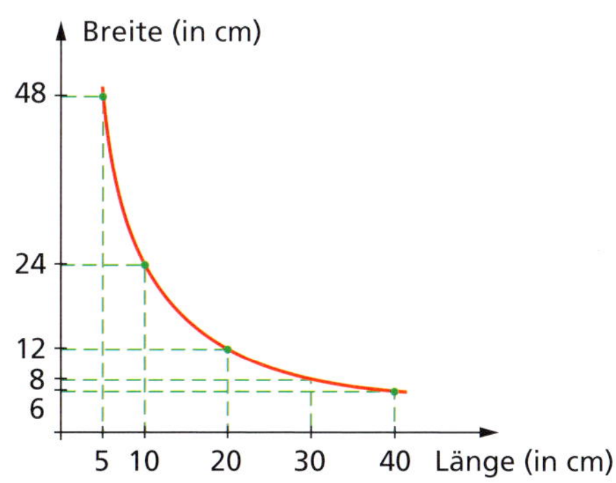
</td></tr>
</table>

Es genügt auch hier, nur eines der Merkmale zu prüfen, um eine Zuordnung als indirekt proportional zu erkennen.
Dabei ist jedoch zu beachten, dass nicht jede „Je mehr – desto weniger"-Zuordnung eine indirekt proportionale Zuordnung ist. Am besten eignet sich für eine derartige Untersuchung deshalb die Eigenschaft der Produktgleichheit.

Lösen von Sachaufgaben

Sophia baut aus Legosteinen einen Turm. Dieser ist schon 57 cm hoch. Dafür hat sie 60 Steinschichten übereinander gestapelt.
Die restlichen Steine reichen noch für 20 weitere Schichten. Wie hoch wird der Turm insgesamt werden?

In Sachaufgaben werden häufig Angaben zu verschiedenen Größen gemacht. Zum Lösen solcher Aufgaben ist die Einhaltung bestimmter Arbeitsschritte sinnvoll.

<table>
<tr><th>Allgemein</th><th>Beispiel</th></tr>
<tr><td>(1) Finde heraus:
Um welche Größen handelt es sich?
Ordne die Angaben im Text entsprechend, zum Beispiel in einer Tabelle.</td><td>Die Höhe des Turmes ist offensichtlich davon abhängig, wie viele Steine übereinander gesetzt werden.<table><tr><td>Anzahl der Schichten</td><td>60</td><td>80</td></tr><tr><td>Höhe in cm</td><td>57</td><td>x</td></tr></table></td></tr>
<tr><td>(2) Überlege:
Stehen die beiden Größen in einem direkt proportionalen oder indirekt proportionalen Zusammenhang?
Wie verändert sich die zweite Größe, wenn die erste Größe verdoppelt (verdreifacht, vervierfacht, …) wird?
Gilt für die Wertepaare Produkt- oder Quotientengleichheit?</td><td>Doppelt so viele Schichten liefern die doppelte Höhe.
Die Höhe des Bauwerkes und die Anzahl der Schichten sind also direkt proportional.</td></tr>
<tr><td>(3) Ermittle den gesuchten Wert.</td><td>Dafür gibt es verschiedene Möglichkeiten.</td></tr>
</table>

1. Möglichkeit:
Wenn 60 Steine eine Höhe von 57 cm ergeben, so hat *ein* Stein eine Höhe von 57 cm : 60 = 0,95 cm. Dann haben 80 Steine übereinander eine Höhe von 80 · 0,95 cm = 76 cm.

: 60 → · 80 →

Anzahl der Schichten	60	1	80
Höhe in cm	57	0,95	76

: 60 → · 80 →

Diese Methode, über eine Einheit zu gehen, wird **Dreisatz** genannt.

2. Möglichkeit:

Da es sich um eine direkte Proportionalität handelt, muss für alle Wertepaare Quotientengleichheit bestehen.

Somit gilt:

$\frac{57}{60} = \frac{x}{80}$ bzw. (anders geschrieben) $57 : 60 = x : 80$

Also ist $x = (57 : 60) \cdot 80 = 0{,}95 \cdot 80 = 76$.

> Gleichungen der Form $\frac{a}{b} = \frac{c}{d}$ bzw. $a : b = c : d$ (gesprochen: *a verhält sich zu b wie c zu d*) heißen **Verhältnisgleichungen.**
> Damit wird zum Ausdruck gebracht, dass die Größen a und b im selben Verhältnis zueinander stehen wie die Größen c und d.

3. Möglichkeit:

Das Wertepaar (60; 57) wird in ein Koordinatensystem eingetragen (siehe Bild).
Da bei proportionalen Zuordnungen die entsprechenden Punkte auf einer Geraden durch den Ursprung liegen, zeichnet man eine Gerade durch die Punkte (0; 0) und (60; 57).
Dann liest man ab, für welches x der Punkt mit den Koordinaten (80; x) auf dieser Geraden liegt.
Hier ist x = 76.

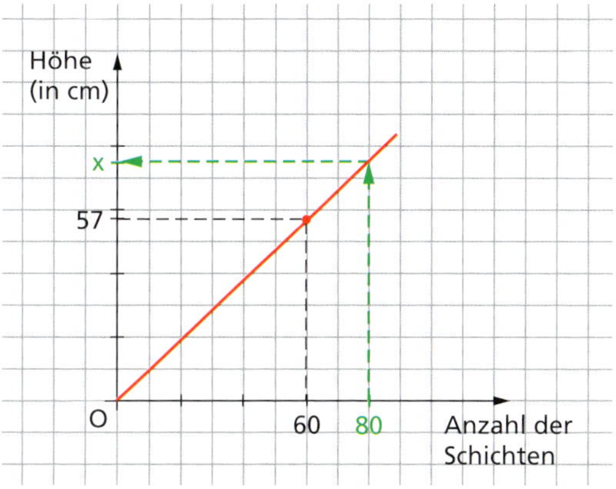

Aus einem Diagramm ist die Lösung aber nur näherungsweise ablesbar, doch meist reicht diese Genauigkeit schon aus.

Damit haben wir drei grundsätzliche Verfahren zum Lösen von Verhältnisgleichungen kennen gelernt, die auch bei Sachaufgaben zur indirekten Proportionalität anwendbar sind, und zwar

- den **Dreisatz** (Schlussfolgerung über eine Einheit),
- das Nutzen von **Quotienten- oder Produktgleichheit** sowie
- die **zeichnerische** (grafische) **Lösung**.

Darüber hinaus helfen manchmal auch inhaltliche Überlegungen weiter.
In unserem Beispiel lässt sich aus der Höhe von 60 Steinschichten schnell die Höhe für zwanzig weitere Schichten (und damit auch für 80 Schichten) ermitteln bzw. angeben:

: 3

Anzahl der Schichten	60	20	60 + 20 = 80
Höhe in cm	57	19	57 + 19 = 76

: 3

Aufgaben

Darstellen und Untersuchen von Zuordnungen

1. In Wetterstationen wird mit einem Temperaturschreiber (siehe S. 160) im Laufe eines Tages die Temperatur aufgezeichnet.
Die folgende Kurve beschreibt einen Tag Anfang Oktober.

a) Welche Temperatur herrschte um 8 (10; 12; 16; 20) Uhr?
b) Lies die Höchst- und die Tiefsttemperatur des Tages ab.
c) Wann betrug die Temperatur 15 °C?

2. Fertige eine Tabelle nach nebenstehendem Muster an und notiere darin, wie viele Münzen man mindestens benötigt, um einen Betrag von 1 €, 2 €, …, 14 €, 15 € zu bezahlen.

Betrag in €	1	2	3	…
Anzahl der Münzen				

3. Jan hat mit Freunden eine Radtour gemacht. In vier Stunden sind sie insgesamt 30 km gefahren.
Die folgenden drei Diagramme würden zu solch einer Tour passen. Beschreibe jeweils den zugehörigen Verlauf der Tour.

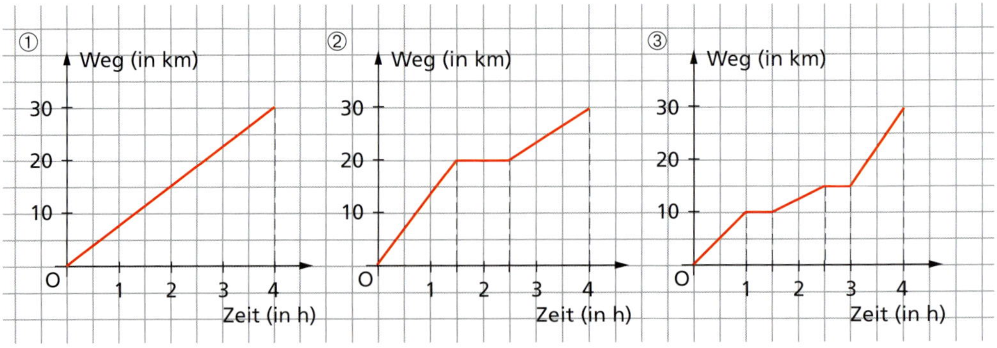

4. Ein Rechteck hat einen Umfang von 30 cm. Berechne die Breite des Rechtecks, wenn seine Länge 1 cm (2 cm; 5 cm; 8 cm; 10 cm) beträgt und stelle die Werte in einer Tabelle zusammen.

5. Familie Sparfix kontrolliert für einen Zeitraum von zehn Wochen ihren Energieverbrauch. Herr Sparfix liest dazu wöchentlich den Zählerstand ab und notiert den Verbrauch in einer Tabelle (siehe unten).
Hinweis: Die in der Tabelle notierten Werte sind jeweils die Differenz des aktuellen Zählerstandes zum Zählerstand zu Beginn der Beobachtung.

Wochen	0	1	2	3	4	5	6	7	8	9	10
Verbrauch (in kWh)	0	48	92	154	190	238	285	332	377	430	477

a) Trage die Werte in ein Koordinatensystem ein. (Wähle 1 cm für 20 kWh.)
b) In welcher Woche war der Energieverbrauch am höchsten? Woran ist das zu erkennen?
c) Gib in einer Tabelle an, wie groß der Energieverbrauch in jeder Woche ist, und ermittle den Durchschnitt.

6. Anhand eines Somatogramms kann man entscheiden, ob Kinder bei einer bestimmten Körpergröße zu leicht oder zu schwer sind. Die Abbildung zeigt ein solches Diagramm für Kleinkinder im Alter bis zu fünf Jahren. Danach wiegt ein Kind bei einer Größe von 80 cm im Durchschnitt 11 kg. Gewichte von 9,5 kg bis 13 kg werden als normal bezeichnet, darunter oder darüber liegende Kinder gelten als zu leicht bzw. zu schwer.
a) Was bedeutet es, wenn Ulli bei einer Körpergröße von 75 cm ein Gewicht von 12,5 kg hat?
b) Erstelle eine Tabelle, aus der zu entnehmen ist, wie schwer Kinder mit einer Körpergröße von 70 cm (80 cm; …; 120 cm) mindestens bzw. höchstens sein sollten.
c) Überlege, weshalb Kinderärzte derartige Kurven anlegen.

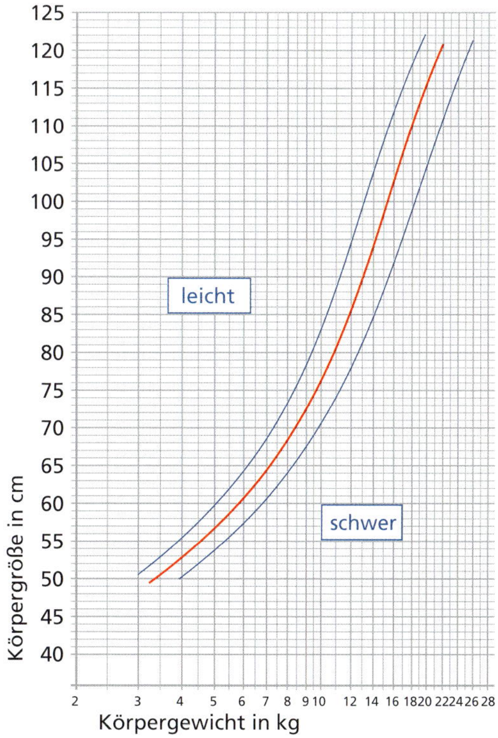

7. Bestimme jeweils die beiden Größen, die in den folgenden Sachverhalten bzw. Aufgaben einander zugeordnet werden. Kennzeichne, welches die vorgegebene und welches die zugeordnete Größe ist. Entscheide, ob es sich um den Fall „Je größer – desto größer", den Fall „Je größer – desto kleiner" oder um keinen von beiden handelt.
   a) Zum Streichen von 10 m^2 Wandfläche benötigt man 2 kg Farbe.
   b) Werden für eine Beetumrandung 20 Pflanzen verwendet, haben diese jeweils einen Abstand von 50 cm zueinander.
      Wie viele Pflanzen werden benötigt, wenn der Abstand nur 30 cm betragen soll?
   c) Mirko möchte eine große Tafel Schokolade mit drei Freunden teilen. Plötzlich kommen noch zwei Kumpel dazu.
   d) Ein Ei ist in fünf Minuten gekocht.
      Wie lange brauchen vier Eier zum Kochen?
   e) Fährt ein Auto mit einer Geschwindigkeit von etwa 75 km/h, so braucht es zwei Stunden von A nach B.
      Wie lange benötigt das Auto, wenn es durchschnittlich nur 60 km/h schnell ist?
   f) Ein Sportler läuft 400 m in etwa 90 s.
      Wie weit kommt er dann in einer Stunde?
   g) Im Supermarkt sind die Äpfel mit 2,79 €/kg ausgepreist. Anne kauft 2,5 kg Äpfel.
   h) Fünf Musiker spielen einen Marsch in sieben Minuten.
      Wie lange brauchen drei Musiker dafür?

Proportionale Zuordnungen

8. Entscheide, ob die folgenden Zuordnungen proportional sind. Begründe.
   a) Dauer eines Telefonats → Gesprächskosten
   b) an der Zapfsäule getankte Liter → an der Kasse zu zahlender Betrag
   c) mit dem Auto gefahrene Strecke (in km) → dafür benötigte Zeit (in h)
   d) tägliche Hausaufgabenzeit → Lust auf Schule
   e) Lebensalter eines Menschen → Schuhgröße
   f) Größe einer Wohnung (in m^2) → Miete (in €)
   g) wahre Entfernung zweier Orte → Entfernung dieser Orte auf einer Landkarte
   h) Länge des Anlaufs beim Weitsprung → Sprungweite

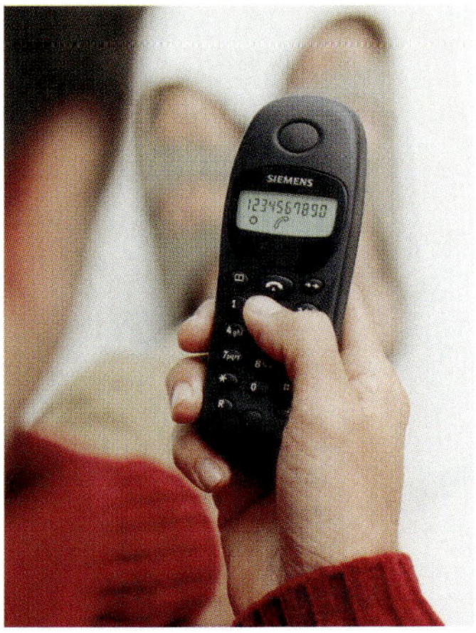

9. Wie viel kosten 3 kg (4,5 kg; 5,5 kg; 3,5 kg; 1,5 kg) Bananen, wenn 2 kg 1,60 € kosten?

10. Die folgenden Zuordnungen sind proportional. Übertrage die Tabellen in dein Heft und ergänze die leeren Stellen. Gib jeweils den Proportionalitätsfaktor an.

a)

x	1	4	5	3	
y	2,5	10			27,5

b)

x	2	1	8		
y	3,6			7,2	36

11. Überprüfe jeweils, ob die gegebene Zuordnung a → b eine proportionale Zuordnung ist. Falls ja, berechne x.

a)

a	5	15	50
b	21	63	x

b)

a	4	12	24
b	9	25	x

c)

a	3	9	x
b	28	84	56

12. Begründe, warum es sich bei den folgenden Zuordnungen x → y um proportionale Zuordnungen handelt. Übertrage die Tabellen in dein Heft und ergänze sie.

a)

x	$\frac{3}{4}$	$\frac{7}{2}$	1	
y	1	$\frac{14}{3}$		$\frac{7}{2}$

b)

x	2	$\frac{2}{5}$		$\frac{7}{8}$
y	$\frac{4}{5}$	$\frac{4}{25}$	3	

13. Prüfe, ob die folgenden Verhältnisgleichungen jeweils richtig oder falsch sind.

a) $\frac{4}{9} = \frac{36}{81}$　　b) $\frac{27}{40} = \frac{2}{3}$

c) $5 : 8 = 8 : 12{,}8$　　d) $7 : 4 = 5{,}25 : 3$

Indirekt proportionale Zuordnungen

14. Entscheide, ob die folgenden Zuordnungen indirekt proportional sind. Begründe.

a) Geschwindigkeit auf einer Strecke → für diese Strecke benötigte Zeit
b) Anzahl von Arbeitern → Zeit für die Fertigstellung einer Arbeit
c) Zensurendurchschnitt einer Klassenarbeit → Freude bei den Schülern
d) Anzahl gleich langer Teile aus einer Latte → Länge eines Teiles
e) Schriftgröße → Anzahl von Zeilen je Seite
f) Anzahl von Ampeln in der Stadt → Anzahl von Verkehrsunfällen
g) Größe eines Tortenstücks → Anzahl der Stücke aus einer Torte
h) Größe einer Fliese → Anzahl von Fliesen für eine bestimmte Fläche

15. Die folgenden Zuordnungen sind indirekt proportional. Übertrage die Tabellen in dein Heft und ergänze die leeren Stellen. Gib das gemeinsame Produkt an.

a)

x	1	2	5	3	
y	24	12			6

b)

x	2	1	8		
y	36			12	4

16. Überprüfe, ob die jeweilige Zuordnung a → b indirekt proportional ist. Falls ja, berechne x.

a)

a	5	15	30
b	12	4	x

b)

a	4	12	24
b	30	10	x

c)

a	3	9	x
b	24	6	48

Sachaufgaben

17. Die folgenden Zusammenhänge sind alle proportional. Berechne im Kopf. Gib nur das Ergebnis an.

a) Jan fährt mit dem Fahrrad in zwei Stunden 25 Kilometer.
Wie weit kommt er bei gleichem Tempo in drei Stunden?

b) Bernd kauft drei Packungen Milch und bezahlt 2,10 €.
Wie viel muss Frau Petzold für fünf Packungen bezahlen?

c) Fünf Ziegelsteine wiegen zehn Kilogramm.
Wie schwer ist eine Palette mit 300 Steinen?

d) 100 g Wurst kosten 0,98 €.
Wie viel kosten 150 g derselben Sorte?

e) Eine Rose kostet 70 Cent. Herr Neubert kauft einen Strauß mit 13 Stück.

f) Für sechs gleiche Flaschen bekommt Yannick 90 Cent Pfandgeld zurück.
Wie viel Pfand gibt es je Flasche?

18. Die folgenden Zusammenhänge sind jeweils indirekt proportional. Rechne im Kopf und gib nur das Ergebnis an.

a) Vier Freunde teilen sich eine große Packung Eis. Jeder bekommt sechs Kugeln.
Wie viele Kugeln bekommt jeder, wenn das Eis auf sechs Kinder aufgeteilt wird?

b) Verbaut Sophia in jeder Schicht 20 Legosteine, reichen ihre Steine für ein Bauwerk, das 24 Schichten hoch ist.
Welche Höhe erreicht es, wenn sie pro Schicht nur 16 Steine verarbeitet?

c) Drei Arbeiter benötigen für das Ausheben eines Grabens sechs Stunden.
Wie lange dauert es, wenn vier Arbeiter „buddeln"?

d) Lee hat Plätzchen gebacken. Wenn sie jeden Tag fünf Stück davon isst, dann reichen die Plätzchen für zwölf Tage.
Wann ist ihr Vorrat aufgebraucht, wenn sie täglich sechs Stück vernascht?

e) Bei einer Geschwindigkeit von 50 km/h ist das Auto nach anderthalb Stunden am Ziel.
Wie schnell muss es fahren, um schon nach einer Stunde anzukommen?

f) Herr Meier trägt einen Sandberg ab. Wenn er jedes Mal 20 kg in der Schubkarre transportiert, muss er zwölf Fuhren machen.
Wie viel muss in der Schubkarre sein, wenn er es mit acht Fuhren schaffen will?

19. Ein Auto fährt auf der Autobahn in 15 Minuten 30 Kilometer.

a) Wie weit fährt es bei gleichbleibender Geschwindigkeit in 36 Minuten?

b) Wie lange braucht es für 42 Kilometer?

20. In einer Fabrik stellt eine Maschine in 14 Minuten 378 Kleinteile her.
Wie lange benötigt die Maschine zur Herstellung von 5 130 Teilen?

21. Ein Dolomitstein mit einer Masse von 616 g ist 220 cm^3 groß.

a) Wie schwer ist ein Dolomitstein mit einem Volumen von 500 cm^3?

b) Wie groß sind Dolomitsteine, die 854 g schwer sind?

22. Bei 80 Umdrehungen legt das Vorderrad eines Fahrrades eine Strecke von 164 m zurück.

a) Welche Strecke legt es bei 50 (100; 1 000) Umdrehungen zurück?

b) Wie viele Umdrehungen macht es auf einer Strecke von 200 m (500 m; 1,4 km)?

23. Familie Zettler fährt im Urlaub nach Dänemark. Herr Zettler tauscht dazu im Voraus Geld um. Für 200 € erhält er 1 482 DKK (Dänische Kronen).

a) Sohn Jacob möchte von seinem Taschengeld ebenfalls 25 € umtauschen. Wie viele Dänische Kronen erhält er?

b) Nach dem Urlaub hat Frau Zettler noch dänische Münzen im Wert von 30,62 DKK im Portmonee. Welchem Gegenwert in Euro entspricht das?

24. Bauarbeiter sollen einen Gehweg pflastern. Vier Arbeiter benötigen dafür insgesamt zwölf Stunden.
Wie lange würde es dauern, wenn acht (sechs; fünf) Arbeiter mitmachten?

25. Wie viele Liter Diesel bekommt man für 17,28 € (23,04 €; 35,52 €; 39,84 €), wenn man für zwölf Liter 11,52 € bezahlt?

26. Insgesamt 120 Apfelsinen sollen in Netze verpackt werden.
Wie viele Netze werden benötigt, wenn in jedem Netz vier (sechs; acht; zehn; 15) Früchte sein sollen?
Lege für den beschriebenen Sachverhalt eine Tabelle an.

27. Der Kraftstoffverbrauch von Fahrzeugen wird gewöhnlich in „Liter pro 100 km" angegeben. Herr Forsche registriert, dass er mit 44,1 *l* Benzin 525 km weit gefahren ist. Berechne den Benzinverbrauch.

28. Michael benutzt eine Landkarte im Maßstab 1 : 10 000.
a) Wie groß sind in Wirklichkeit Entfernungen, für die er auf dieser Karte 24 mm (3,7 cm; 12 cm) misst?
b) Wie groß ist auf der Karte der Abstand zweier Orte, die 750 m (4 km; 6,8 km; 20 km) auseinander liegen?

29. Zwölf gleichartige Maschinen können eine Serie von Kleinteilen in 18 Stunden herstellen.
a) Wie lange dauert die Fertigung, wenn zwei Maschinen wegen Reparaturen abgestellt sind?
b) Nach neun Stunden fällt auf Grund eines Defekts eine weitere Maschine aus.
Wie lange dauert nun die Fertigung insgesamt?

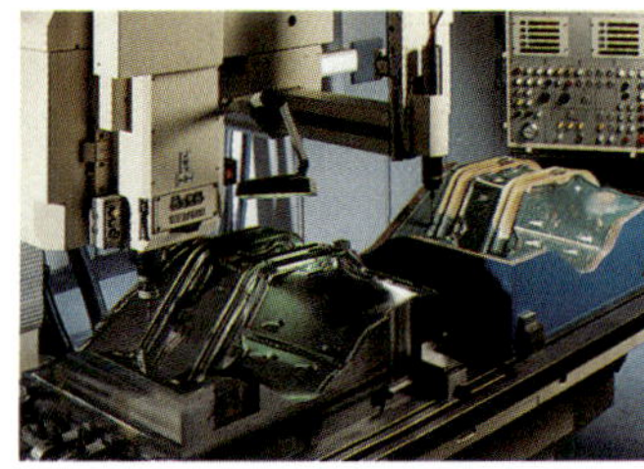

30. Janine hat herausgefunden, dass sie mit einer Packung Vogelfutter ihre beiden Wellensittiche insgesamt 30 Tage versorgen kann.
In den Ferien nimmt sie für zehn Tage den Wellensittich ihrer Freundin in Pflege.
a) Reicht das vorhandene Futter zur Versorgung der drei Vögel, wenn Janine noch genau eine halbe Packung hat?
b) Nach fünf Tagen übernimmt sie noch zusätzlich die Versorgung der beiden Sittiche ihrer Oma. Wie lange reicht das vorhandene Futter jetzt?

31. In 15 Kartons gleicher Größe sind insgesamt 360 Dosen Rotkohl enthalten.
a) Händler Kohlweiß hat 120 Dosen bestellt.
Wie viele Kartons bekommt er geliefert?
b) Der Lieferant hat in seinem Transporter 36 Kartons Rotkohl geladen.
Wie viel Kilogramm Rotkohl sind das insgesamt, wenn jede Dose 800 g enthält?

32. Stäbe oder andere Gegenstände aus Metall dehnen sich aus, wenn sie erwärmt werden. Erhöht sich die Temperatur von 10 °C auf 30 °C, wird beispielsweise ein 10 m langer Stahlträger um 2,4 mm länger.
Um wie viel dehnt sich bei der gleichen Temperaturänderung eine 250 m lange Stahlbrücke aus?

33. Silvio und Gerit machen zusammen Hausaufgaben.
Silvio sagt: „Ich habe schon herausgefunden, dass die Größe a zur Größe b proportional ist. Jetzt muss ich nur noch prüfen, ob b auch proportional zu a ist."
Gerit meint: „Da bist du doch schon fertig …"

34. Frau Blickdicht kauft für das Kinderzimmer neue Gardinen. Die Verkäuferin empfiehlt, das Zweieinhalb- bis Dreifache der Fensterbreite zu nehmen.
Wie viele Meter Gardinenstoff muss Frau Blickdicht etwa kaufen, wenn das Fenster 1,60 m (2,75 m) breit ist?

35. Peter und Lisa untersuchen für zwei Metallfedern, wie sich deren Länge ändert, wenn verschiedene Massestücke angehängt werden und damit unterschiedliche Kräfte wirken.
Ihre Messwerte notieren die Kinder jeweils in einer Tabelle.

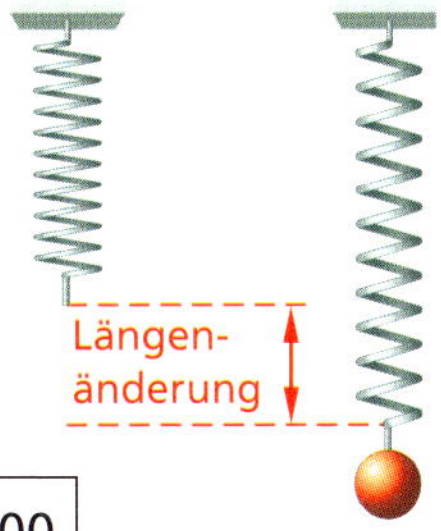

Peter:

Masse in g	25	50	100	125	150	200	300
Längenänderung in mm	4	8	16	20	24	32	48

Lisa:

Masse in g	25	50	100	125	150	200	300
Längenänderung in mm	7	14	28	35	42	56	84

a) Stelle beide Messreihen in ein und demselben Koordinatensystem dar. (Verwende dazu Millimeterpapier.)
Welcher Zusammenhang ist erkennbar?

b) Lies aus dem Koordinatensystem möglichst genau ab, um wie viele Millimeter sich die Federn ausdehnen, wenn man Massen von 75 g (180 g; 240 g) anhängt.

c) Beide Federn haben sich um 4,5 cm ausgedehnt.
Lies aus dem Koordinatensystem ab, welche Massen an Lisas bzw. Peters Feder hängen.

36. Der Obstsalat zu Tanjas Geburtstag war lecker. Caroline hat sich das Rezept geben lassen. Doch sie möchte gern Salat für neun Personen vorbereiten. Wie muss Caroline das Rezept verändern?

37. Für das Abernten einer Kirschbaumplantage benötigen 60 Pflücker 20 Stunden. Nach fünf Stunden müssen zehn Pflücker (sie haben zu viele Kirschen genascht!) wegen Bauchschmerzen nach Hause gehen. Wie lange dauert die Ernte insgesamt?

38. Die folgende Tabelle gibt die Zuordnung zweier Größen x und y an.

x	3	6	4	12	9			…
y	12	6	9			5	7,2	…

a) Zeige, dass die Zuordnung $x \to y$ indirekt proportional ist. Übertrage die Tabelle in dein Heft und ergänze die fehlenden Werte.

b) Suche weitere passende Wertepaare und trage sie in die Tabelle ein.

c) Begründe, warum auch die Zuordnung $y \to x$ indirekt proportional sein muss.

39. Entscheide: Welche der folgenden Diagramme gehören zu einer
a) „Je mehr – desto mehr"-Zuordnung;
b) „Je mehr – desto weniger"-Zuordnung;
c) proportionalen Zuordnung;
d) indirekt proportionalen Zuordnung?

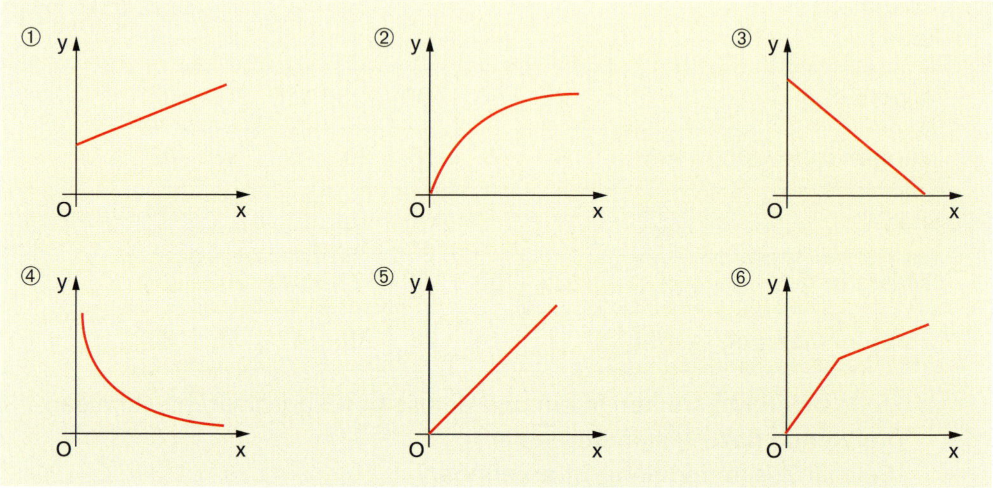

40. Zehn gleiche Maschinen produzieren in acht Stunden 1 840 Glühlampen.
a) Welche Stückzahl ist von zwölf Maschinen in fünf Stunden zu erwarten?
b) Wie lange müssen 15 Maschinen laufen, um 4 416 Glühlampen zu produzieren? (Gib das Ergebnis in Stunden und Minuten an.)

41. Ein Schwimmbecken ist nach 18 Stunden mit Wasser gefüllt, wenn stündlich 26 m³ Wasser zulaufen.
a) Wie viele Kubikmeter Wasser müssten stündlich in das Becken fließen, wenn es bereits nach 15 Stunden gefüllt sein soll?
b) Wie lange dauert es, das Becken zu füllen, wenn stündlich nur 20 m³ in das Becken fließen?
(Gib das Ergebnis in Stunden und Minuten an.)

42. Die folgenden Tabellen geben jeweils proportionale oder indirekt proportionale Zuordnungen an. Doch es haben sich Fehler eingeschlichen!
Finde heraus, welche Art von Zuordnung jeweils vorliegt. Übertrage die Tabellen in dein Heft und korrigiere dabei die Fehler.

a)

x	15	5	50	12	65
y	6	2	20	4	26

b)

x	24	4,8	8	5	12
y	2	10	6	9,6	3,6

c)

x	28	8	10	7	56
y	4	14	12	16	2

d)

x	2	8	10	16	18
y	7	28	35	56	64

5.4 Arbeiten mit Näherungswerten

Genauigkeit von Näherungswerten

Beim Lösen von Sachaufgaben ist zu beachten, dass Größen oft nur näherungsweise angegeben sind. Solche Näherungswerte entstehen beim Schätzen, Runden oder Überschlagen, aber auch beim Messen von Größen.

B

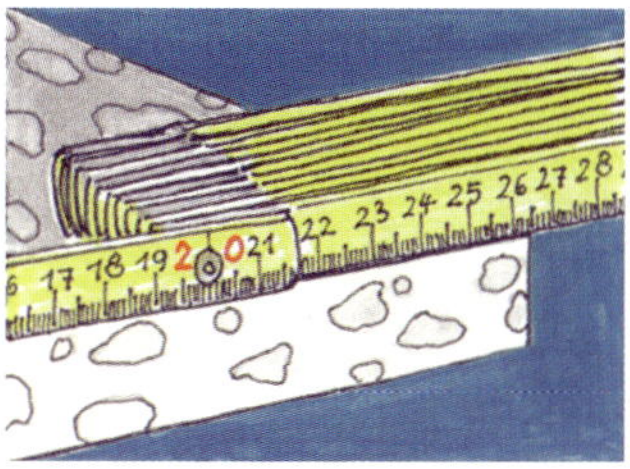

- Ist die gemessene Strecke 26,3 cm oder 26,4 cm lang?

- Wie viele Milliliter Flüssigkeit sind im Becherglas?

- Am ersten Tag der *Expo 2000* kamen etwa 52 000 Besucher. Wie viele waren es genau?

Die Genauigkeit eines Messwertes ist nicht nur von einer sorgfältigen Messung, sondern auch von der Genauigkeit der Messgeräte abhängig.

Messgerät	**Genauigkeit**	**Beispiel eines Messwerts**
Zirkel der Landvermesser	auf Meter genau	72 m
Bandmaß	auf Zentimeter genau	1,53 m = 153 cm
Lineal	auf Millimeter genau	7,4 cm = 74 mm
Schieblehre	auf Zehntelmillimeter genau	2,87 cm = 28,7 mm

M Bei **Dezimalbrüchen** gibt die letzte Stelle nach dem Komma die Genauigkeit an.

B Der Messwert 1,53 m bedeutet, dass der tatsächliche Wert bis zu 0,5 cm größer oder kleiner sein kann. Er liegt also zwischen 152,5 cm und 153,5 cm.
Die Angabe 1,530 m dagegen besagt, dass der tatsächliche Wert zwischen 152,95 cm und 153,05 cm liegt. Die Null an letzter Stelle gibt Auskunft über eine höhere Genauigkeit des Wertes.

M Bei **natürlichen Zahlen** gibt meistens die letzte von Null verschiedene Zahl die Genauigkeit an.

B Die Besucherzahl 52 000 ist also eine Angabe auf Tausender genau.
Die tatsächliche Zahl könnte zwischen 51 500 und 52 500 liegen.

Manchmal wird die Genauigkeit eines Wertes auch direkt angegeben.
Wenn zum Beispiel auf einer Packung Haselnüsse steht, dass der Durchmesser der Nüsse zwischen 20 mm und 22 mm liegt, dann ist dieser im Mittel 21 mm groß, er kann aber auch 1 mm größer oder kleiner sein.
Man schreibt dafür auch 21 mm ± 1 mm.

Rechnen mit Näherungswerten

Ist bei einer Rechnung mindestens eine Zahl bzw. eine Größe ein Näherungswert, so ist auch das Ergebnis der Rechnung nur ein Näherungswert. Dieser kann höchstens so genau sein wie der Ausgangswert mit der geringsten Genauigkeit.

B Werden die Massen 57,4 kg, 23,407 kg, 8,21 kg und 2,415 kg addiert, erhält man die Gesamtmasse 91,432 kg.
Auf dieses Ergebnis kann man sich aber nicht verlassen, denn bei zwei Ausgangswerten ist die zweite bzw. dritte Kommastelle nicht bekannt. Da nur die erste Kommastelle von allen Werten verlässlich ist, wird das Ergebnis auch auf eine Kommastelle, also auf 91,4 kg, gerundet.

	57,4??	kg
+	23,407	kg
+	8,21?	kg
+	2,415	kg
	91,4??	kg

M Treten beim **Addieren** bzw. **Subtrahieren** Näherungswerte auf, so ist das Ergebnis auf die Stelle zu runden, bei der (bei den gegebenen Werten) die letzte verlässliche Ziffer am weitesten links steht.

Hinweis: Statt von verlässlichen Ziffern spricht man auch von **zuverlässigen** Ziffern.

B

	10,49	
+	48	←
+	0,8	
	59,29 ≈ 59	←

	82,1	←
−	15,24	
−	2,03	
	64,83 ≈ 64,8	←

M Beim **Multiplizieren** bzw. **Dividieren** von Näherungswerten wird das Ergebnis so gerundet, dass es genauso viele Stellen hat wie der Ausgangswert mit der geringsten Anzahl von (zuverlässigen) Stellen. Dabei werden Nullen, die links von der ersten von null verschiedenen Ziffer stehen, nicht mitgezählt.

B

$$2{,}87 \cdot 3{,}1$$
$$861$$
$$287$$
$$8{,}897 \approx 8{,}9$$

$$8{,}127 \cdot 7{,}2$$
$$56889$$
$$16254$$
$$58{,}5144 \approx 59$$

B Ein Holzbrett, das 2,85 m lang und 39 cm breit ist, soll lackiert werden.
Die zu lackierende Fläche kann mit dem Taschenrechner berechnet werden:
$A = 2{,}85\text{ m} \cdot 0{,}39\text{ m} = 1{,}1115\text{ m}^2 \approx 1{,}1\text{ m}^2$
(0,39 hat außer der links stehenden Null nur zwei Stellen, also wird das Ergebnis auf zwei Stellen gerundet.)

Die Zahl 1,1115 täuscht eine Genauigkeit vor, auf die man sich nicht verlassen kann. Das zeigt eine Berechnung der Fläche mit den kleinstmöglichen und den größtmöglichen Werten:
$A = 2{,}845\text{ m} \cdot 0{,}385\text{ m} = 1{,}095325\text{ m}^2$ (kleinstmögliche Werte)
$A = 2{,}855\text{ m} \cdot 0{,}395\text{ m} = 1{,}127725\text{ m}^2$ (größtmögliche Werte)
Der Flächeninhalt A muss also zwischen $1{,}095325\text{ m}^2$ und $1{,}127725\text{ m}^2$ liegen.

Aufgaben

Genauigkeit von Näherungswerten

1. Bei welchen der folgenden Angaben treten Näherungswerte auf?
   a) Zum Olympischen Tag waren 18 000 Zuschauer im Stadion.
   b) Es wohnen 27 Mieter im Haus.
   c) Gerd hat noch 3,27 € im Portmonee.
   d) Der Turm ist 12 m hoch.
   e) Die Entfernung zwischen Potsdam und Cottbus beträgt 140 km.
   f) Johann wiegt 43 kg.
   g) Ein DIN-A4-Blatt ist 21,0 cm breit und 29,7 cm lang.

2. Mit welcher Genauigkeit würdest du folgende Maße angeben?
   a) die Breite einer Straße
   b) die Körpergröße eines Menschen
   c) den Durchmesser einer Schraube
   d) die Länge eines Bleistiftes
   e) die Fläche einer Wohnung
   f) die Masse eines LKW
   g) die Masse eines Hamsters

3. Zwischen welchen Werten liegt die Größe x, wenn für x die folgenden Messwerte ermittelt wurden?
(*Beispiel*: x = 57,4 kg; 57,35 kg ≤ x ≤ 57,45 kg)

a) 3,85 km b) 630 g c) 3,49 m d) 15,8 m^2 e) 15,800 m^2

4. Achte beim Einkaufen auf die Angabe von Näherungswerten. Auf Verpackungen sind manchmal Angaben in der Form 1000 g ± 5 g o. Ä. zu finden.
Sammle solche Beispiele.

5. Wie groß kann jeweils der tatsächliche Inhalt sein?
(Schreibe wie im Beispiel zu Aufgabe 3.)

①

②

③

④

Rechnen mit Näherungswerten

6. Berechne jeweils die Summe bzw. die Differenz der Näherungswerte. Beachte die Genauigkeit im Ergebnis.

a) 12,67 m + 5,4 m + 3,88 m + 2,03 m
b) 452,0 cm + 30,81 cm + 57 cm + 18,02 cm
c) 8,406 km + 15,2 km + 23,07 km + 41,8 km
d) 13,845 t – 4,67 t – 2,054 t – 1,5807 t
e) 312,95 kg – 56,808 kg – 7,3 kg – 172,06 kg
f) 512,34 g – 88,9 g – 345,077 g – 38,5 g

7. Merit findet in einer Zeichnung zu einem Wohnungsgrundriss unter anderem die Angabe 3,500 m und wundert sich: „Da kann man doch gleich 3,5 m hinschreiben. Schließlich ist die Zahl 3,500 gleich 3,5."
Welche Meinung hast du dazu?

8. Martin misst die Längen zweier Stäbe aus seinem Stabilbaukasten mit dem Lineal. Der eine Stab ist zwischen 4,4 cm und 4,5 cm lang, der andere zwischen 16,6 cm und 16,7 cm.
Martin überlegt: Wie groß ist der Längenunterschied der Stäbe mindestens, wie groß ist er höchstens?
Kannst du Martin helfen?

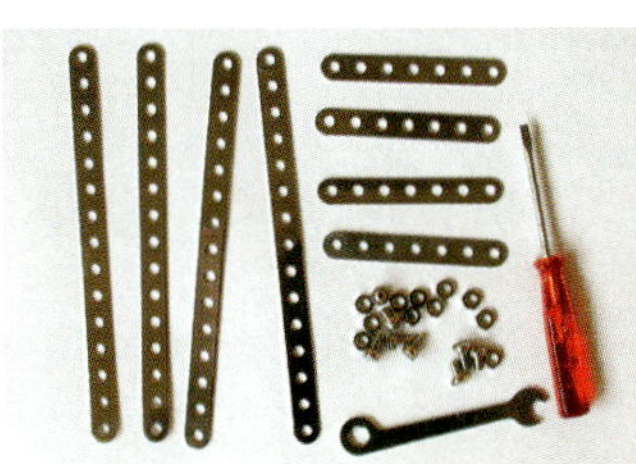

9. Auf wie viele Stellen muss das Ergebnis gerundet werden, wenn bei einer Rechnung mit Näherungswerten folgender Ausgangswert vervielfacht wird?

a) 4,1 m b) 4,01 m c) 0,4 m d) 0,40 m e) 0,41 m
f) 0,04 m g) 0,040 m h) 0,004 m i) 44,00 m j) 1,41 m

10. Das Volumen von fünf Quadern mit den Seitenlängen a, b und c ist mit dem Taschenrechner ermittelt worden (siehe folgende Tabelle).

	Quader 1	Quader 2	Quader 3	Quader 4	Quader 5
a (in cm)	5,17	3,8	4,25	17,4	14,00
b (in cm)	3,5	0,44	0,08	130,0	27,05
c (in cm)	12,8	2,07	13,0	5,35	16,30
V (in cm³)	231,616	3,46104	4,42	12101,7	6 172,81

Runde die Ergebnisse auf eine sinnvolle Genauigkeit.

11. Ein Weizenschlag ist etwa 720 m lang und 450 m breit.
In den letzten Jahren wurde ein durchschnittlicher Hektarertrag von 46,7 dt erzielt.
Mit welchem Gesamtertrag ist in diesem Jahr zu rechnen?

12. Ein Obstbauer baut auf 3,5 ha Fläche Erdbeeren an. Er konnte in diesem Jahr 288 dt Erdbeeren ernten.
Berechne den Hektarertrag.

13. Berechne und runde die Ergebnisse sinnvoll.

a) 2 min 45 s + 13,8 s + 75,02 s

b) $439{,}7\ \text{cm}^2 - 62{,}32\ \text{cm}^2 - 169\ \text{cm}^2$

c) $2{,}78\ \text{m}^3 + 512\ \text{m}^3 + 9{,}005\ \text{m}^3 + 32{,}04\ \text{m}^3$

d) $8{,}8\ \text{cm} \cdot 0{,}56\ \text{cm}$

e) 3,40 kg + 2,8 kg + 1,307 kg – 2,020 kg

f) $15\ \text{mm} \cdot 4{,}2\ \text{mm} \cdot 2\ \text{mm}$

14. Eine rechteckige Gartenfläche misst 23,71 m in der Breite und 48,50 m in der Länge. In einer Grundstücksecke steht ein 2,57 m breiter und 4,18 m langer Schuppen (s. Skizze).

a) Wie groß ist die Grundstücksfläche?

b) Welche Fläche steht als zu nutzendes Gartenland zur Verfügung?

c) Wie viel Meter Zaun werden benötigt, um das Grundstück einzuzäunen?
(Der Schuppen wird nicht mit eingezäunt.)

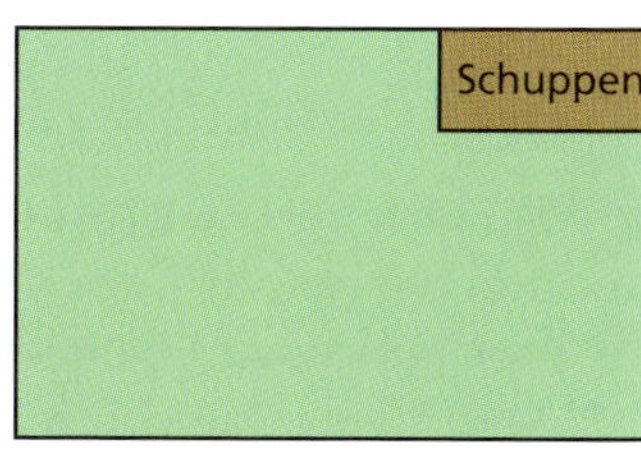

(Skizze nicht maßstäblich)

15. Auf dem Jahrmarkt gibt es allerlei Süßigkeiten zu kaufen. Selina kauft Drops für 57 Cent. Auf dem Preisschild steht „0,89 €/100g“.
Wie viel wiegen die von ihr gekauften Bonbons?

5.5 Gemischte Aufgaben

1. Herr Heinzmann fährt in seinem Sommerurlaub kreuz und quer durch Deutschland. Er startet in Berlin und fährt zunächst zu Freunden nach Bayern (634 km). Danach gönnt er sich ein paar schöne Tage an der Ostsee (865 km). Als es zu regnen beginnt, fährt er nach Köln (598 km) und besichtigt dort den Dom.

Auch Dresden soll viel Sehenswertes haben; also nichts wie hin … (448 km).
Ach ja: Zurück nach Hause muss er ja auch wieder (185 km).
Mit einer Tankfüllung (50 *l*) fährt Herr Heinzmann etwa 420 km (ein Liter Benzin kostet im Schnitt 1,08 €).

2. Ein Bahndamm hat einen trapezförmigen Querschnitt (siehe Abbildung). Berechne den Flächeninhalt.

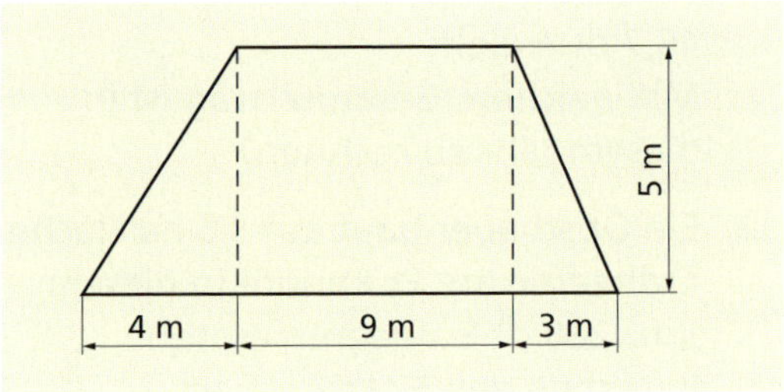

3. Ein Granitstein mit einem Volumen von 46,9 dm^3 wiegt 131,32 kg. Ein Steinmetz bearbeitet diesen Stein zu einer Platte mit den Maßen 10 cm, 60 cm und 45 cm.
Wie schwer ist diese Steinplatte?

4. Mosers haben 700 € für die Renovierung ihres Wohnzimmers gespart. Für die Wände brauchen sie 4,5 kg Farbe für 18,50 € das Kilogramm, für die Decke 700 g Lack für 13,99 €. Der rechteckige Fußboden (mit den Seitenlängen 4 m bzw. 6 m) wird gefliest. Ein Quadratmeter Fliesen kostet 14,55 €.
Neue Gardinen für 257,80 € müssen auch noch gekauft werden.

5. Ein Pkw verbraucht durchschnittlich 6,2 Liter Diesel auf 100 gefahrenen Kilometern.
Der Tank fasst 50 Liter Kraftstoff.
Reicht eine Tankfüllung aus für eine Urlaubsreise von 850 Kilometern?

6. Mit drei Rasenmähern lässt sich eine Parkanlage von 5 400 m^2 in anderthalb Stunden bearbeiten.
   a) Ein Rasen von 3 600 m^2 wird von vier Maschinen geschnitten.
   Welche Zeit benötigen sie?
   b) Wie viele Rasenmäher müssen mindestens eingesetzt werden, damit eine Fläche von 13 500 m^2 in maximal vier Stunden bearbeitet werden kann?

7. Bäcker Meierling hat zum Rosenmontag 1 000 Pfannkuchen gebacken. Ein Viertel davon hat die Siebenmeilenstiefel-Grundschule vorbestellt, ein Achtel die Stadtverwaltung für ihre Angestellten. Jeweils ein Zehntel gehen an den Kindergarten sowie an die Gärtnerei Fiebig. Ein Hundertstel hat Familie Jahn bestellt, drei Hundertstel die Familie Eiching.
Bäcker Meierling überlegt: Bleibt da überhaupt noch genug für den Laden übrig?

8. Um die Breite eines Flusses zu bestimmen, peilen Schülerinnen und Schüler der Klasse 6a von den Endpunkten A und B einer 100 m langen Linie einen Punkt C auf der anderen Uferseite an (siehe Bild). Sie messen dabei die folgenden Winkel:
$\alpha = 52°$ und $\beta = 77°$

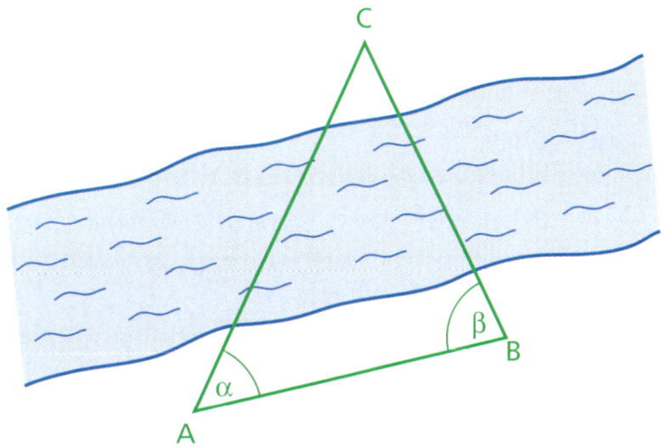

a) Zeichne das Dreieck ABC in einem geeigneten Maßstab und trage die Höhe h_c ein.
b) Wie breit ist der Fluss, wenn die Punkte A, B und C jeweils 1,50 m vom Ufer entfernt sind?

9. Die Länge eines Fußballfeldes soll bei internationalen Spielen zwischen 100 m und 110 m liegen, die Breite zwischen 64 m und 75 m.
a) Berechne den größtmöglichen und den kleinstmöglichen Flächeninhalt.
b) Wievielmal hätte euer Klassenzimmer auf einem solchen Fußballfeld Platz?

10. Die folgende Abbildung zeigt drei verschiedene Messgefäße mit kreisförmigem Querschnitt.

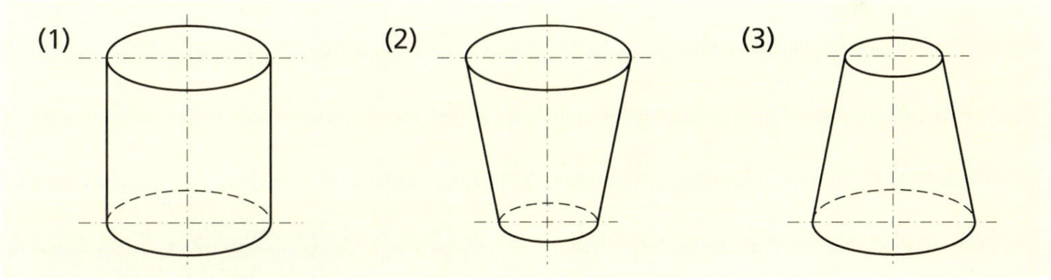

a) Wie müssen die Skalen gestaltet sein, mit denen die Füllmengen (die Volumina) gemessen werden?
b) Welches der folgenden Diagramme gehört zu welchem Gefäß?

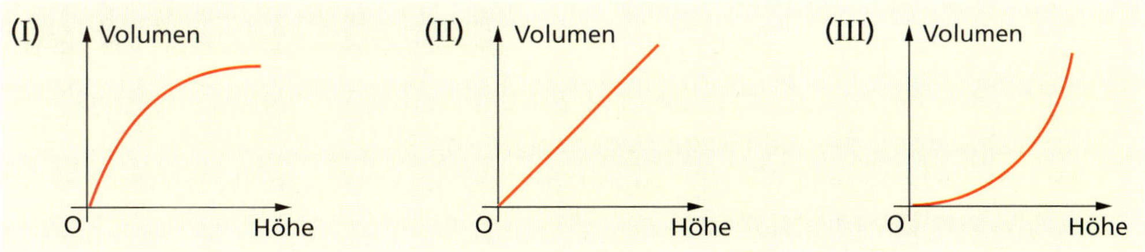

11. In England und Amerika wird die Temperatur nicht in Grad Celsius (°C), sondern in Grad Fahrenheit (°F) angegeben.
0 °C entsprechen 32 °F und 100 °C sind 212 °F (siehe Abbildung).
Um eine Temperatur von Grad Celsius in Grad Fahrenheit umzurechnen, muss zum 1,8-fachen des Wertes (in °C) noch 32 addiert werden.

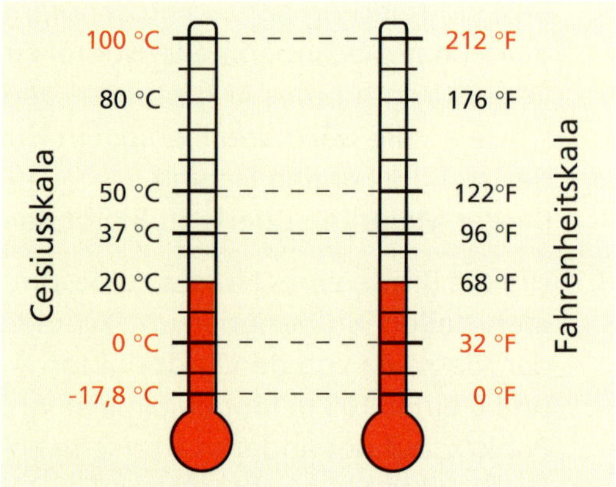

a) Übertrage die folgende Tabelle in dein Heft und vervollständige sie.

Temperatur (in °C)	15	22	19,7	50	3	65,5	72	30
Temperatur (in °F)	59							

b) Durch welche Umrechnung gelangt man von einer Angabe in Grad Fahrenheit zu einer in Grad Celsius?
Rechne 100,4 °F um in °C.

c) Informiere dich im Internet oder im Lexikon über ANDERS CELSIUS und DANIEL GABRIEL FAHRENHEIT, nach denen die Temperaturskalen benannt sind.

12. Der Sockel eines Denkmals (siehe Abbildung) besteht aus drei aufeinander gelegten Quadern mit quadratischen Grundflächen. Der unterste Quader hat eine Grundfläche von 3 m × 3 m. Höhe und Tiefe der Stufen betragen in jedem Fall 30 cm.

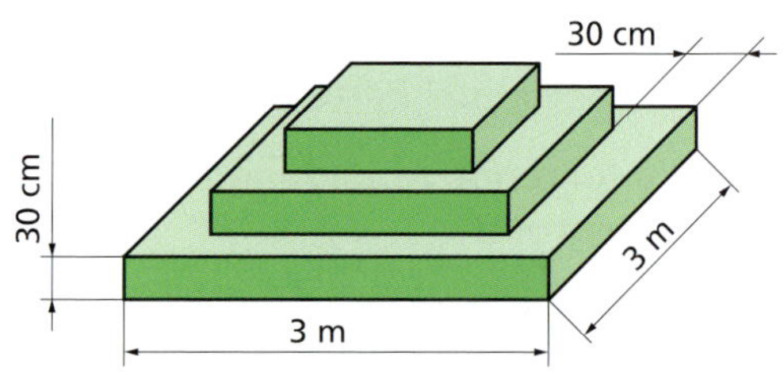

a) Zeichne ein Schrägbild des Sockels in einem geeigneten Maßstab.
b) Berechne das Volumen des gesamten Sockels.

13. Die Veranstalter eines Pop-Konzertes gehen davon aus, dass auf einem Quadratmeter durchschnittlich vier Personen Platz finden.

a) Wie viele Personen passen entsprechend auf einen Hektar?
b) Welchen Platz würden danach 50 000 Personen beanspruchen?

14. a) Zeichne ein Dreieck EFG. Zeichne die Parallele g zur Seite EF durch G. Wähle auf g drei beliebige Punkte A, B und C.
b) Vergleiche jeweils die Flächeninhalte und die Umfänge der Dreiecke EFG, EFA, EFB und EFC miteinander.

15. Das Idealgewicht eines Menschen wird heute mithilfe des **Body-Mass-Index** (BMI) ermittelt. Dieser wird folgendermaßen berechnet:

$$\text{BMI} = \frac{\text{Körpergewicht (in kg)}}{[\text{Körpergröße (in m)}]^2}$$

a) Berechne den BMI für folgende Testpersonen:
Frau Groß (23 Jahre; 156 cm; 52 kg); Frau Schmächtig (45 Jahre, 172 cm; 65 kg); Herr Klein (59 Jahre; 184 cm; 79 kg); Herr Stark (38 Jahre; 176 cm; 82 kg)

b) Informiere dich, bei welchen BMI man bei Frauen bzw. Männern von einem Normalgewicht bzw. vom Idealgewicht spricht. Beurteile danach die vier Testpersonen.

c) Für die Ermittlung des Normalgewichts von Kindern und Jugendlichen unter 14 Jahren ist der BMI nicht geeignet. An seiner Stelle verwendet man das nebenstehende Diagramm.
Stelle anhand dieses Diagramms das Normalgewicht für verschiedene Körpergrößen in einer Tabelle der folgenden Art zusammen:

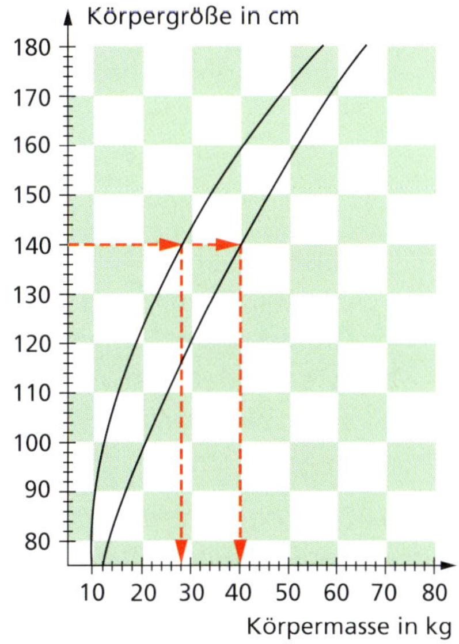

Körpergröße (in cm)	...	140	...
Normalgewicht (in kg)	...	28 bis 40	...

16. Reinhard und Gabi basteln aus starker Pappe einen quaderförmigen Papierkorb. Dieser ist 48 cm hoch und die Grundfläche ist ein Quadrat mit einer Seitenlänge von 30 cm. Außen soll der Papierkorb mit Autobildern verschönert werden.

a) Welches Fassungsvermögen hat der Papierkorb?

b) Wie groß ist die Fläche, welche die Kinder bekleben können?

c) Stelle ein Modell des Papierkorbes her. Wähle dazu einen geeigneten Maßstab.

17. Familie Moosdorf möchte ihre 7,8 ha große Pferdekoppel um zwei Drittel vergrößern.

a) Wie viel Land muss die Familie dazu kaufen?

b) Die Koppel soll neu eingezäunt werden. Wie viele Meter Zaun werden benötigt, wenn die Koppel die Form eines Rechtecks mit einer Breite von 250 m hat?

c) Familie Moosdorf betreibt eine kleine Pension für Pferdeliebhaber. Eine Übernachtung mit Frühstück kostet 19 €, eine Reitstunde (inklusive Zubehör) 15 €. Eine dreiköpfige Familie möchte fünf Tage dort verbringen und jeden Tag eine Stunde reiten.

Teste dich selbst!

1. Ein Quadrat hat einen Umfang von 72 cm. Wie lang sind seine Seiten?

2. a) Berechne Umfang und Flächeninhalt des abgebildeten Rechtecks ABCD mit den Seitenlängen 8 cm bzw. 6 cm.
   b) Gib auch den Flächeninhalt der Dreiecke ABC und ABE an (E ist der Schnittpunkt der Diagonalen).

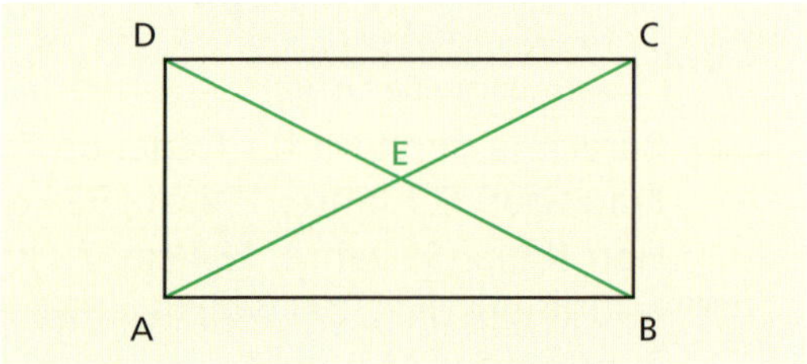

3. Welche der durch ihre Abkürzung angegebenen Einheiten sind Flächeneinheiten?

m   a m^3 h cm^2 s   ha   g   dm mm^2

4. a) Aus 64 kleinen Würfeln mit jeweils einer Kantenlänge von 1 cm soll ein großer Würfel zusammengesetzt werden.
   Gib dessen Volumen und Oberflächeninhalt an.
   b) Wie würden sich Volumen und Oberflächeninhalt des großen Würfels ändern, wenn kleine Würfel mit doppelter (dreifacher) Seitenlänge verwendet werden?

5. Ein Klassenraum ist 8,00 m lang, 6,50 m breit sowie 3,60 m hoch.
   a) Berechne den Flächeninhalt der größten Wand des Raumes.
   b) Für das Streichen einer der Wände benötigt Hausmeister Schmidtchen etwa 25 Liter Farbe. Er stellt fest, dass aus dem Farbeimer mit 38 Liter Inhalt schon ein Viertel verbraucht worden ist. Reicht der Rest?

6. Berechne und runde die Ergebnisse sinnvoll.
   a) 3,84 m + 0,02 km + 557 dm
   b) 3,25 ha + 12 a + 600 m^2
   c) 17,5 km · 623 m
   d) 43 mm · 12 cm · 3,0 dm

7. Frau Schlesinger hat sieben Rollen Tapete gekauft und dafür 87,50 Euro bezahlt. Nun muss sie drei Rollen nachkaufen. Wie viel muss sie dafür bezahlen?

8. Winzer Bacchus füllt aus einem Fass insgesamt 1 500 Flaschen zu je 0,75 Liter Inhalt ab. Wie viele Ein-Liter-Flaschen könnte er aus dem Fass abfüllen?

9. Der Futtervorrat eines Gestüts mit 63 Pferden würde noch für 72 Tage reichen. Neun Pferde werden aber verkauft. Wie lange reicht das Futter jetzt?

10. Drei Mähdrescher desselben Typs ernten eine Fläche von 200 ha in 80 Stunden ab.
    a) In welcher Zeit ernten sie bei gleicher Leistung eine Fläche von 65 ha ab?
    b) Wie viel Zeit wird benötigt, wenn fünf dieser Mähdrescher auf einer 200 Hektar großen Fläche eingesetzt werden?

Inhaltsberechnungen – gestern und heute

Flächenberechnungen

Der Nil überflutete früher jedes Jahr große Teile der landwirtschaftlichen Nutzfläche. Der auf die Felder geschwemmte Schlamm war sehr kostbar, diente er doch als wertvoller Dünger. Eine Folge der Überschwemmung war jedoch, dass die Größe der Felder immer wieder neu vermessen und berechnet werden musste.

1. a) Im Folgenden sind rechteckige Felder dargestellt.
Ermittelt die fehlenden Größen (Seitenlängen, Flächeninhalt bzw. Umfang).

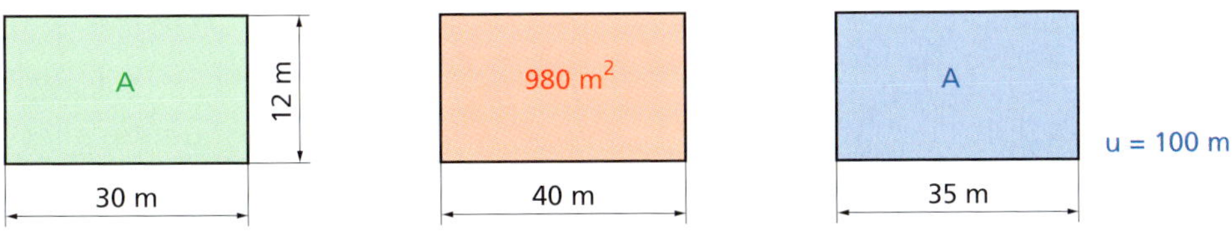

b) Erkundigt euch nach alten, heute nicht mehr üblichen Flächenmaßen.
Gebt den Inhalt obiger „Felder" in diesen Maßen an.

2. a) Nehmt eine 100 Meter lange Schnur und vier Pflöcke. Versucht, damit eine möglichst große rechteckige Fläche abzustecken (linkes Bild).

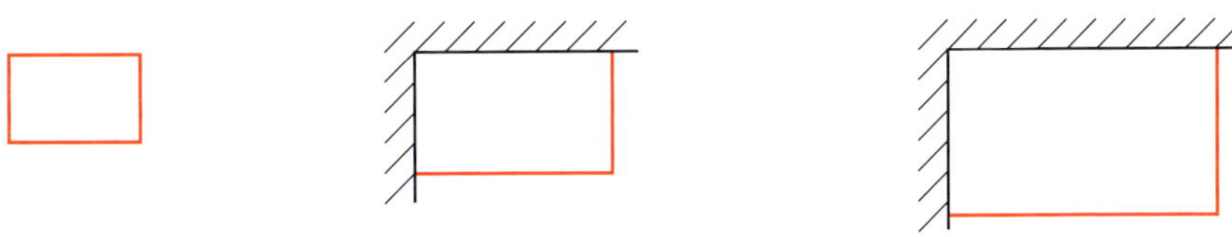

b) Wie ändert sich das Problem, wenn eine bzw. zwei Seiten der abzusteckenden Fläche an eine Wand grenzen (mittleres und rechtes Bild)?

Berechnungen an Pyramiden

3. Eines der monumentalsten Bauwerke des Altertums ist die Cheops-Pyramide.

a) Ermittelt die Abmessungen dieser Pyramide.
Nutzt dazu Nachschlagewerke bzw. das Internet.

b) Wievielmal etwa würde ein Fußballfeld in die Grundfläche der Pyramide passen?

c) Schätzt, wie groß das Volumen der Pyramide ist.
Versucht auch, es zu berechnen.

4. Erkundigt euch, ob heute noch Pyramiden gebaut werden. Sucht in eurer Umgebung nach pyramidenförmigen Bauten. Entdeckt zum Beispiel entsprechende Glasaufbauten an Gebäuden und untersucht die Formen der Glasscheiben. Versucht herauszufinden, warum man diese geometrischen Formen gewählt hat.

Flächeninhalt und Umfang ebener Figuren

Figur	Flächeninhalt	Umfang
Quadrat 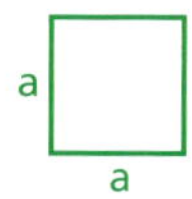	$A = a \cdot a$	$u = 4 \cdot a$
Rechteck 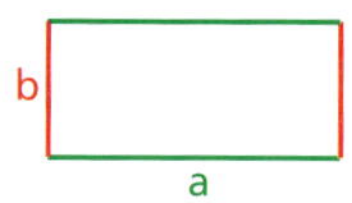	$A = a \cdot b$	$u = 2 \cdot a + 2 \cdot b$ $u = 2 \cdot (a + b)$
Dreieck 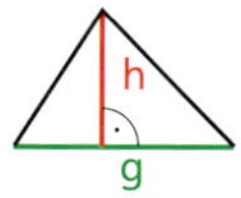	$A = \frac{g \cdot h}{2}$	Summe aller Seitenlängen
Parallelogramm 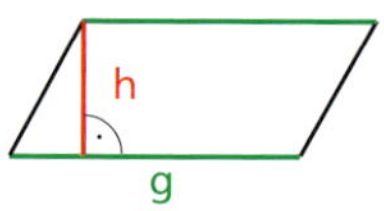	$A = g \cdot h$	Summe aller Seitenlängen
Trapez 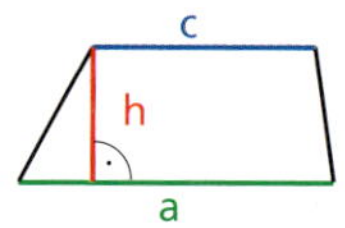	$A = \frac{a + c}{2} \cdot h$	Summe aller Seitenlängen
Vieleck (Beispiel) 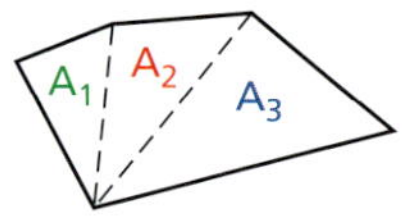	$A = A_1 + A_2 + A_3$	Summe aller Seitenlängen

Zuordnungen

Wächst eine Größe y in dem gleichen Maße wie die Größe x, so sind x und y **(direkt) proportional.**
Die Wertepaare sind quotientengleich. Im Koordinatensystem legen sie auf einer Geraden durch den Ursprung.

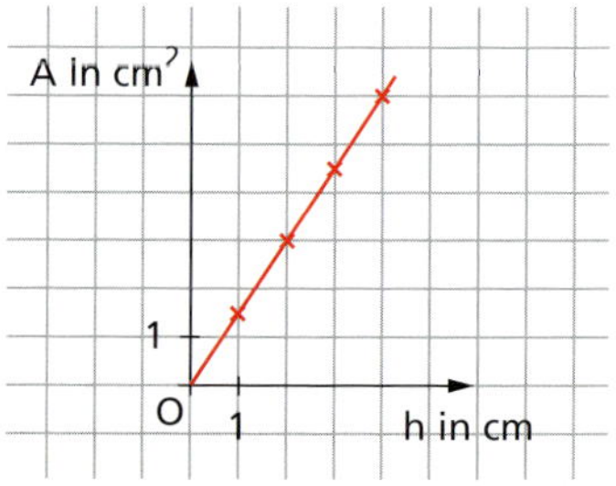

B Der Flächeninhalt eines Dreiecks mit der Grundseitenlänge 3 cm ist proportional zu seiner Höhe.

Fällt eine Größe y in dem gleichen Maße wie die Größe x wächst, so sind x und y **indirekt proportional.**
Die Wertepaare sind produktgleich. Im Koordinatensystem legen sie auf einer fallenden Kurve (Hyperbel).

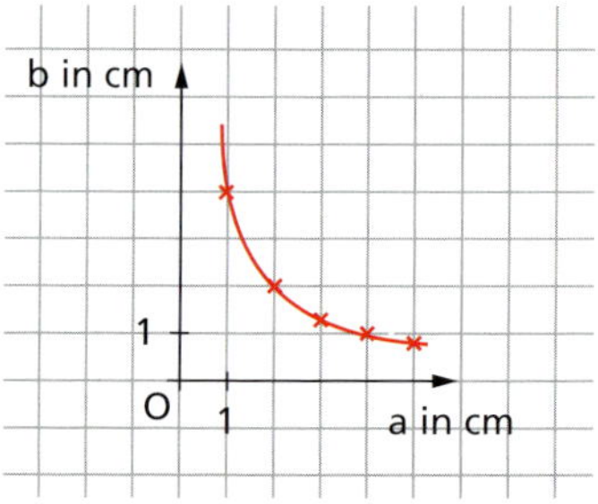

B Die Länge der Seite b eines Rechtecks mit dem Flächeninhalt von 4 cm^2 ist indirekt proportional zur Länge der Seite a.

Mathematik verstehen
und anwenden
6

Aufgaben zum Themenfeld „Daten und Zufall"

Umgang mit Daten

1. Zu einem Zufallsversuch gehören im Allgemeinen die nachstehend aufgeführten vier Schritte. Im Folgenden sollen sie konkret für das 50-malige gleichzeitige Werfen von drei Münzen betrachtet werden.

(1) Vermutungen zum Ausgang des Experiments
(2) Durchführung des Experiments mit Erfassen der Daten
(3) Analyse der Daten
(4) Auswertung des Experiments

a) *Schritt (1):* Überlege, bevor du anfängst, welche „Wurfbilder" möglich sind und welches davon am häufigsten bzw. am seltensten auftreten wird. Versuche, deine Meinung zu begründen.

b) *Schritt (2):* Führe das Experiment durch. Lege dir zuvor eine Tabelle zu den möglichen „Wurfbildern" an und nutze diese für eine Strichliste zu deinen 50 Versuchen.

c) *Schritt (3):* Lies aus der Strichliste die Häufigkeit der einzelnen „Wurfbilder" ab. Charakterisiere die Häufigkeit des Auftretens durch Verwendung der Begriffe „selten", „häufig", „ebenso häufig".

d) *Schritt (4):* Ergänze das rechts abgebildete Baumdiagramm für die zweite und dritte Münze. Stelle eine Beziehung zwischen diesem Baumdiagramm und den von dir angegebenen und experimentell ermittelten „Wurfbildern" her. Fasse deine Erkenntnis bezüglich der Häufigkeit des Auftretens der Wurfbilder zusammen. Vergleiche deine Ergebnisse mit denen deiner Mitschüler.

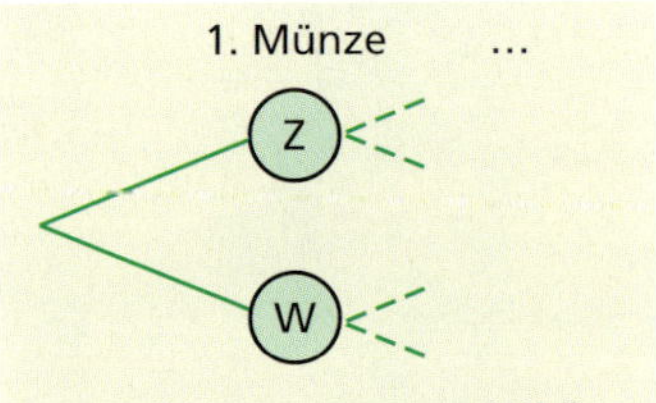

Z – Zahl; W – Wappen (Bild)

Kombinatorisches Denken

2. Matthias und seine Freundin Marit sind aktive Ruderer. Sie laden ihre Familien zu einem sportlichen Sonntagsausflug mit dem Ruderboot ein. Zu jeder Familie gehören Mutter, Vater, Tochter und Sohn.
Im Sportverein leihen sie zwei Ruderboote aus, in denen jeweils vier Personen hintereinander sitzen können (Vierer). Die Mütter fahren gemeinsam mit ihren Töchtern in einem Boot, die Väter mit ihren Söhnen.

a) Wie viele Händedrücke werden ausgetauscht, wenn sich alle Personen zu Beginn des Ausflugs mit „Handschlag" begrüßen?
b) Wie viele Möglichkeiten der unterschiedlichen Sitzordnung gibt es generell in einem Vierer?
c) Gib Bedingungen an, welche die Anzahl der möglichen Sitzordnungen verringern könnten.
d) Gib Bedingungen an, sodass nur noch zwei unterschiedliche Sitzordnungen je Vierer in Frage kommen.

Verständnis für Zufall und Wahrscheinlichkeit

3. Bei Spielen werden als „Glücksbringer" so genannte Zufallsgeneratoren genutzt. Als solche stehen dir die folgenden zur Verfügung:
Zufallsgenerator 1: Chip mit einer grünen und einer roten Seite
Zufallsgenerator 2: Würfel mit drei grünen und drei roten Seiten
Zufallsgenerator 3: Glücksrad mit einer Unterteilung in drei gleich große Abschnitte (zwei davon grün, einer rot)
Zufallsgenerator 4: Gefäß mit fünf Kugeln gleicher Größe (drei grüne und zwei rote)
a) Skizziere mindestens zwei der beschriebenen Zufallsgeneratoren.
b) Beschreibe jeweils das zu den „Glücksbringern" gehörende Zufallsexperiment.
c) Welchen der „Glücksbringer" würdest du zum Spielen wählen, wenn Grün die Farbe des Gewinns wäre? Begründe.
d) Welchen der „Glücksbringer" würdest du zum Spielen wählen, wenn Rot die Farbe des Gewinns wäre? Begründe.

4. a) Erkläre, wann ein Spiel als fair, d.h. als gerecht einzuschätzen ist.
b) Entscheide, ob die folgenden Spiele gerecht oder ungerecht sind. Begründe.

Spiel 1:

Ina und Toni haben lange Weile. Toni schlägt ein Spiel mit Münzen vor. Er beschreibt Ina die Spielregeln:
„Jeder von uns wirft eine Münze.
Wenn zweimal Wappen kommt, dann gewinnst du.
Wenn zweimal Zahl kommt, gewinnt keiner.
Wenn einmal Wappen und einmal Zahl kommt, dann gewinne ich."
Ina willigt ein und sie beginnen zu spielen. Toni legt eine Strichliste an.

Spiel 2:

Pia und Kai treffen sich auf dem Spielplatz. Nachdem sie alle Geräte durchhaben, setzen sie sich auf eine Bank, um auszuruhen. Kai kramt aus seiner Hosentasche einen Würfel und eine Tüte Bonbons heraus.
Er schlägt Pia folgendes Spiel vor:
„Jeder würfelt dreimal. Ist eine Sechs dabei, bekommst du einen Bonbon. Wenn nicht, bekomme ich einen."
Pia findet die Idee toll, denn Kai hat gerade ihre Lieblingsbonbons mit.

c) Sollte in b) ein ungerechtes Spiel dabei sein, dann verändere die Regel so, dass ein gerechtes Spiel entsteht.

Aufgaben zum Themenfeld „Form und Veränderung"

Raumvorstellung; zeichnerisches Darstellen

1. Tina hat eine Kiste voll kleiner Holzwürfel, mit denen sie bauen kann. Die Würfel sind alle gleich groß, jedoch nicht gleichfarbig. Es gibt grüne und braune Würfel.
   Tina möchte nun aus den kleinen Würfeln größere Würfel bauen. Diese sollen zweifarbig sein, wobei grüne und braune Würfel immer abwechselnd liegen (siehe Bild).
   a) Wie viele kleine Würfel braucht Tina mindestens, um daraus einen größeren Würfel bauen zu können?
   b) Wie viele weitere kleine Würfel benötigt Tina noch, um aus dem Würfel von Aufgabe a) den nächstgrößeren Würfel zu bauen?
   c) Wie viele grüne und wie viele braune kleine Würfel muss sie für den Würfel aus b) haben, damit sich auch bei ihm die Farben regelmäßig abwechseln?
   d) Zeichne den zweifarbigen Würfel aus b) im Schrägbild.

2. Auf einem Geobrett lassen sich unterschiedlic he Figuren spannen.
   Das Foto und die Zeichnung zeigen ein (3×3)-Geobrett, auf dem drei verschiedene Vierecke gespannt wurden.

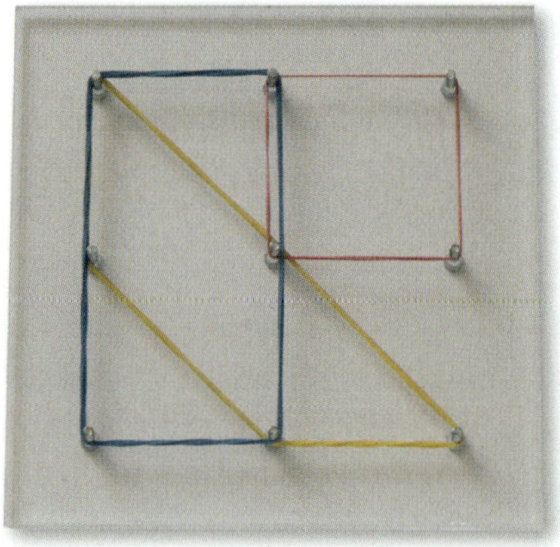

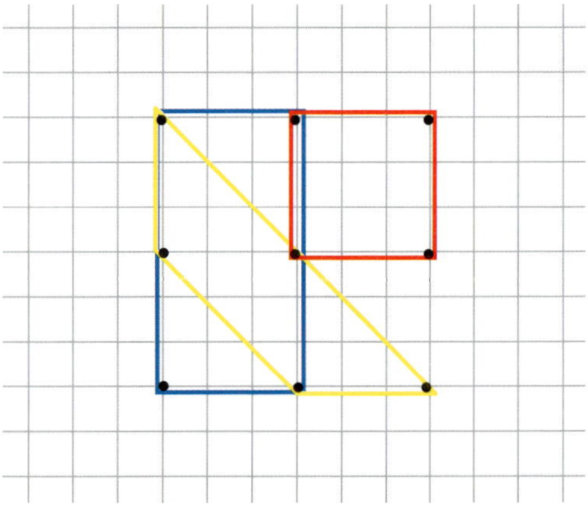

   a) Schreibe für jedes der gespannten Vierecke den speziellen Namen auf.
   b) Welcher der Namen trifft auf alle drei Vierecke zu? Begründe.
   c) Zeichne mehrere (5×5)-Geobretter auf Karopapier. Beachte dabei, dass immer fünf Punkte in einer Reihe liegen.
   Suche nun verschiedene Parallelogramme, die auf (5×5)-Geobrettern gespannt werden können. Zeichne diese auf.
   Hinweis: Benutze Farbstifte und zeichne nur so viele Parallelogramme in ein Bild, dass du sie noch gut erkennen und zählen kannst.
   d) Gib an, wie viele Arten von Parallelogrammen du in Aufgabe c) gefunden hast. Bestimme von jeder Art die Anzahl.

Erkennen von Mustern

3. Suche nach Lösungen für das folgende Problem:
In welche Anzahl von Teilquadraten kann ein Quadrat zerlegt werden?
Zeichne und beachte dabei:
– Die Teilquadrate müssen nicht gleich groß sein.
– Auch ist es möglich, die Ausgangsquadrate in verschiedener Größe zu zeichnen.
– Zum Zeichnen kann Kästchenpapier oder unliniertes Papier verwendet werden (siehe Beispiele).

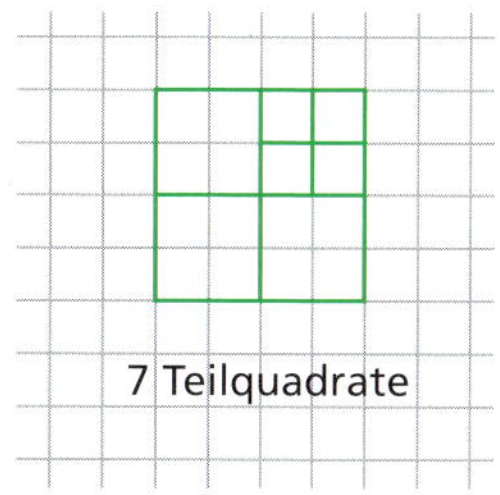
7 Teilquadrate

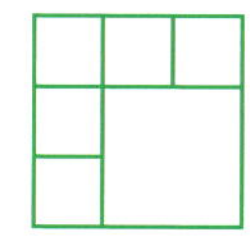
6 Teilquadrate

a) Finde solche Zerlegungen eines Quadrates in Teilquadrate. Beschreibe, wie du dabei vorgegangen bist.
b) Kannst du ein Quadrat in 97 Teilquadrate zerlegen? Begründe.

Aufgaben zum Themenfeld „Zahlen und Operationen“

Zahlvorstellungen – Zahldarstellungen

1. a) In der folgenden Stellentafel sind Plättchen gezeichnet. Gib an, welche Zahl z damit dargestellt wird. Schreibe z auf drei verschiedene Weisen auf: mit Ziffern, als Summe und als Zahlwort.

Zahl	H 100	Z 10	E 1	z $\frac{1}{10}$	h $\frac{1}{100}$	t $\frac{1}{1000}$
(1) z	●● ●●	●●	●	●●●● ●●●● ●	●● ●● ●	●● ●

b) Zeichne die Stellentafel ab und ergänze sie um zwei Zeilen. Verändere in diesen die Lage der Plättchen so wie im Folgenden beschrieben:
(2) Lege ein Plättchen aus der Hundertstelstelle um eine Stelle nach links.
(3) Lege ein Plättchen aus der Hundertstelstelle um eine Stelle nach rechts.
Zeichne die Plättchen und schreibe die jeweils entstandene Zahl auf.
c) Beschreibe, wie sich die Zahl z aus Zeile (1) in Zeile (2) bzw. (3) verändert. Begründe diese Veränderungen.

2. Mithilfe von (genau) drei Plättchen sollen in eine Stellentafel wie in Aufgabe 1 die vier größtmöglichen und die vier kleinstmöglichen Zahlen gelegt werden.
a) Stelle diese Zahlen mithilfe von Plättchen dar und schreibe sie mit Ziffern auf.
b) Welche Beziehung besteht zwischen den vier größten Zahlen?
c) Welche Beziehung besteht zwischen den vier kleinsten Zahlen?
d) Welche Beziehung besteht zwischen den größten und kleinsten Zahlen?

3. An den folgenden Zahlenstrahlen (1) bis (6) bzw. Kreisen (A) bis (D) sind Bruchteile von Brüchen farbig gekennzeichnet.

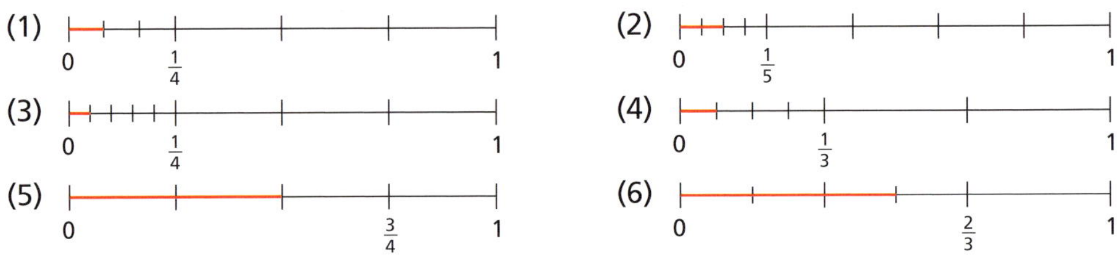

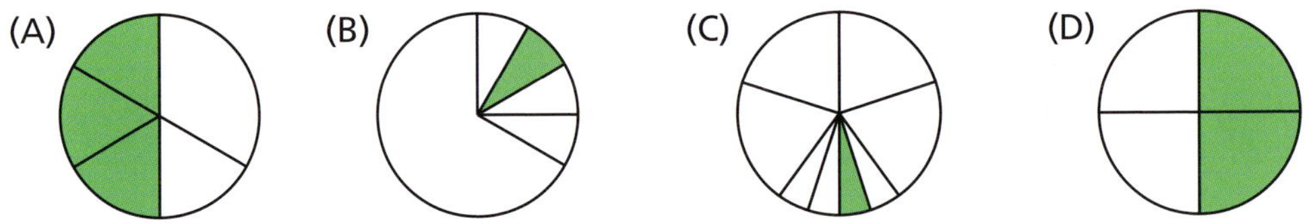

a) Vervollständige die nebenstehende Tabelle.
Übertrage sie dazu in dein Heft.

b) Zu welchen der auf den Zahlenstrahlen (1) bis (6) dargestellten Bruchteilen von Brüchen fehlen passende Kreisdarstellungen? Überlege dir, wie diese aussehen müssten, und zeichne sie in dein Heft.

c) Welche Übereinstimmungen fallen dir auf?
Wie sind diese zu erklären?

Zahlenstrahl	Bruchteil	Kreis
(1)	… von $\frac{1}{4}$ ist …	
(2)	… von $\frac{1}{5}$ ist …	
(3)	… von $\frac{1}{4}$ ist …	
(4)	… von $\frac{1}{3}$ ist …	
(5)	… von $\frac{3}{4}$ ist …	
(6)	… von $\frac{2}{3}$ ist …	

4. Falte ein rechteckiges Stück Papier so, dass du die in Aufgabe 3 dargestellten Bruchteile erhältst.

a) Wie viele Blätter musst du mindestens falten? Warum?

b) Skizziere die entstandenen Faltmuster.

Operationsverständnis – flexibles Rechnen

5. Mit etwas Ausdauer und Freude am Kopfrechnen kann es gelingen, jede der natürlichen Zahl von 0 bis 100 unter Verwendung von nur vier Vieren darzustellen. Dabei sind alle Rechenoperationen erlaubt.

a) Im Folgenden sind entsprechende Aufgaben zur Darstellung der Null und der Eins angegeben:
$(4 \cdot 4) : 4 - 4 = 0$ $\qquad$ $(4:4) \cdot (4:4) = \frac{4}{4} \cdot \frac{4}{4} = 1$
Gib für jede der beiden Zahlen mindestens eine andere Aufgabe an.

b) Stelle möglichst viele natürliche Zahlen zwischen 0 und 100 in gleicher Weise (d.h. aus jeweils nur vier Vieren) dar.

6. An einem Projekttag der sechsten Klassen stehen Tricks und Zaubereien auf dem Programm.
Andreas tritt als Rechenkünstler auf. Er stellt sich vor die Klasse und verkündet: „Ich werde euch zeigen, dass 18 : 3 = 15 ist. Wer von euch dann immer noch meint, dass 18 : 3 = 6 sei, der muss mir erst einmal nachweisen, dass ich beim Rechnen gemogelt habe."
Andreas rechnet also an der Tafel vor. Alle lauschen und staunen. Kann das denn wahr sein?

Andreas schreibt:	Andreas spricht beim Rechnen:
Division: 18 : 3 = 15 − 3 15 −15 0	*Ich dividiere:* *18 durch 3; geht auf jeden Fall einmal.* *Einmal 3 ist 3.* *18 minus 3 ist 15 und 15 durch 3 ist 5.* *5 mal 3 ist 15 und 15 minus 15 ist 0.* *Ergebnis: 18 : 3 = 15*
15 · 3 15 + 3 18	*Ich mache die Probe durch Multiplikation:* *3 mal 5 ist 15.* *3 mal 1 ist 3.* *15 plus 3 ist 18.* *Ergebnis: 15 · 3 = 18, also stimmt 18 : 3 = 15.*
15 15 + 15 18	*Ich mache die Probe durch Addition:* *Von oben angefangen 5 + 5 = 10 + 5 = 15.* *Und jetzt weiter von unten nach oben. Das ergibt dann 15 + 1 = 16 + 1 = 17 + 1 = 18.* *Ergebnis: 15 + 15 + 15 = 18, also stimmt 18 : 3 = 15.*

Schau dir die Rechnungen von Andreas genau an und erkläre, wo er gemogelt hat.

7. Im Buch „Beremis der Zahlenkünstler" von Malba Tahan wird beschrieben, wie Beremis den drei Erben einer Herde von 35 Kamelen hilft, diese entsprechend dem Wunsch ihres Vaters untereinander aufzuteilen. Danach sollte der älteste Sohn die Hälfte der 35 Kamele erben, der zweite ein Drittel und der Jüngste ein Neuntel. Die Söhne kamen zu keiner Einigung und baten Beremis um Hilfe.
Dieser stellte das Kamel seines Freundes zur Herde und teilte nun die vorhandenen 36 Kamele gerecht auf die Brüder auf: Der älteste bekam 18 Kamele, der zweite Sohn zwölf und der jüngste vier.
Die drei waren sehr froh und zufrieden. Es blieben zwei Kamele übrig. Das eine nahm Beremis als Lohn für seine Schlauheit, das zweite gehörte ohnehin seinem Freund.
   a) Warum sind die drei Erben nicht von allein zu einer Einigung gekommen?
   b) Erkläre die von Beremis vorgenommene Teilung der Erbschaft.
      Gib hierzu passende Rechenaufgaben an.

Zuordnungen – Zahlbeziehungen

8. Zwischen den Zahlen 13 und 16 besteht eine merkwürdige Beziehung, die manche auch quadratische Freundschaft nennen.
Worin diese Freundschaft besteht, findest du heraus, wenn du von beiden Zahlen das Quadrat bildest und vom jeweiligen Quadrat die Quersumme.

a) Übertrage die nebenstehende Tabelle in dein Heft und vervollständige sie.
b) Was fällt dir auf?

n	n^2	Quersumme von n^2

9. In den folgenden Koordinatensystemen ist jeweils die Beziehung zwischen einer Zahl und ihrem Kehrwert veranschaulicht.

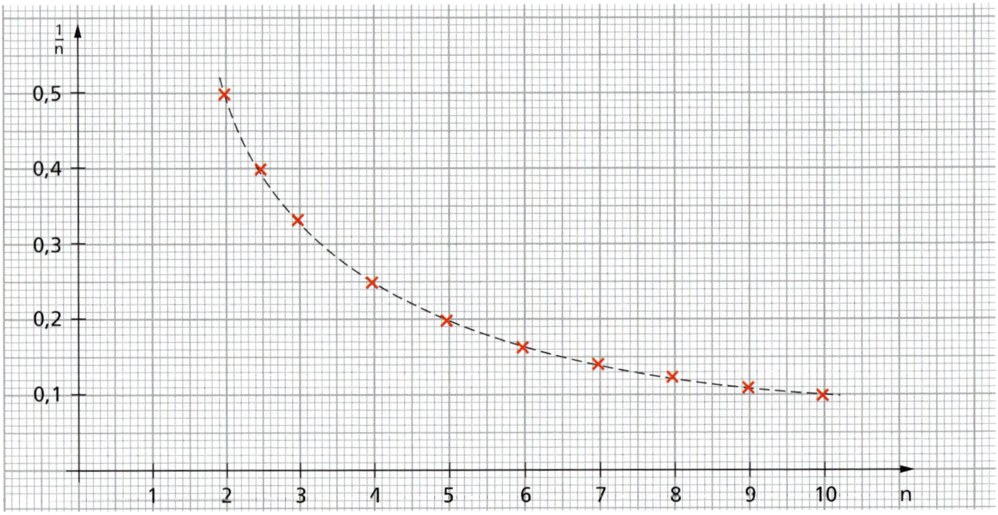

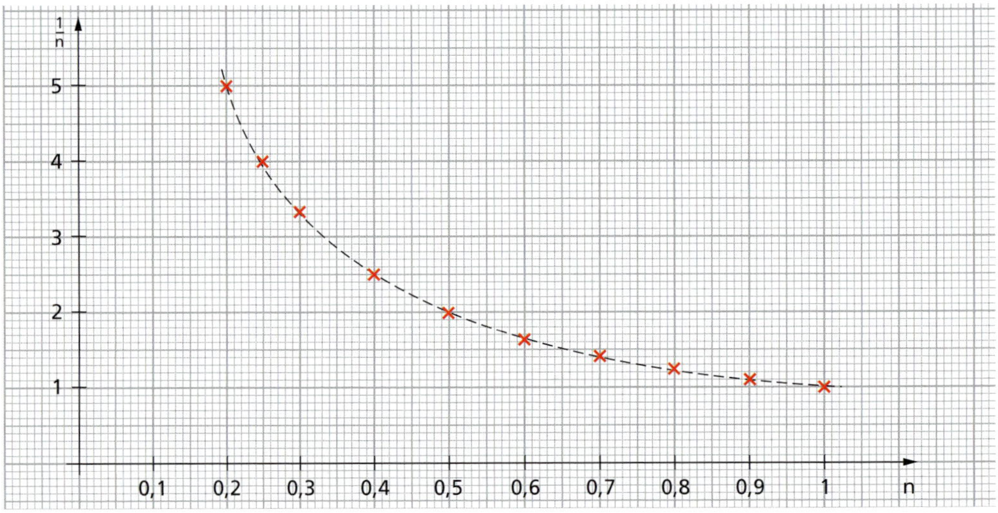

a) Was kannst du aus den Darstellungen ablesen?
b) Stelle die Koordinatenpaare (n; $\frac{1}{n}$) für jedes Diagramm in einer Tabelle dar.
c) Vergleiche die beiden Bilder bzw. Tabellen miteinander.
Was haben sie gemeinsam? Was ist unterschiedlich?

10. Vom arabischen Mathematiker TABIT BEN KORRAH (836 bis 901) stammt eine Regel zur Ermittlung so genannter befreundeter Zahlen, von denen etwa 500 Paare bekannt sind. Die beiden kleinsten Paare befreundeter Zahlen bilden die Zahlen 220 und 284 sowie die Zahlen 1184 und 1210.
Du wirst die Regel herausfinden, wenn du folgendermaßen vorgehst:
(1) Ermittle für jede der Zahlen die Teiler, die kleiner sind als die Zahl selbst. Damit es schnell geht, kannst du den Taschenrechner zu Hilfe nehmen.
(2) Addiere die Teiler einer jeden Zahl.
(3) Vergleiche nun die Summen mit den Ausgangszahlen.

Aufgaben zum Themenfeld „Größen und Messen"

Größenvorstellungen; Rechnen mit Größen

1. Beim Anlegen der folgenden Stellentafel ist offensichtlich einiges schief gelaufen.

Beispiel: Länge in km

	1 km	1 m	1 cm	1 mm	Dezimalschreibweise
1 km 250 m	1	2	5	0	1,250 km
1 km 50 cm	1	0	5	0	1,050 km
4 km 155 m	4	1	5	5	4,155 km
4 m 5 cm	0	4	5		0,45 km

a) Korrigiere, indem du die Stellentafel neu schreibst und die Zahlen richtig einträgst.
b) Trage auch folgende Angaben ein:
5 m 98 cm; 4 231 645 cm; 82 033 mm
c) Gib die drei Angaben aus c) in allen möglichen unterschiedlichen Einheiten an. Was fällt dir bezüglich der Nachkommastellen auf?

2. Corinna und Liane möchten den von ihrer Mutter zubereiteten Holundersaft in Flaschen abfüllen. Jedes der beiden Mädchen hat dazu sechs leere Flaschen aus dem Keller mitgebracht.
Der Saft reicht aus, um zwei Drittel der Flaschen ganz zu füllen – und zwar zu gleichen Teilen in 1-Liter-Flaschen und in 0,5-Liter-Flaschen.
a) Wie viele volle Flaschen von jeder Sorte sind es? Wie viele Flaschen bleiben leer?
b) Die Schwestern wollen sich mit ihrer Mutter den Saft und die Flaschen gerecht teilen. Wie geht das?

3. Familie Freizeit hat auf einem Zeltplatz ein Stück Land als Dauercampingplatz gemietet. Das Grundstück mit einer Fläche von ungefähr 180 m^2 ist nahezu rechteckig und die in Meter gemessenen Seitenlängen liegen im zweistelligen Zahlenbereich.
Familie Freizeit will um das Grundstück Sträucher pflanzen. Auf allen Seiten sollen diese den gleichen Abstand voneinander haben und zwar in „ganzen" Metern. Damit noch genug Luft und Licht bleibt, sollen die Sträucher im größtmöglichen Abstand gepflanzt werden.
   a) Welche Maße sind für die Seitenlängen des Grundstücks möglich? Skizziere in einem geeigneten Maßstab.
   b) Wie viel Meter misst der größtmögliche Abstand zwischen zwei Sträuchern?
   c) Wie viele Sträucher könnte die Familie Freizeit unter den angenommenen Bedingungen pflanzen?

4. Im Dezember 2004 wurde in Brand in der Niederlausitz die Badelandschaft „Tropical Islands" eröffnet.
Zeitungen berichteten, dass sich diese Badelandschaft in der größten freitragenden Halle der Welt befindet. Damit man sich annähernd deren Größe vorstellen kann, wurden die folgenden Vergleichsmaße angegeben:

   – In der Halle haben etwa acht Fußballfelder Platz.
   – Die Freiheitsstatue von New York könnte darin stehen.
   – Der Eiffelturm von Paris könnte darin liegen.
   a) Ermittle aus diesen Angaben, wie groß die Halle etwa sein muss.
   b) Informiere dich über die tatsächlichen Maße der Halle.
      Vergleiche diese Maße mit den von dir ermittelten bzw. berechneten Werten.
   c) Wie viele Volleyballfelder würden etwa in die Halle passen?
   d) Der wievielte Teil der Halle wird von Wasser eingenommen?
      Gib einen ungefähren Wert an.
   e) Kann die Halle ein Rechteck oder ein Quadrat als Grundfläche haben?
      Begründe.

Größenangaben mit sinnvoller Genauigkeit

5. Lehrer Groß hat in einer älteren Fachzeitschrift Interessantes über Rekorde, Höchstleistungen und Kurioses bei Menschen und Tieren sowie in Natur, Technik und Architektur gefunden.
Er ist davon so begeistert, dass er gleich einige der Angaben für seinen Unterricht verwendet, wobei er allerdings bei den Größenangaben die Einheiten veränderte.
   a) Lies die im Folgenden angeführten vier Kurzberichte über Kuriositäten.
      Beurteile, ob du dir die angegebenen Größen gut vorstellen kannst.

(1) Das größte funktionierende Knallbonbon explodierte am 21. Dezember 1990 in London. Es war 42 670 mm lang und hatte einen Durchmesser von 0,00213 km.

(2) Das größte Puzzle bedeckt eine Fläche von 920 220 000 mm² und besteht aus $1 \cdot 10^5 + 8 \cdot 10^4 + 7 \cdot 10^3 + 2 \cdot 10^2 + 2 \cdot 10^1 + 0$ Einzelstücken.
Zum Zusammenfügen wurden 5 760 Minuten benötigt.

(3) Das größte Schaukelpferd der Welt steht in der Schweiz. Es ist 0,0025 t schwer, 8 500 mm lang, 553 cm hoch und 0,00185 km breit.
Ein einzelnes Kind kann es leicht bewegen, aber ebenso findet eine ganze Schulklasse darauf Platz.

(4) Auch in Gefangenschaft können Tiere eine beachtliches Alter erreichen:
- *ein Wasserfloh 3,6 Monate*
- *eine Vogelspinne 5 475 Tage*
- *eine Elefantenschildkröte 1 314 000 Stunden*

b) Schreibe die Größenangaben heraus, die du dir schwer vorstellen kannst. Ändere das, indem du sie in eine von dir gewählte Einheit umwandelst.
c) Beschreibe, wie eine gut vorstellbare Größenangabe beschaffen sein sollte.

Abschätzen von Größen und Zuordnung zwischen Größen

6. Antje benötigt dringend ein Paar neue Turnschuhe, weshalb sie in ein Schuhgeschäft geht. Dort fällt ihr das nebenstehende Werbeposter auf. Antje überlegt und beschließt: „Wenn ich schon einmal hier bin, dann sollte ich das günstigste Angebot nutzen. Ich werde mir gleich noch Sandalen und Badelatschen kaufen."

Nach einigem Suchen und Probieren hat sie in ihrem Einkaufskorb Turnschuhe für 38,75 €, Sandalen für 16,30 € und Badelatschen zum Preis von 5,99 € und muss dafür an der Kasse insgesamt 55,05 € bezahlen.
Beim Verlassen des Geschäftes denkt Antje: „Nun habe ich gleich dreimal neues Schuhwerk und zudem noch tüchtig gespart. Dafür kann ich mir getrost ein Eis spendieren."

a) Überprüfe, ob Antje ein für sie vorteilhaftes Geschäft gemacht hat.
b) Erkläre, wovon es abhängig ist, ob ein Kunde bei derartigen „Superangeboten" einen finanziellen Vorteil erlangen kann.
c) Stelle dar, unter welchen Bedingungen das zweite "Superangebot" gegenüber dem ersten vorteilhafter ist. Gib auch ein Preisbeispiel an.

Messen und Schätzen

7. Dauercamper Manfred Ruhig möchte sein Auto direkt neben seinem Zelt parken.
Damit der Rasen nicht kaputtgeht, möchte er Rasengittersteine pflastern.
Das Auto soll mit seinen Rädern mittig auf den Steinen stehen.
Herr Ruhig fragt sich nun, in welcher Entfernung die beiden Reihen Steine gepflastert werden müssen.

a) Welche Größenangaben muss Herr Ruhig kennen?
b) Ermittle solche Angaben.
c) Bestimme für die von dir ermittelten Angaben die Entfernung der beiden Rasengitterstein-Reihen.

8. In größeren Parks vieler Städte siehst du häufig aus Stein gehauene Figuren. Zum Teil sind es Gestalten aus der griechischen Götter- und Sagenwelt.
Diese Figuren werden auch heute noch sehr bewundert, weil ihre Proportionen den griechischen Schönheitsidealen entsprechen.

Darunter werden die folgenden Proportionen verstanden:
Körperhöhe : Klafter = 1 : 1
Klafter : Elle = 4 : 1
Elle : Fuß = 3 : 2
Elle : Spanne = 2 : 1
Spanne : Handbreite = 3 : 1
Handbreite : Fingerbreite = 4 : 1

a) Unter einem Klafter wurde die Entfernung von Fingerspitze zu Fingerspitze der seitlich ausgestreckten Arme verstanden (s. Bild).
Beziehe alle anderen Maße auf dieses Maß.
b) Stelle fest, ob es Personen aus deiner Familie bzw. aus deinem Bekanntenkreis gibt, welche annähernd die Proportionen des griechischen Schönheitsideals aufweisen.
c) Man nimmt an, dass die altgriechische Elle nach heutigem Maß 462 mm lang war.
Welche Längen hätten danach Klafter, Fuß, Spanne, Handbreite und Fingerbreite?
d) Zwei Freunde stehen vor einer Steinfigur und streiten sich über deren Höhe.
Da sie die Höhe nicht messen können, schätzen sie diese.
Die beiden Schätzwerte liegen allerdings sehr weit auseinander.
Hättest du eine Idee, wie die Höhe der Figur genauer bestimmt werden könnte?

Anhang A

Zeichen, Abkürzungen und Symbole

Zeichen	Bedeutung/Sprechweise	Zeichen	Bedeutung/Sprechweise
=	gleich	$\mathbb{N}$	Menge der natürlichen Zahlen
≠	ungleich	$\mathbb{Q}_+$	Menge der gebrochenen Zahlen
<	kleiner als	∈	Element von
>	größer als	∉	nicht Element von
≤	kleiner oder gleich	∅; {}	leere Menge
≥	größer oder gleich	A, B, …	Punkte
≈	rund, angenähert	$\overline{AB}$	Strecke bzw. Streckenlänge
∥	parallel	g, h, …	Geraden
⊥	senkrecht, orthogonal	∢	Winkel
≅	kongruent (deckungsgleich)	⦜	rechter Winkel
+	plus	α, β, …	Winkel bzw. Winkelgrößen
−	minus	u	Umfang
·	mal, multipliziert mit	A	Flächeninhalt
:	durch, geteilt durch	A_O	Oberflächeninhalt
$\frac{a}{b}$	gemeiner Bruch (a, b ∈ $\mathbb{N}$; b ≠ 0)	V	Volumen (Rauminhalt)
a|b	a teilt b; a ist Teiler von b	°	Grad (Einheit der Winkelgröße)
a∤b	a teilt nicht b; a ist kein Teiler von b	m	Meter (Basiseinheit der Länge)
ggT(a, b)	größter gemeinsamer Teiler von a und b	kg	Kilogramm (Basiseinheit der Masse)
kgV(a, b)	kleinstes gemeinsames Vielfaches von a und b	s	Sekunde (Basiseinheit der Zeit)
a^b	a hoch b (Potenz)	m^2	Quadratmeter
%	Prozent	m^3	Kubikmeter
(a; b)	geordnetes Paar; Koordinaten	l	Liter (Hohlmaß)

Primfaktorzerlegung der natürlichen Zahlen von 2 bis 100

	26 = 2 · 13	51 = 3 · 17	76 = 2 · 2 · 19
2	27 = 3 · 3 · 3	52 = 2 · 2 · 13	77 = 7 · 11
3	28 = 2 · 2 · 7	**53**	78 = 2 · 39
4 = 2 · 2	**29**	54 = 2 · 3 · 3 · 3	**79**
5	30 = 2 · 3 · 5	55 = 5 · 11	80 = 2 · 2 · 2 · 2 · 5
6 = 2 · 3	**31**	56 = 2 · 2 · 2 · 7	81 = 3 · 3 · 3 · 3
7	32 = 2 · 2 · 2 · 2 · 2	57 = 3 · 19	82 = 2 · 41
8 = 2 · 2 · 2	33 = 3 · 11	58 = 2 · 29	**83**
9 = 3 · 3	34 = 2 · 17	**59**	84 = 2 · 2 · 3 · 7
10 = 2 · 5	35 = 5 · 7	60 = 2 · 2 · 3 · 5	85 = 5 · 17
11	36 = 2 · 2 · 3 · 3	**61**	86 = 2 · 43
12 = 2 · 2 · 3	**37**	62 = 2 · 31	87 = 3 · 19
13	38 = 2 · 19	63 = 3 · 3 · 7	88 = 2 · 2 · 2 · 11
14 = 2 · 7	39 = 3 · 13	64 = 2 · 2 · 2 · 2 · 2 · 2	**89**
15 = 3	40 = 2 · 2 · 2 · 5	65 = 5 · 13	90 = 2 · 3 · 3 · 5
16 = 2 · 2 · 2 · 2	**41**	66 = 2 · 3 · 11	91 = 7 · 13
17	42 = 2 · 3 · 7	**67**	92 = 2 · 2 · 23
18 = 2 · 3 · 3	**43**	68 = 2 · 2 · 17	93 = 3 · 31
19	44 = 2 · 2 · 11	69 = 3 · 23	94 = 2 · 47
20 = 2 · 2 · 5	45 = 3 · 3 · 5	70 = 2 · 5 · 7	95 = 5 · 19
21 = 3 · 7	46 = 2 · 23	**71**	96 = 2 · 2 · 2 · 2 · 2 · 3
22 = 2 · 11	**47**	72 = 2 · 2 · 2 · 3 · 3	**97**
23	48 = 2 · 2 · 2 · 2 · 3	**73**	98 = 2 · 7 · 7
24 = 2 · 2 · 2 · 3	49 = 7 · 7	74 = 2 · 37	99 = 3 · 3 · 11
25 = 5 · 5	50 = 2 · 5 · 5	75 = 3 · 5 · 5	100 = 2 · 2 · 5 · 5

Die Primzahlen sind fett gedruckt.

Einige nichtdezimale Maße

Einheit	Abkürzung	Land	Umrechnung
Zählmaße			
Dutzend		Deutschland	1 Dutzend = 12 Stück
Mandel		Deutschland	1 Mandel = 15 Stück
Schock		Deutschland	1 Schock = 5 Dutzend = 60 Stück
Gros		Deutschland	1 Gros = 12 Dutzend = 144 Stück
Längenmaße			
inch (Zoll)	in (auch ")	Großbritannien, USA	1 in = 1" = 25,4 mm
foot (Pl.: feet)	ft (auch ')	Großbritannien, USA	1 ft = 1' = 12 in = 30,48 cm
yard (Elle)	yd	Großbritannien, USA	1 yd = 3 ft = 91,44 cm
Seemeile	sm	Deutschland	1 sm = 1 852 m
Flächenmaße			
Morgen		Deutschland (preuß.)	1 Morgen = 25,5 a = 0,255 ha
Morgen		Deutschland (sächs.)	1 Morgen = 27,67 a = 0,2767 ha
Raummaße			
Registertonne	RT (reg tn)	Deutschland u. a.	1 RT = 100 ft^3 = 2,832 m^3
barrel		Großbritannien, USA	1 barrel = 158,758 l
Massemaße			
Pfund	Pfd.	Deutschland	1 Pfd. = 500 g
Zentner	Ztr.	Deutschland	1 Ztr. = 100 Pfd. = 50 kg
ounce (unze)	oz	Großbritannien, USA	1 oz = 28,35 g
Geschwindigkeitsmaß			
Knoten	kn	Deutschland, USA	1 kn = 1 $\frac{sm}{h}$ = 1,852 $\frac{km}{h}$

Lösungen zu „Teste dich selbst!"

Daten und Zufall (Seite 26)

1. a) sicher b) unmöglich c) möglich d) möglich

2. a) $3 \cdot 2 \cdot 1 = 6$ b) $3 \cdot 3 \cdot 3 = 27$

3. a)

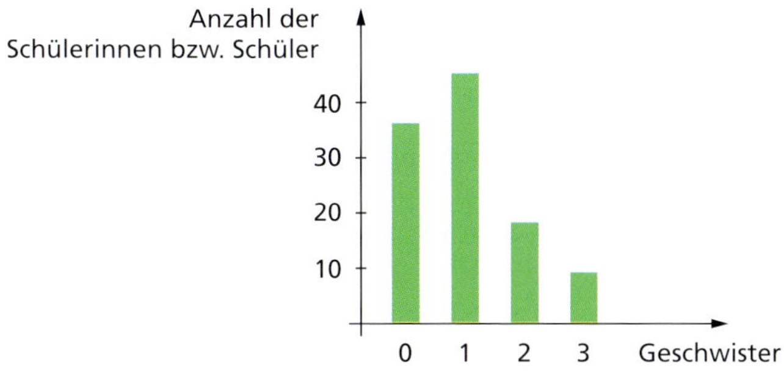

b) keine Geschwister: $\frac{36}{108} = \frac{1}{3} \approx 0{,}333 = 33{,}3\ \%$;

ein Bruder oder eine Schwester: $\frac{45}{108} = \frac{5}{12} \approx 0{,}417 = 41{,}7\ \%$;

zwei Geschwister: $\frac{18}{108} = \frac{1}{6} \approx 0{,}167 = 16{,}7\ \%$;

drei Geschwister: $\frac{9}{108} = \frac{1}{12} \approx 0{,}083 = 8{,}3\ \%$

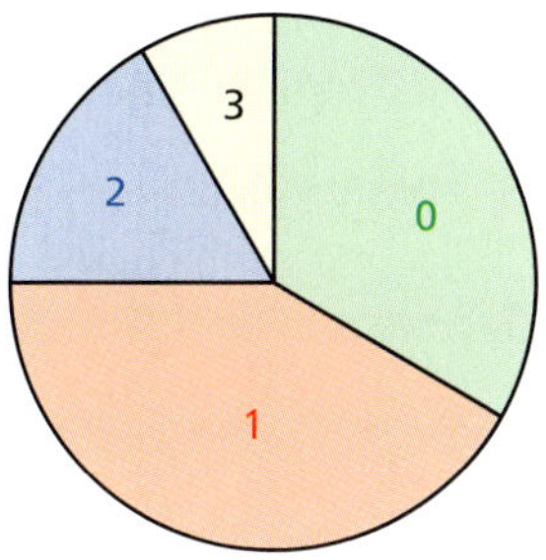

4. grüner Würfel: $\frac{3}{6} = \frac{1}{2} = 0{,}5 = 50\ \%$

gelber Würfel: $\frac{4}{6} = \frac{2}{3} \approx 0{,}667 = 66{,}7\ \%$

roter Würfel: $\frac{5}{6} \approx 0{,}833 = 83{,}3\ \%$

5. a) $\frac{21}{24} = \frac{7}{8} = 0{,}875$ b) $\frac{12}{24} = \frac{1}{2} = 0{,}5$ c) $\frac{0}{24} = 0$ d) $\frac{8}{24} = \frac{1}{3} = 0{,}333$

6. a) vier b) $\frac{1}{4} = 0{,}25$

Geometrische Formen (Seite 69)

1. $\beta_1 = 80°$ (Nebenwinkel von α_1)
$\gamma_1 = 100°$ (Scheitelwinkel zu α_1)
$\delta_1 = 80°$ (Nebenwinkel von α_1)
$\delta_2 = 80°$ (Scheitelwinkel zu β_2)
$\alpha_2 = 100°$ (Stufenwinkel zu α_1)
$\beta_2 = 80°$ (Wechselwinkel zu α_1)
$\gamma_2 = 100°$ (Nebenwinkel von β_2)

2. a) $\overline{AM} = \overline{MB} = 32$ mm

(Beispiellösung für Punkt C)

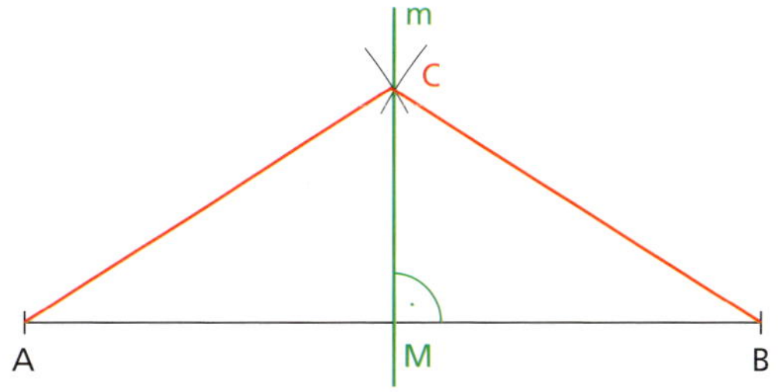

3. a)

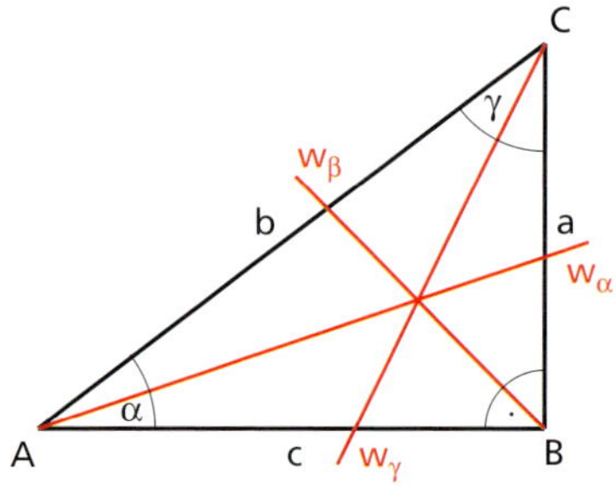

(Maßstab 1 : 2)

b) $\overline{AC}$ = 10 cm; $\alpha \approx 37°$; $\gamma \approx 53°$

c) Die drei Winkelhalbierenden schneiden einander in einem Punkt.

4. a) $\gamma = 100°$ b) $\beta = 83°$ c) 41,7°

5. a) wahr b) falsch c) wahr d) wahr

6. a) ja (unregelmäßiges Dreieck; rechtwinkliges Dreieck ABC mit $\gamma = 90°$)

b) ja (gleichseitiges Dreieck mit a = b = c = 37 mm und $\alpha = \beta = \gamma = 90°$)

c) nein (Winkelsumme über 180°)

d) nein (wegen a > b müsste $\alpha > \beta$ gelten)

7. a) $\gamma = 132°$ b) $\beta = 45°$ c) $\gamma = 60°$; $\beta = \delta = 120°$

Geometrische Abbildungen (Seite 102)

1.

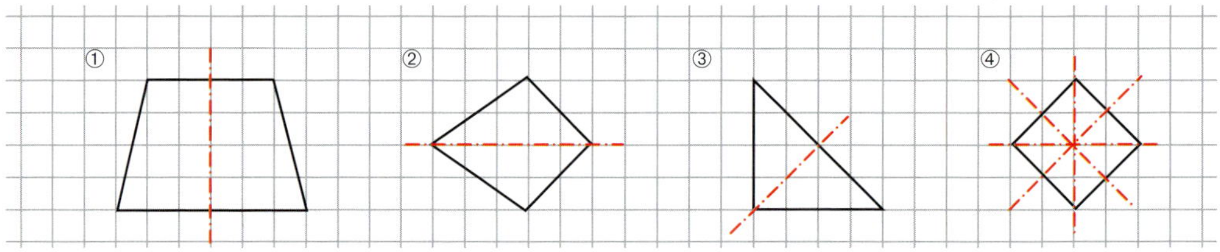

2.

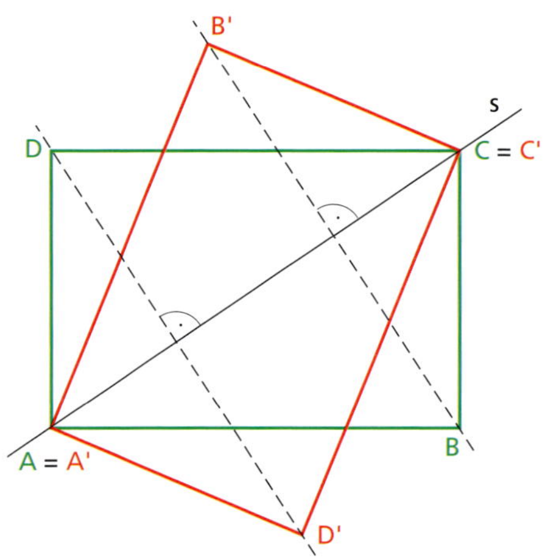

3. a), b) A'(8; 1), B'(5; 2), C'(4; 5), D'(6; 5)

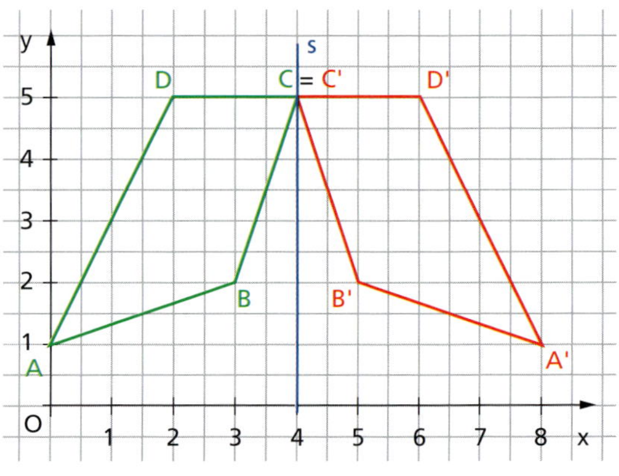

4.

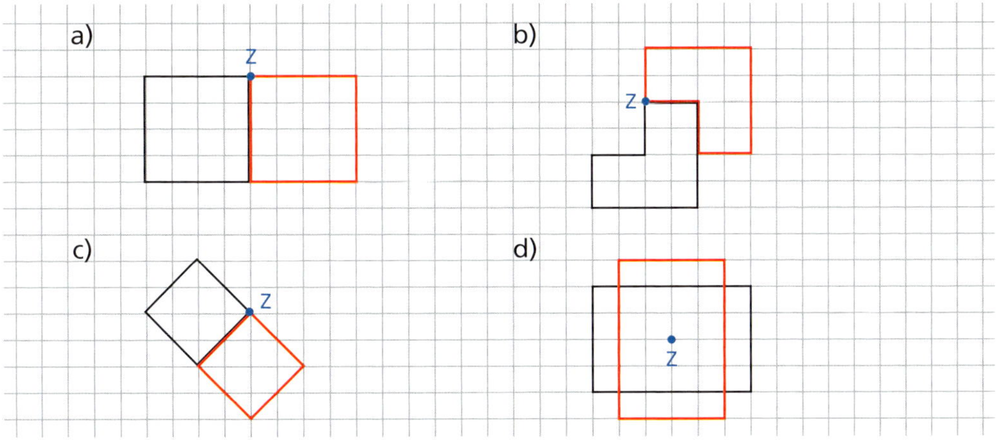

5. a) Verschiebung um vier Kästchen nach rechts
b) Drehung um 180°
c) keine Bewegung (Dreiecke nicht zueinander kongruent)
d) Spiegelung an waagerechter Achse, die durch den gemeinsamen Punkt beider Dreiecke geht.

6. a) sechs (△ABC, △ACD, △ABF, △AED, △BCF, △CDE)
b) △ABC ≅ △ABC (Übereinstimmung in den Längen der drei Seiten)
△ABF ≅ △CDE (wegen $\overline{AB} = \overline{CD}$ und Übereinstimmung der an diesen Seiten anliegenden Winkel)
△AED ≅ △BCF (wegen $\overline{BC} = \overline{AD}$ und Übereinstimmung der an diesen Seiten anliegenden Winkel)

7. a) ja (drei Seiten gegeben, deren Längen die Dreiecksungleichung erfüllen)
b) nein (Länge einer Seite muss bekannt sein)
c) nein (nur eindeutig, wenn bei den gegebenen Seiten a und c statt α die Größe des Winkels γ bekannt wäre)
d) ja (Länge einer Seite und Größe der beiden anliegenden Winkel gegeben)

Gebrochene Zahlen (Seite 154)

1. a) $\frac{8}{100} = \frac{2}{25}$ b) $\frac{24}{10} = \frac{12}{5}$ c) $\frac{1625}{1000} = \frac{13}{8}$
d) $\frac{666}{100} = \frac{333}{50}$ e) $\frac{7575}{100} = \frac{303}{4}$ f) $33\frac{1}{3} = \frac{100}{3}$

2. a) 0,7 b) 6,25 c) 1,4 d) 9,6 e) 12,5 f) $9,\overline{7}$

3. $a = 0{,}3 = \frac{3}{10}$ $b = 0{,}75 = \frac{3}{4}$ $c = 1{,}5 = \frac{3}{2}$ $d = 2{,}1 = \frac{21}{10}$ $e = 2{,}25 = \frac{9}{4}$

4. $\frac{13}{69} < \frac{3}{10} < 0,\overline{3} < \frac{2}{3} < 0{,}67 < 1,\overline{30} < 1\frac{1}{3} < \frac{10}{3}$ (PRIMZAHL)

5. (Beispiellösungen)
a) 0,751; $0,\overline{75}$; 0,79 b) $\frac{6}{4} = \frac{3}{2}$; $\frac{16}{8} = 2$; $\frac{9}{4}$ c) 2,7; $\frac{17}{6}$; 2,999

6. 0,6 kg

7. a) 150; 20 b) 250; $\frac{100}{3} = 33\frac{1}{3}$ c) 3; $\frac{2}{5}$ d) 3; 0,4
e) 1,875; 0,25 f) $\frac{15}{16} = 0{,}9375$; $\frac{1}{8}$ g) $\frac{25}{4} = 6{,}25$; $\frac{5}{6}$ h) $\frac{10}{3} = 3\frac{1}{3} = 3{,}\overline{3}$; $\frac{4}{9} = 0{,}\overline{4}$

8. a) $x = \frac{15}{8}$ b) $y = \frac{15}{12} = \frac{5}{4}$ c) $z = 2{,}5$ d) $u = \frac{7}{3}$

9. a) $\frac{6}{8} = \frac{3}{4} = 0{,}75 = 75\ \%$ b) $\frac{30}{50} = \frac{3}{5} = 0{,}6 = 60\ \%$ c) $\frac{1}{4} = 0{,}25 = 25\ \%$

10. a) $\frac{1}{4}$ b) 36 c) $\frac{7}{8}$ d) $\frac{9}{4}$ e) 3 f) $\frac{1}{30} \cdot \frac{12}{9} = \frac{1}{30} \cdot \frac{4}{3} = \frac{2}{45}$

11. Kevin und Jana müssen 18,77 Euro zahlen.

12. a) 25 % b) 18,75 % c) 18,75 % d) 100 %

13. a) $\frac{13}{6}$ b) $\frac{5}{12}$ c) $\frac{7}{3}$ d) $\frac{21}{16}$
e) 1 f) $\frac{26}{21}$ g) $\frac{31}{24}$ h) $\frac{43}{45}$

14. In zwölf Jahren wird Oma dreimal so alt wie Felix sein.

15. Der Flächeninhalt des Quadrates beträgt 27,04 cm^2.

16. a) A(0,2; 0,6), B(1; 0,2) b) M(0,6; 0,4) c) z.B. 0,8; 0,8)

17. a) 24-mal b) 9,9 c) $\frac{1}{8}\ l$

18. a) $u = 13{,}8$ cm; $A = 11{,}18\ cm^2$ b) $A_{Parallelogramm} = \frac{1}{2} \cdot A_{Rechteck} = 5{,}59\ cm^2$

Arbeiten mit Größen (Seite 198)

1. 18 cm

2. a) $u = 28$ cm; $A = 48\ cm^2$ b) $A_{\triangle ABC} = 24\ cm^2$; $A_{\triangle ABE} = 12\ cm^2$

3. a (Ar); cm^2 (Quadratzentimeter); ha (Hektar); mm^2 (Quadratmillimeter)

4. a) $V = 64\ cm^3$; $A_O = 96\ cm^2$
b) Das Volumen wäre achtmal (27-mal) so groß, der Oberflächeninhalt würde sich vervierfachen (verneunfachen).

5. a) $A = 28{,}8\ m^2$
b) Ja, denn der Hausmeister hat noch 28,5 Liter Farbe.

6. a) 79,54 m ≈ 80 m b) 343 a
c) 10,9025 km^2 ≈ 10,9 km^2 d) 1 548 cm^3 ≈ 1,5 dm^3

7. Frau Schlesinger muss 37,50 Euro bezahlen.

8. Winzer Bacchus könnte mit dem Fassinhalt 1 125 Ein-Liter-Flaschen füllen.

9. Das Futter reicht nun für 84 Tage.

10. a) Für 65 ha würden die drei Mähdrescher 26 Stunden benötigen.
b) Fünf Mähdrescher benötigten 48 Stunden.

Register

Bildquellenverzeichnis

Archiv der Archenhold-Sternwarte Berlin: 20/1;
BackArts GmbH: 22/1, 150; *Bahro, Katrin, Berlin:* 173;
Bibliographisches Institut & F.A. Brockhaus, Mannheim: 27/2, 151/2;
Bizerba GmbH & Co. KG: 142; *Bossek, Hubert, Hoppegarten:* 210;
Bundesministerium für Finanzen: 26, 34, 153/1; *Corbis, London und Düsseldorf:* 106/1;
Corel Corp.: 8/2, 74/2, 75/1;
Corel Photos Inc.: 46/3, 51/2, 82/2, 82/3, 141, 144, 172, 193, 197, 199/1, 199/2;
Cornelsen Experimenta: 160/2; *Degen, Bernd, Berlin:* 178;
Deutsche Bahn AG: 183, 186/2; *Deutsche Lufthansa AG (Krüger, Werner):* 75/2;
DUDEN PAETEC GmbH, Berlin: 30/2, 71, 117/1, 118/1, 123, 132, 192/1, 198;
ESO (European Southern Observatory): 103; *Fischer, Rainer, Berlin:* 12, 18, 25, 185/2;
Gottschlich, Christiane, Berlin: 126/2; *Hanelt, Martina, Berlin:* 129/1, 129/2, 129/3;
Held, Alfred, Falkensee: 191; *John Foxx Images:* 73; *Karpp, Sebastian, Leipzig:* 128;
KES (Uselmann): 131; *Krupp Kautex Maschinenbau, Bonn:* 186/1;
Libbrecht, Kenneth G., Kalifornien, USA: 74/3;
Liesenberg, Günter, Berlin: 7, 8/1, 14, 20/2, 23, 24, 29, 30/1, 31/3, 46/1, 51/1, 51/3, 57/1, 57/3, 65, 75/3, 82/1, 101/1, 101/2, 114, 118/2, 118/3, 126/1, 135, 148, 151/1, 152, 165, 190, 192/5, 192/6, 194/2, 204/1, 212/2; *Mahler, H., Berlin: 31/2, 204/2;*
Meyer, Lothar, Potsdam: 19, 46/2, 181, 192/2, 192/3, 192/4;
Möller, Angelika, Potsdam: 134;
Photo Disc Inc.: 13, 15, 22/2, 27/1, 30/3, 31/1, 74/1, 105, 143, 147, 159, 160/1, 189/1; 212/1;
PHOTO DISC ROYALTY FREE: 201, 213; *picture-alliance:* 9, 89, 106/2, 196;
rebelpeddler Chocolate cards: 100; *Schmitz, Solveig, Berlin:* 117/2;
SCHOTT, Mainz: 185/1; *Siemens AG:* 182; *Sonnenfeld, Gert, Fredersdorf:* 45;
Stamm, Henrik, Berlin: 138; *Tetra Pak GmbH & Co.:* 130, 163; *Theuerkauf, H., Gotha:* 70;
Unger, Michael, Königs Wusterhausen: 57/2, 153/2, 194/1;
üstra Hannoversche Verkehrsbetriebe AG, Hannover: 189/2; *www.lederkram.de:* 8/3;
Zefa viual media group: 53, 115

Geometrische Grundkonstruktionen

Halbieren einer Strecke / Errichten der Mittelsenkrechten

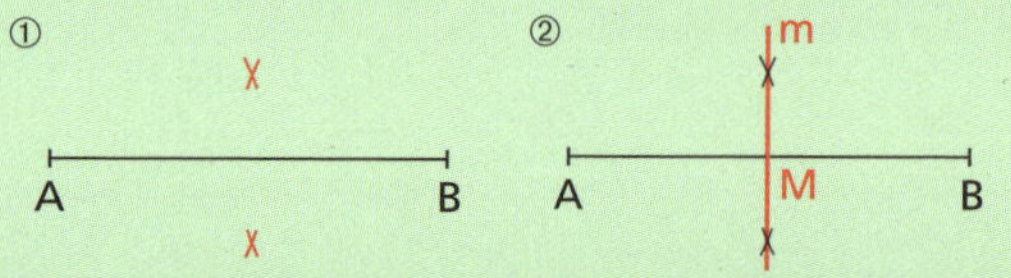

M Mittelpunkt der Strecke $\overline{AB}$
m Mittelsenkrechte der Strecke $\overline{AB}$

Halbieren eines Winkels / Konstruieren der Winkelhalbierenden

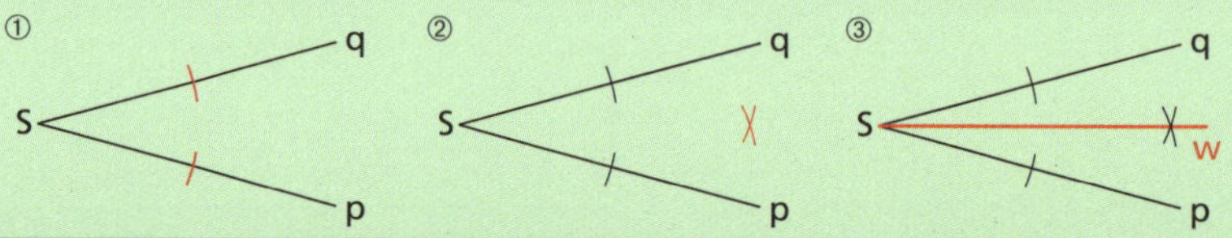

w Winkelhalbierende von ∢(p; q)

Errichten der Senkrechten (zu einer Geraden in einem Punkt)

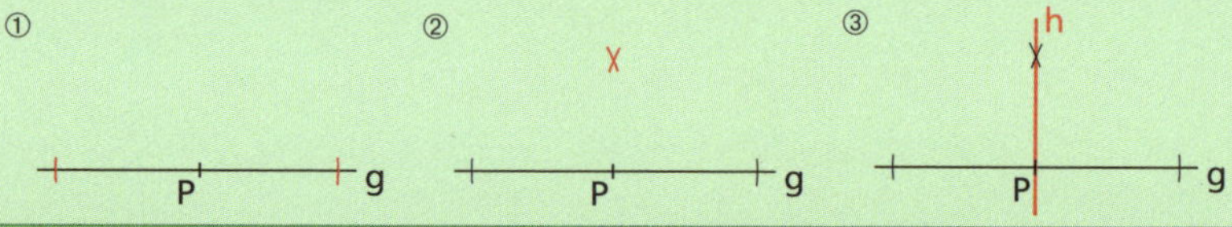

h Senkrechte zu g in P

Fällen des Lotes (von einem Punkt auf eine Gerade)

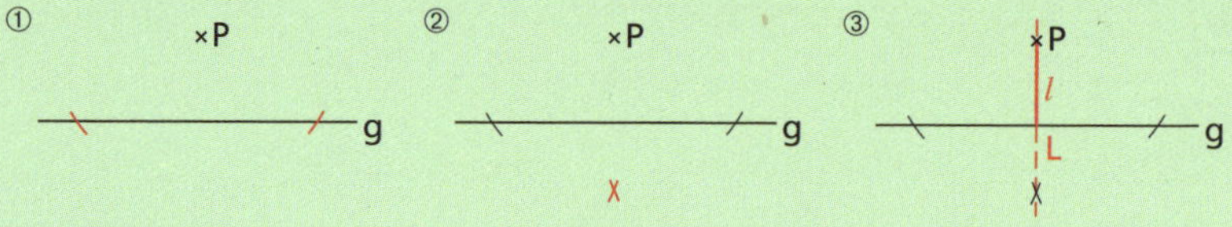

l Lot von P auf g
L Lotfußpunkt

Dreiecke

Einteilung nach Länge der Seiten

unregelmäßiges Dreieck	gleichschenkliges Dreieck	gleichseitiges Dreieck
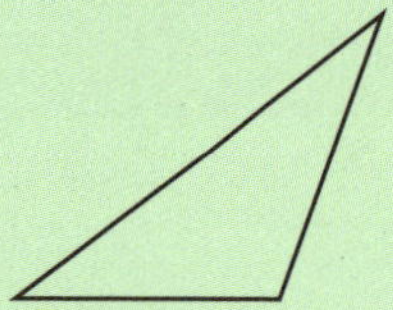	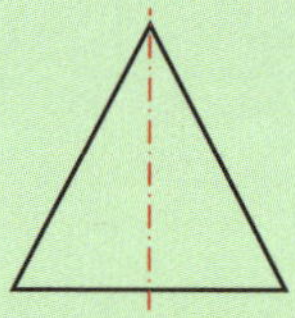	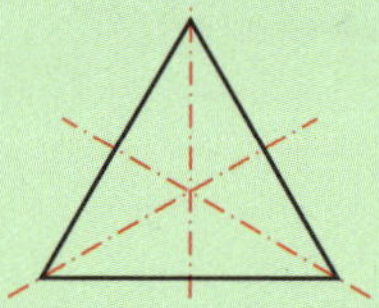
drei Seiten unterschiedlicher Länge	ein Paar gleich langer Seiten	drei Seiten gleicher Länge

Einteilung nach Größe der Innenwinkel

spitzwinkliges Dreieck	rechtwinkliges Dreieck	stumpfwinkliges Dreieck
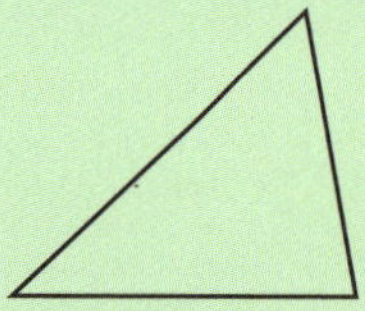	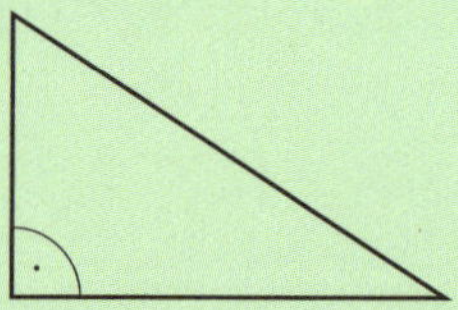	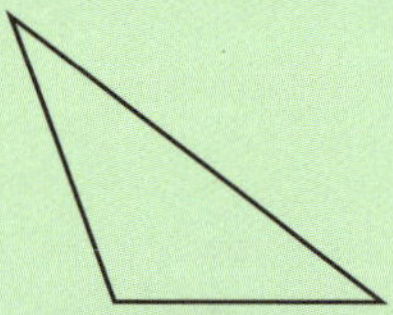
drei spitze Innenwinkel	ein rechter Innenwinkel	ein stumpfer Innenwinkel